材料领域科技发展报告

这十年

科学技术部 主编

U0264837

科学技术文献出版社

SCIENTIFIC AND TECHNICAL DOCUMENTATION PRESS

图书在版编目（CIP）数据

这十年——材料领域科技发展报告/科学技术部主编. —北京:科学技术文献出版社，2012.7

ISBN 978-7-5023-7365-8

Ⅰ.①这… Ⅱ.①科… Ⅲ.①材料科学—技术发展—研究报告—中国 Ⅳ.①TB3-12

中国版本图书馆CIP数据核字（2012）第134546号

这十年——材料领域科技发展报告

策划编辑:科　文　　责任编辑:杜新杰　　责任校对:张吲哚　　责任出版:王杰馨

出　版　者　科学技术文献出版社
地　　　址　北京市复兴路15号　邮编　100038
编　务　部　（010）58882938，58882087（传真）
发　行　部　（010）58882868，58882866（传真）
邮　购　部　（010）58882873
官　方　网　址　http://www.stdp.com.cn
淘宝旗舰店　http://stbook.taobao.com
发　行　者　科学技术文献出版社发行　全国各地新华书店经销
印　刷　者　北京时尚印佳彩色印刷有限公司
版　　　次　2012年7月第1版　2012年7月第1次印刷
开　　　本　787×1092　1/16开
字　　　数　266千
印　　　张　17.25
书　　　号　ISBN 978-7-5023-7365-8
定　　　价　168.00元

编委会

《这十年——材料领域科技发展报告》

主　任　曹健林

成　员　（按姓氏笔画排列）

王晓方　赵玉海　赵明鹏　秦　勇　廖小罕

编写组 《这十年——材料领域科技发展报告》

组　长　赵玉海

副组长　胡世辉　刘久贵　王琦安

成　员　（按姓氏笔画排列）

王西涛	左　良	史文方	史冬梅	邢卫红	毕　勇
李文军	李玉宝	李宝山	李继定	李晋闽	闫晓林
朱业耘	刘　欣	吴　玲	严纯华	吴春晖	张　芳
张劲松	张国庆	张慧琴	陈弘达	陈建峰	周少雄
胡文彬	郭太良	祝伟丽	姜尚清	聂祚仁	徐　坚
徐禄平	高丛茹	蒋志君	谢建新	樊仲维	潘　峰
魏从九					

序一

"支撑发展　引领未来"的壮丽篇章

　　当今，人类社会正处在一个科技创新不断涌现的重要时期，同时，也是经济结构加快调整的重要历史阶段。世界科技发展的势头更加迅猛，正孕育着新的重大突破。信息科技成为推动经济增长和知识传播应用的重要引擎，能源科技为化解世界性能源和环境问题开辟途径，纳米科技带来深刻的技术变革，空间科技促进人类对太空资源的开发和利用，高新技术正在催生新一轮产业变革。

　　党的十六大以来，我国高新技术发展与产业化工作，在党中央、国务院的正确决策和坚强领导下，在全国科技系统及科技部门的全力支持下，依靠全体高新技术发展和产业化战线科技人员齐心协力和团结奋斗，充分发挥科技对经济和社会发展的支撑和引领作用，我国高新技术各领域取得了丰硕的成果，铸造了巨大的辉煌，有效地推进了我国产业结构调整、经济增长方式转变和社会和谐发展。

十年来，我国高新技术领域自主创新能力显著提升。"神威蓝光"千万亿次高效能计算机采用自主研发的"申威1600"十六核通用处理器，是我国首台全部采用国产CPU和全套国产软件系统构建的千万亿次计算机系统，标志着我国成为继美国、日本之后，世界上第三个能够采用自主CPU构建千万亿次计算机的国家；和谐号动车组CRH380最高试验速度达到486.1 km/h；"蛟龙号"深海载人潜水器成功入潜5057 m海底，标志着我国成为继美国、法国、俄罗斯、日本之后第五个掌握3500 m以上大深度载人深潜技术的国家。

十年来，我国高新技术重点领域实现重大跨越。在能源领域，中国首个快中子反应堆——中国实验"快堆"成功实现并网发电运行，标志着我国成为全球为数不多的掌握快中子堆技术的国家之一；在自动化领域，工厂自动化用以太网（EPA）配置设计成为德国标准，开创了我国工业自动化领域以标准形式进行技术出口的先河；在材料领域，成功研发具有自主知识产权的硅衬底功率型LED芯片，白光光效大于110 lm/W，成果已实现产业化，标志着我国成为世界上唯一实现硅衬底LED芯片批量生产的国家。一大批重点领域科技创新成果的取得，将我国高新技术重点领域带入新的历史发展阶段，实现了大跨越。

十年来，我国高新技术支撑经济、惠及民生的能力不断增强提高。在材料领域，低温低压铝电解技术实现重要突破，吨铝直流电耗降低至11 900度以下，吨铝电耗减少1200度，两家示范企业实现年节电4.2亿度，减少氟碳化合物排放50%以上，为我国铝电解工业节能减排提供了产业化支撑技术，引领了国际电解铝技术的发展。在产业化环境建设领域，88家国家高新技术产业开发区、3家国家自主创新示范区、86家大学科技园等蓬勃发展。2011年，88家国家高新区上报统计的企业总计5.96万家，实现营业总收入13.16万亿元，工业总产值10.49万亿元，工业增加值2.74万亿元，净利润7672亿元，出口总额3000亿美元，上缴税额6613亿元。其中，工业增加值占同期全国第二产业增加值的比重达到12.4%。在民生科技创新上，区域协同医疗示范工程共吸纳了16家三级医疗机构，68家二级和一级医疗机构，以及263家社区卫生医疗服务中心或服务站参与了应用示范，实现了我国医疗卫生协同服务模式的创新，取得了丰富的经验和良好的效果。数字教育公共服务示范工程共建立了30个国家级数字教育公共服务体系示范点，面向1487个学习中心开展远程教育与培训服务的"连锁加盟式"综合示范应用，截止2009年第一季度，已使162.2万人次的用户在学习过程中受益，推动了学习型社会的建设与发展，取得了明显的社会效益。另外，数字医疗、数字教育、医疗机器人等一大批民生科技成果得到推广和应用，为科学发展提供了强有力的科技支撑。

十年来，我国高新技术引领战略性新兴产业的培育和发展取得巨大进展。半导体照明产业，太阳能、核电、风电新能源产业，新能源汽车，智能制造，现代服务业等战略性新兴产业经过近两个五年规划的引导和培育，打下了扎实的产业基础，取得快速发展。我国半导体照明产业从无到有快速发展。2010年，我国LED相关专利申请共30 682项，约占全球LED专利申请数量的27%，道路等功能性照明应用领域处于国际领先地位。2011年半导体照明整体产业规模达到1560亿元。"十二五"期间，19个高新技术领域重点专项规划将相继出台，进一步引领我国战略性新兴产业的发展。

回首这十年，全国高新技术发展和产业化工作成绩骄人。展望未来，机遇和挑战犹存，需要各级科技部门和全体科技工作者继续凝心聚力，大力提升自主创新能力，加快建设创新型国家。让我们更加紧密地团结在以胡锦涛同志为总书记的党中央周围，全面贯彻落实科学发展观，团结奋斗、扎实工作，以优异成绩迎接党的十八大胜利召开。

科学技术部部长 万钢

二〇一二年六月一日

序二
坚定不移走中国特色自主创新道路

　　党的十六大以来的十年，是我国高新技术及其产业迅猛发展的十年。十年来，我国高新技术发展与产业化工作认真贯彻党的十六大、十七大精神，积极响应胡锦涛总书记在全国科学技术大会上向全党全社会发出的"坚持走中国特色自主创新道路、加快推进创新型国家建设"号召，坚持统筹规划、高起点部署，坚持以深化改革为动力、汇聚海内外优秀人才、集中优势资源加强攻关，在中国特色自主创新道路上不断探索、开拓创新，为支撑引领经济社会科学发展做出了重要贡献。

　　当前，我国科技发展还存在一些薄弱环节。关键技术自给率还不高，自主创新能力特别是原始创新能力还不强。高新技术产业和科技服务业在经济中所占比重还需要进一步提高。优秀拔尖人才不足，科技人员的积极性创造性有待进一步发挥。我们必须立足我国的基本国情，坚定走中国特色自主创新道路的信心和决心，充分发挥社会主义制度集中力量办大事的优越性，进一步深化科技体制改革和扩大开放，加强高层次创新人才队伍建设，加快国家创新体系建设，推动我国经济社会发展尽快走上创新驱动的轨道。

走中国特色自主创新道路，建设创新型国家，必须大力提升自主创新能力，推动科技与经济更紧密结合。十年来，在党中央、国务院的领导下，我国自主创新能力显著增强。基础研究和前沿技术研究取得重大突破，载人航天、千万亿次高性能计算机、中微子振荡等成就举世瞩目，16个国家科技重大专项带动战略性新兴产业跨越式发展，超级杂交水稻技术为粮食连续八年增长和农民收入连续八年快速增加提供了有力支撑。知识创新工程和技术创新工程成效明显，企业在技术创新中的地位和作用显著提升。我国正在成为汇聚全球创新资源和创新人才的热土，已经成为具有重要世界影响力的科技大国。面向未来，我们要按照自主创新、重点跨越、支撑发展、引领未来的指导方针，加强原始创新、集成创新和引进消化吸收再创新，大力推进协同创新。坚持立足长远，超前部署基础研究和前沿技术研究，力争取得更多原创性突破。坚持有所为有所不为，选择关系国计民生和国家安全的关键领域，集中力量、重点突破产业关键共性技术，培育和发展新兴产业，加快传统产业转型升级，提升产业核心竞争力，支撑经济社会持续协调发展。

走中国特色自主创新道路，建设创新型国家，必须坚持以改革促发展，加快推进科技体制机制创新。党的十六大以来，中央做出增强自主创新能力、建设创新型国家的重大战略决策，科技体制改革进入全面推进中国特色国家创新体系建设的新阶段。十年来，通过深化科技体制改革，激励自主创新的法律框架和政策体系不断完善。组建了一批科研基地、创新平台和创新团队，促进了政产学研用结合和军民融合。深入落实人才规划纲要，创新型人才队伍规模不断壮大。改革为科技创新增添了新的动力，以市场为导向的科技力量配置格局基本形成，推动我国科技发展进入重要跃升期。下一步，深化科技体制改革，要建立健全科学合理、富有活力、更有效率的国家创新体系。进一步完善科技创新的政策环境，加强科技工作宏观统筹，推进各具特色的区域创新体系建设，鼓励发展科技中介服务，深化科研经费管理制度改革，促进科技资源开放共享和高效利用，完善科技成果评价奖励制度，更好地激发科技人员的积极性、创造性。

走中国特色自主创新道路，建设创新型国家，必须坚持发挥我国社会主义制度的优越性，集中力量办大事。十年来，通过组织实施国家科技重大专项，市场经济条件下新型举国体制的探索取得新进展，决策、执行、评估相对分离的项目管理体制机制基本形成。国家科技计划布局更加合理，配合更加紧密，863、973和科技支撑计划定位更加清晰。高新技术领域依托863计划和支撑计划，集中资金支持一大批重大科技攻关项目，产学研合作更加紧密，取得辉煌成果。进一步发挥社会主义制度优越性，要坚持政府支持、市场导向，统筹发挥政府在战略规划、法规标准、政策引导等方面的作用与市场在资源配置中的基础性作用，营造支持创新的良好环境。坚持统筹协调、遵循规律，统筹落实中长期科技、教育、人才规划纲要，发挥中央和地方两方面积极性，强化地方在区域创新中的主导地位，按照经济社会和科技发展的内在要求，整体谋划、有序推进科技改革发展。

走中国特色自主创新道路，建设创新型国家，必须坚持人才是第一资源的理念，培养和造就一支规模宏大的创新人才队伍。

十年来，我们着力培养具有创新精神的科技领军人才，依托国家重大人才培养计划、重大科研和重大工程项目、重点学科和重点科研基地，积极推进创新团队和产业技术创新联盟建设，培养出一大批德才兼备、国际一流的学者和产业科技创新领军人才。积极引进海外高层次人才，吸引了大批出国留学人员回国创业。面向未来，我们要进一步统筹各类创新人才发展，完善人才激励制度。深入实施重大人才工程和政策，培养造就世界水平的科学家、科技领军人才、卓越工程师和高水平创新团队。加强科研生产一线高层次专业技术人才和高技能人才培养。健全科技人才流动机制，鼓励科研院所、高等学校和企业创新人才双向交流。加强科学道德和创新文化建设，加强科研诚信和科学伦理教育，引导科技工作者自觉践行社会主义核心价值体系，大力弘扬求真务实、勇于创新、团结协作、无私奉献、报效祖国的精神，进一步形成尊重劳动、尊重知识、尊重人才、尊重创造的良好风尚。

展望未来，中央提出到2020年我国进入创新型国家行列，到本世纪中叶成为世界科技强国，任务艰巨，使命光荣。全国科技战线的同志们要更加紧密地团结在以胡锦涛同志为总书记的党中央周围，牢牢把握"自主创新、重点跨越、支撑发展、引领未来"的指导方针，坚定走中国特色的自主创新道路，奋发努力、扎实苦干，为建设创新型国家而努力奋斗，以优异成绩迎接党的十八大胜利召开。

科学技术部党组副书记　副部长　王志刚

二〇一二年六月一日

《这十年——材料领域科技发展报告》引言

这十年，是材料领域科技发展快速的十年、跨越的十年、辉煌的十年！

——2005年，我国材料领域科技论文数达到世界第一位；

——2008年，我国材料领域发明专利申请数达到世界第一位；

——材料领域专业技能人才稳步增长，拥有中科院院士和工程院院士210人，科技研发人员115万人，每年材料类大学本科毕业生4万余人，硕士和博士毕业生1万余人；

——材料领域初步形成了较完整的研发与产业化体系，拥有国家重点实验室、国家工程中心、产业化基地近400家；

——时至今日，我国已有钢铁、有色金属、稀土金属、水泥、玻璃、化学纤维等百余种材料产量达到世界第一位；

——材料产业成为我国国民经济的重要组成部分，其产值占我国GDP 20%左右，从业人员占城镇就业人口15%左右。

这十年，推进了半导体照明、新型显示、高性能纤维及复合材料、多晶硅等成果的工程化和产业化，培育和发展了一批新兴产业和新的经济增长点；

突破了超级钢（细晶钢）、低温低电压电解铝、低环境负荷型水泥、全氟离子膜、聚烯烃催化剂等关键技术，对钢铁、有色、建材、石化等传统产业优化和提升做出了重要贡献；

在纳米材料与器件、人工晶体与全固态激光器、光纤、超导材料等技术领域取得重大进展，在世界科技前沿占有一席之地；

发展了生物医用材料、肝炎和艾滋病快速诊断技术、海水和苦咸水淡化等，为科技进步惠及民生提供了一大批新材料、新技术。

《这十年——材料领域科技发展报告》**目录**

第一章　综述　　　　　　　　　　　　　　　　　　**1**

第一节　发展现状　　　　　　　　　　　　　　　　　1

第二节　2002—2012年材料领域发展总体布局　　　7

第三节　取得的主要进展　　　　　　　　　　　　　9

第二章　新型功能材料　　　　　　　　　　　　　　**24**

第一节　背景　　　　　　　　　　　　　　　　　　24

第二节　总体布局　　　　　　　　　　　　　　　　30

第三节　技术路线　　　　　　　　　　　　　　　　32

第四节　主要成果　　　　　　　　　　　　　　　　37

第三章　先进结构与复合材料　　　　　　　　　　**53**

第一节　背景　　　　　　　　　　　　　　　　　　53

第二节　总体布局　　　　　　　　　　　　　　　　59

第三节　技术路线选择　　　　　　　　　　　　　　66

第四节　主要成果　　　　　　　　　　　　　　　　70

第四章　新型电子材料与器件 79

　第一节　背景 79

　第二节　总体布局 87

　第三节　技术路线选择 91

　第四节　主要成果 95

第五章　纳米材料与器件 107

　第一节　背景 107

　第二节　总体布局 109

　第三节　技术路线选择 111

　第四节　主要成果 113

第六章　行业发展 123

　第一节　钢铁行业 123

　第二节　有色金属行业 135

　第三节　石化行业 145

　第四节　纺织行业 159

　第五节　轻工行业 163

　第六节　建材行业 171

第七章　人才队伍建设 179

　第一节　《国家中长期新材料人才发展规划（2010—

　　　　　2020年）》 181

　第二节　全力培养造就规模宏大、结构合理、国际一流的

　　　　　新材料人才队伍 195

　第三节　材料领域高技术创新团队试点工作 200

第八章　平台与基地 203

　第一节　"十城万盏"半导体照明试点工作 204

　第二节　国家工程技术研究中心 221

大事记 250

第一章 综述

第一节 发展现状

十年来，材料服务于国民经济、社会发展、国防建设和人民生活的各个方面，成为经济发展、社会进步和国家安全的物质基础和先导。发展材料技术将促进我国高新技术产业的形成与发展，同时又将带动传统产业的技术提升和产品的更新换代。材料的结构功能一体化、功能材料智能化、材料与器件集成化、制备和使用过程绿色化成为材料技术发展的重要方向。

这十年是材料领域科技发展快速的十年、跨越的十年、辉煌的十年。经过材料领域科技工作者的奋力拼搏，我国材料科技发展跨入世界先进行列。

一、2005年起我国材料领域科技论文数居世界第一位

这十年，我国材料领域创新活动活跃，材料科技论文迅速增加。表1-1是2010年发表的材料科学SCI论文数排在前十名的国家与地区的SCI论文数量。显然，我国材料科技论文数在这十年保持了快速增长势头，2005年我国材料领域科技论文数达到世界第一位。2001—2011年我国材料SCI论文数达到102 875篇，是美国的130%（表1-2）。

汤姆森路透集团2009年11月2日曾公布一份报告，总体评价世界各国的科技论文情况，认为中国研究人员撰写的科技论文在短短的几年内增加了1倍以上，论文数量（指所有学科的论文）上仅次于美国。报告说："中国科技论文的相对增长幅度非常惊人，远远超过世界其他地方。"报告还说："从曲线图上看，中国科技论文数量的增长速度只是略有放慢，不过还是朝着在10年之内赶超美国的方向发展。"中国研究人员1998年发表了2万篇研究论文。到2008年，中国的论文数激增至近11.2万篇，超过了日本、英国和德国。中国科研人员的研究工作集中在自然科学和技术领域，特别是材料科学、化学和物理学方面。

该报告指出，中国的研究活动大多集中在材料科学及技术领域，可以看出中国摆好了在多个行业发挥主导作用的架势。报告说："中国牢牢控制创新材料领域，这可能会产生深远的影响。利用这些技术的工业领域大多直接或间接地依赖来自于中国的研究成果。"

表1-1 2001—2010年 Web of Science （SCI）收录的各国（地区）材料科学论文数（篇）

国家或地区	2001年	2002年	2003年	2004年	2005年	2006年	2007年	2008年	2009年	2010年
全世界	34 775	35 388	37 598	39 932	46 579	45 849	46 729	51 866	57 007	52 454
中国	3388	4740	5461	5845	9115	8581	10 549	11 920	12 668	12 799
美国	6193	6085	6326	6537	7269	7418	7390	7852	8297	7818
日本	5053	5210	5585	5374	5469	5770	4529	4832	4884	3999
印度	1394	1413	1630	1622	1928	2064	2556	2945	3254	3371
德国	3450	3192	3170	3300	3478	3375	3149	3191	3647	3299
韩国	1628	1668	2192	2541	3076	2829	2639	3235	3485	3193
法国	2345	2076	2007	2147	2402	2342	2271	2583	2762	2351
英国	2337	2083	2223	2220	2350	2263	2133	2312	2563	2242
中国台湾	783	860	963	1007	1199	1496	1345	1553	1822	1580
俄罗斯	1693	1673	1415	1646	1619	1265	1570	1492	1988	1500

表1-2　2001—2011年SCI收录的各国（地区）材料科学论文与引用数

国家或地区	论文数（篇）	总引用次数	平均引用次数
中国	102 875	555 078	5.40
美国	78 774	1 019 442	12.94
日本	53 954	410 196	7.60
德国	36 144	342 569	9.48
韩国	30 248	203 796	6.74
法国	25 308	224 178	8.86
印度	25 253	143 553	5.68
英国	22 252	236 818	10.64
俄罗斯	17 228	51 294	2.98
中国台湾	14 196	98 740	6.96

二、2008年我国材料领域发明专利申请数达到世界第一

　　这十年，我国科学研究工作从跟踪国外战略高技术，正逐步转向创新与跨越式发展，创新成为材料科学研究的主旋律，具有自主知识产权科技成果的数量逐年增加，发明专利申请数于2008年超越美国、日本，而居世界第一位。

　　以德温特创新索引（Derwent Innovations Index，DII）进行检索分析，从2004—2009年7月，共检索到4 035 114条专利。

　　图1-1是对重点国家（地区）材料领域的专利年度分布进行分析。所获得的排名前10位的国家（地区）的专利年度分布情况。

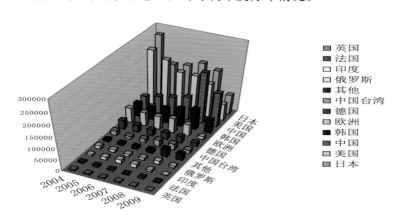

图1-1　主要国家（地区）材料领域专利申请量年度分布

在材料领域，2008年之前，美国和日本的专利数量远高于其他国家的专利受理数量，它们的专利受理数在2004年达到最高，但总体来说呈现逐年下降的趋势。然而，中国所受理的专利数呈逐年增加的趋势，并在2008年有显著的增长，甚至超过了美国和日本，达到218 523条，美国和日本2008年受理专利数分别为146 520条和176 835条。图1-2是主要国家（地区）材料领域专利受理数每年所占份额分布。

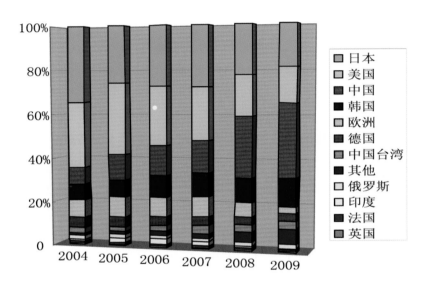

图1-2 主要国家（地区）专利受理数每年所占份额分布

三、材料领域科技人才队伍日益壮大

材料领域科技人才队伍日益壮大，拥有中科院院士103人、工程院院士117人；从事材料科技活动的人员115万人；每年材料类大学毕业生4万余人(2010年40 532人)、硕士生8500余人（2010年8575人）、博士生1800余人（2010年1839人）。2008年，科技部启动了创新团队建设试点工作，11个团队入选；2011年，科技部、人力资源和社会保障部、教育部、中国科学院、中国工程院、国家自然科学基金委员会、中国科协联合编制并发布了《国家中长期新材料人才发展规划（2010—2020年）》。这是我国第一个新材料人才发展中长期规划，为我国当前及今后一段时期新材料人才发展提供了指导和依据，对全面加强新材料人才资源的开发与建设，培养造就高素质的材料人才队伍，推动材料人才的整体发展，乃至促进国民经济

和国防事业发展，实现建设材料强国远景目标都具有重要意义。

四、建立了较完整的材料研发与产业化体系

这十年，材料领域初步形成了较完整的创新体系，拥有国家重点实验室近30家、国家工程中心逾100家、国家工程实验室20余家，各类国家级新材料产业化基地逾200家。

长期以来，我国非常重视材料技术及产业的创新与发展。在国家科技支撑（攻关）计划、863计划、973计划、自然科学基金、火炬计划、中小企业创新基金、产业化示范工程中均加大投入，无论是在引领未来的自主创新方面，还是在满足国民经济发展战略需要、支撑新型工业化和城镇化建设方面，均突破了一批促进材料产业发展的关键技术，为引导和促进新材料及相关产业的形成，以及对传统产业和支柱产业的提升，在整体上提高国家综合实力、巩固现代国防、保障重点工程建设、提高人民生活质量和促进社会可持续发展做出了重要贡献。据不完全统计，这十年，仅863计划和科技支撑（攻关）计划就申请国家发明专利10 000余项（其中3000余项获得授权），起草制定技术标准300余项，发表论文总数30 000余篇，出版专著200余部。

自2010年，新材料领域进行了产学研结合的产业技术创新战略联盟的建设试点工作，截止2012年4月，已建立了半导体照明、多晶硅、生物医用材料等十余个创新联盟，推动了材料产业的创新与发展。

五、我国多种材料产量达到世界第一位

时至今日，我国已有钢铁、有色金属、稀土、水泥、玻璃、聚乙烯、化学纤维和光纤等百种材料产量达到世界第一位；表1-3是近年来我国部分材料的产量。

表1-3 近年来我国部分材料的产量

产品名称	2008年	2009年	2010年	2011年
钢材（万吨）	60 460.29	69 405.40	80 276.58	88 131
粗钢（万吨）	50 305.75	57 218.23	63 722.99	68 327
生铁（万吨）	47 824.42	55 283.46	59 733.34	62 969
不锈钢（万吨）	694	880	1125	1259
十种有色金属（万吨）	2553.63	2648.54	3136	3438

产品名称	2008年	2009年	2010年	2011年
精炼铜（万吨）	379	405	454	520
原铝（万吨）	1318	1289	1624	1806
铅 (万吨)	345	377	416	465
锌 (万吨)	404	429	521	522
氧化铝（万吨）	2278	2381	2906	3408
稀土金属（万吨）	13.5	12.7	11.9	9.7
稀土永磁材料（万吨）	4.6	5.5	8.2	8.9
初级形态的塑料（万吨）	3680.23	3629.97	3952.6	4798.0
合成橡胶（万吨）	296.03	274.91	308.4	348.8
合成洗涤剂（万吨）	655.31	699.66	730.07	851.13
橡胶轮胎外胎（万条）	51 956.94	65 601.56	76 655.3	83 209.1
硫酸（万吨）	5019.3	5947	6608.2	7416.8
纯碱（万吨）	1 840.4	1947.0	2031.0	2303.2
烧碱（万吨）	1741.0	1849.4	2139.9	2466.2
甲醇（万吨）	1115.2	1247.5	1634.2	2226.9
对苯二甲酸 (万吨)	935.0	1150.0	1455.4	1640.0
合成树脂（万吨）	3222.4	3686.7	4391.0	4798.3
聚氯乙烯（万吨）	758.7	766.6	1151.2	1295.2
电石 (万吨)	1385.8	1464.7	1420.4	1737.6
化学纤维（万吨）	2404.61	2726.06	3089.70	3362.36
纱（万吨）	2148.92	2405.62	2716.91	2894.47
布（亿米）	527.73	567.44	655.47	619.82
机制纸及纸板（万吨）	8404.30	8965.13	10 035.93	11 034.36
水泥(万吨)	142 010	164 863	187 598	208 500
陶瓷砖（万平方米）	625 517	677 944	807 566	920 100
卫生陶瓷（万件）	14 137	14 791	16134	17 300
石膏板（万平方米）	165 100	181 170	208 473	242 100
玻璃纤维纱（万吨）	221.73	196.97	256.56	279.49
平板玻璃(万重量箱)	59 890.39	58 574.07	66 082	78 500
光纤（亿千米）	0.38	0.78	0.9	1.0

六、我国材料产业稳步发展

材料产业是国民经济的基础，具有举足轻重的地位。我国材料工业，特别是新材料产业，虽然起步较晚，但发展很快，在我国工业体系中占有较大比重。钢铁、有色金属、建材、化纤、纺织的工业产量和规模均居世界第一位，石油和化工行业规模居世界第三位，材料产业为国民经济和国防建设提供了保障和支撑，新材料发展还引领了许多战略高技术的发展。同时还为改善民生、扩大就业（尤其是吸纳农民工就业）做出重大贡献，仅钢铁、有色、石化、纺织、轻工、建材等6个行业从业人员就达到4600万人（占城镇就业人员的15%左右），产值占国民经济总产值的20%左右，占全国工业总产值比重达到40%左右。

材料产业通过自主创新，在一些领域具有明显的技术优势，如人工光学晶体、纳米碳管和功能陶瓷的研究和开发等方面初步形成了自身特色，新材料已成为我国多数地区优先发展的重点领域。材料领域科技成果的产业化，为国民经济和国防建设提供了一批关键新材料，如光纤、集成电路用配套材料、超级钢、稀土功能材料、镁合金等已实现规模化生产。

材料领域产业呈集聚发展趋势、区域特色明显，已形成了各有优势、各具特色的发展格局。各地区的特色明显的材料产业包括，京津冀鲁地区：纳米材料与技术、汽车材料、半导体材料、电子信息材料、金属材料、纤维材料；长三角地区：汽车新材料、磁性材料、生物医药材料、电子信息材料、新型金属材料、碳纤维及其复合材料；珠三角及福建地区：绿色电池材料、有机高分子化工材料、建卫陶瓷材料、先进金属及电子信息材料、半导体照明；中部六省：机械制造、冶金、轻纺、建材、非金属矿及光电材料；东北地区：石化、冶金、大型装备及汽车制造用新材料；西部地区：稀土、有色金属、化工及生态环境材料等。

第二节　2002—2012年材料领域发展总体布局

这十年，材料领域总体目标是切实提升我国材料领域自主创新能力，切实推进材料领域低碳化、高值化发展，切实提高产业的核心竞争力，为我国经济社会发展与国防安全提供强有力的材料支撑，为载人航天、探月飞行、深空探测、大型飞机、核电工程、奥运工程、高速轨道交通等国民经济和国防建设重大工程提供一批关键材料、工艺、装备及集成化技术。

围绕培育高成长、高带动战略性新兴产业生长点，重点支持了半导体照明及"十城万盏"示范工程、新型显示、稀土材料、高性能纤维及复合材料、高品质特殊钢、高性能膜材料、多晶硅及其副产物综合利用、高强铝合金、先进镁合金、多晶硅材料与单晶硅片、金属有机化合物源及金属有机化合物源化学气相沉积设备等的研发，切实促进具有广阔的市场前景、资源消耗低、带动系数大、就业机会多、综合效益好的新材料产业发展，培育和发展了一批新兴产业和新的经济增长点。

大力推进量大面广的传统材料产业结构调整与优化升级，促进材料向节能、降耗和环境友好方向发展，缓解制约材料制造过程中的资源、能源和环境的瓶颈问题，重点安排了细晶钢、新一代可循环钢铁流程、低温低电压电解铝、低环境负荷型水泥、全氟离子膜、聚烯烃催化剂、高效农药创制、材料流程的节能减排、化工反应过程强化、优势资源材料应用等关键技术研发，推进钢铁、有色、石化、轻工、纺织、建材等产业关键共性技术的重点突破，提升产业整体竞争力，辐射带动一批支柱产业的技术改造升级。

为增强材料领域持续创新能力，提高核心竞争力，重点布局了超导材料、新型电池材料、生态环境材料等新型功能与智能材料，人工晶体与全固态激光器、光纤、光通讯、光传感材料与器件等微电子/光电子/磁电子材料与器件，非晶带材、纳米绿色印刷、爆炸物检测等纳米材料与器件，短流程近净成型技术等材料设计、制备加工与评价、材料高效利用、材料服役行为和工程化关键技术的研发，抢占世界科技发展的制高点。

为提高人民生活质量和促进社会可持续发展，重点布局了生物医用材料、肝炎和艾滋病快速诊断、海水与苦咸水淡化、抗菌、净化空气及产生负离子的建材、新型建筑节能玻璃等的研发，促进形成一大批新材料与新技术，科技进步惠及民生发展。

这十年，材料领域统筹项目、基地、人才队伍建设的协调发展，共新建国家工程研究中心30家，"十城万盏"半导体照明试点城市37家，同时开展了11个创新团队的建设试点工作。2011年，科技部、人力资源和社会保障部、教育部、中国科学院、中国工程院、国家自然科学基金委员会、中国科协联合编制并发布了《国家中长期新材料人才发展规划（2010—2020年）》。

第三节 取得的主要进展

　　这十年，材料领域围绕国家的发展战略目标，紧密结合经济社会发展重大需求，经过不懈努力，在关键技术突破、重大产品与技术系统开发、重大应用与示范工程方面取得了一系列成果。在半导体照明、新型平板显示、人工晶体与全固态激光器、化工反应过程强化、优势资源材料应用技术开发等方面，加强了新材料及应用的工程化技术开发，明显提高了我国新材料产业的技术创新和产品的国际竞争能力，为加快发展和培育战略性新兴产业奠定了良好基础；在智能材料设计与材料制备技术、光电信息和功能材料、高温超导材料与器件和高效能源材料、纳米材料与器件、高性能结构材料等方面，突破了一批关键材料的新制备技术，取得了一批具有自主创新的核心技术成果，增强了材料领域持续创新能力；传统材料的高性能化、系列化及在节约资源、降低能耗、保护环境等方面取得显著进展，促进了传统产业的升级；在军工配套材料及工程化应用技术、国产聚丙烯腈碳纤维高性能化及应用方面，为国防军工建设提供必要的材料技术支撑。深紫外非线性光学晶体材料及全固态激光器取得重要进展，使我国在非线性光学晶体材料领域继续保持国际领先地位，6kW、大型激光放大系统等全固态激光器的研制成功，使我国激光器关键器件水平大幅提升。在硅片上成功制备了氮化镓多量子阱材料和蓝光发光二极管，硅基和蓝宝石基功率型白光LED分别超过100 lm/W和130 lm/W，2011年我国半导体照明产业规模达到1560亿元。光通讯发展迅速，我国已是全球最大的光纤制造和消费国，至2011年年底我国已经连续3年光纤产销量世界第一，这十年合计生产4.5亿千米光纤。钴酸锂和磷酸铁锂材料实现突破，高功率低成本锂离子电池关键材料的成功研制和产业化，并在奥运大巴、纯电动环卫车等获得应用，对推动我国电动汽车产业的发展产生了深远影响。三相35kV/2kA超导电缆、220kV/800A高温超导限流器在我国实现并网运行，标志着我国超导电力应用技术跻身世界前列。500MPa级超级钢已广泛应用于交通、建筑等领域，产生了重大的经济效益和社会效益。炭/炭、炭/陶基复合材料研究与应用，使我国跻身于少数几个掌握该技术的国家行列。百万吨级的化工反应强化技术、纺织无水印染与后整理技术、工业废水再生利用技术、废弃电子物综合回收技术的突破，推进了节能减排技术的发展，为材料的可持续发展奠定了重要基础。通过新建国家工程研究中心、

"十城万盏"半导体照明示范和创新团队的建设试点工作，促进项目、基地、人才协调发展。

一、推进了半导体照明、新型显示、高性能纤维及复合材料、多晶硅等成果的工程化和产业化，培育和发展了一批新兴产业和新的经济增长点

（一）半导体照明

通过材料领域863计划重大项目和国家科技支撑计划的实施，产业化功率型芯片从无到产业化，光效超过100 lm/W，国产芯片替代进口比例达到68%；具有自主知识产权的功率型硅衬底白光LED（发光二极管）芯片光效超过100 lm/W；功率型白光LED超过130 lm/W，2011年我国半导体照明产业规模达到1560亿元；已经初步建立了较为完整的产业链、研发基地和技术创新团队，为我国半导体照明战略性新兴产业的发展提供了持续的动力和保障。前沿性技术研究取得显著成效，在深紫外LED研究方面，研制出无裂纹的高结晶质量氮化镓铝材料和280nm紫外LED器件；在GaN（氮化镓）同质衬底方面，解决HVPE（氢化物气相外延）GaN碎裂的问题，实现GaN的自剥离，在m面蓝宝石上利用氧化锌缓冲层制备非极性m面GaN；设计并研制出蓝色荧光层与红绿双层磷光层复合的白光有机发光二极管器件，在1000cd/m² 亮度下光效达到65 lm/W，寿命超过10 000小时。产业化关键技术研究取得较大突破。以企业为主体的功率型白光LED制造技术进展较快，完成的功率型芯片封装白光后光效超过110 lm/W，功率型白光LED封装达到指标要求，具有自主知识产权的功率型硅衬底LED芯片封装后光效达到100 lm/W。核心装备研发取得重大进展。MOCVD（金属有机化合物化学气相沉积）装备核心技术开发进展顺利，工业生产型MOCVD设备初步研制成功，为实现产业化制造开创良好局面，生产外延材料单片波长均匀性偏差0.6%，全炉片间波长均匀性小于1%；利用MOCVD设备所制备出的蓝光LED芯片20mA下发光功率达到14mW；研制的立式HVPE系统上已开发出GaN自支撑衬底的生长技术。规模化系统集成技术研究和重大应用效果显著。我国已开发出动态背光LED模组、LED汽车前照灯，LED植物组培专用光源样灯已进行组培实验。

以奥运会、世博会等重大示范工程为代表的规模化系统集成技术的实施，促进了产品集成创新与技术进步，提高了社会的认知度。水立方5万

这十年 材料领域科技发展报告

10

平方米LED景观照明，与荧光灯相比，可节能70%以上；上海世博园区应用LED芯片达到10.3亿颗，对我国城市照明的低碳化发展具有积极的推动作用；"十城万盏"试点工作成效显著，截至2011年年底，已有420万盏以上LED灯具得到示范应用，实现年节电约4.2亿度。我国半导体照明应用产品种类与规模处于国际前列。

（二）新型平板显示

围绕有机发光显示、薄膜晶体管液晶、等离子体显示器件量产技术及配套关键材料上集中力量进行攻关，同时，在场致发射显示和电子纸方向上布局了新材料和关键技术的研究内容。

在TFT-LCD（薄膜晶体管-液晶显示）技术方向，通过工艺改进和设计、材料优化，提高显示对比度和品质。通过低电阻金属引线技术开发、电路及关键部品开发，实现大尺寸FHD（全高清）屏120Hz驱动，改善动态画面特性；通过薄型、高效LED背光的开发，实现了产品的轻、薄和低功耗；已完成多款样机的制作，所开发的宽视角技术已为京东方合肥6代线、北京8.5代线的产品规划和生产线设计提供了重要的技术依据，并将直接应用于8.5代线的多款大尺寸TFT-LCD产品的批量生产。

PDP（等离子显示）形成了自主的多面取等离子显示器件的全套量产技术。OLED显示屏在"神七"舱外航天服上得到应用。

激光技术作为一项具有战略性、全局性和带动性的高技术，已成为世界各国竞争的焦点之一。这十年，我国的人工晶体继续保持了国际领先优势，在国际上首次成功地生长出具有实用价值的器件级KBBF(氟硼铍酸钾)单晶体，具有Nd:YVO$_4$、LBO(三硼酸锂)、BIBO和BBO(偏硼酸钡)等人工晶体产品全球最大产能；若干种国产全固态激光器的稳定性、可靠性和使用寿命已经完全满足工业使用要求，实现了替代进口产品的目标；自主研制出6kW高功率全固态激光器，关键器件实现国产化；打破了国外对我国的禁运，大型激光器系统形成工程化和批量化生产能力，千赫兹高能量皮秒激光器实现工程化，满足了国家重大工程的需要。激光显示技术突破了激光显示小型化光源、匀场消散斑、非相干组束等关键技术，研制成功3万流明高亮度激光投影机、65/71英寸激光电视等产品，色域覆盖率达166%NTSC(美国国家电视标准委员会)，建成了国际首家激光数字影院，并应用于奥运会、世博会等重大工程。

（三）高性能纤维及其复合材料

已实现CCF-1级碳纤维(T300级)工业规模生产，突破CCF-3级碳纤维(T700级)工程制备关键技术，制备出CCF-4（T800级）和高模碳纤维，部分关键装备得到国产化，建设了共享公用的检测平台。CCF-1级碳纤维初步满足了国防建设的需求，在能源、交通、建筑领域国产碳纤维复合材料得到了规模应用。芳纶及其复合材料技术得到了跨越式发展，对位芳纶（芳纶II）实现了批量制备。依靠自主研发的超高分子量聚乙烯纤维制备技术实现了国产规模生产，复合材料产品已全面进入国际市场。

（四）高性能膜材料

陶瓷膜反应器完成了孔径为3～10nm的小孔径陶瓷超滤膜材料的中试，开发了气压推动的气升式超滤膜成套装置。渗透汽化透水膜材料实现了产业化。聚乙烯醇(PVA)透水膜材料制备建成规模化生产线，实现了工业化应用；采用水热合成法，突破了沸石分子筛膜规模化制备的关键技术，以国产原料低成本合成出性能优异的沸石分子筛膜产品，建成了4万根/年的生产线，开发出多种规格的膜组件和渗透汽化膜装备，建成了5000吨/年的溶剂脱水工业应用示范装置，此装置可节约处理成本50%以上，避免了污染废弃物排放。我国膜产业总产值从10年前占全球总产值的1%提升到13%，形成了一批有自主知识产权的膜材料及其制备技术。

（五）电池材料

锂离子电池广泛应用于信息产业、新能源汽车、智能电网和国防军工等领域。在863计划的持续支持下，新型正极材料、负极材料、电解质盐和隔膜等材料的关键技术均取得突破，开始规模应用于轻型电动车辆、新能源汽车示范项目和电网储能示范项目。研制出二次锂（离子）电池用低黏度离子液体电解质材料，突破了动力锂离子电池用新一代锂盐－双（氟磺酰亚胺）锂导电材料的合成方法与制备提纯工艺技术。建成了高性能磷酸铁锂示范生产线，应用国产材料的锂离子电池实现了在奥运纯电动大巴、纯电动环卫车以及智能电网中的示范应用。通过对磷酸铁锂高温循环性能衰减机理以及复合掺杂和表面修饰改性技术的研究，大大改善了磷酸铁锂材料的高温循环性能，所合成材料高温循环和大电流充放电性能优异。单层隔膜技术成功实现了产业化，并批量应用于手机电池，打破了少数国家的垄断；复合隔膜技术也获得初步突破；六氟磷酸锂等电解质锂盐技术取得突破，六氟磷酸锂实现了批量生产，产能在逐步提升；双氟磺酰亚胺锂等新型锂盐也已在实验室研制成功。

（六）多晶硅材料

这十年，多晶硅产业化制备技术获得重要进展，发展出改良西门子法、硅烷法、冶金法等多种太阳能级多晶硅规模化制备技术，多晶硅产能从百吨级水平迅速提高到十万吨级，很好地满足了太阳能光伏电池产业对原材料的需要。多晶硅生产能耗大大降低，节能减排成效显著。就改良西门子法而言，研制了24对棒大型节能还原炉，解决了大型还原炉内电极最佳布置、物料最佳分布、高温冷却方法、还原炉启动、运行、供电调节等技术难题，满足多晶硅大规模、高效节能、安全生产需求。多晶硅还原占总能耗约50%，24对棒节能还原炉优点是产量大、电耗低，是世界首创的还原炉系统。创新点包括：耐1150℃高温特殊结构、高效低耗生长工艺、简洁方便的供电技术与设备、启动工艺与设备。优化后还原炉单炉产量6000kg以上，还原直接电耗分别达到80kWh/kg以下，优于德国技术和俄罗斯技术，每千克多晶硅节电超过100度。还原炉技术成功研发并国产化后，进口德国、美国各炉型价格降低30%～50%，进口数量减少50%～70%。

二、突破了超级钢（细晶钢）、电解铝、低环境负荷型水泥、全氟离子膜、聚烯烃催化剂等工业化关键技术，对钢铁、有色、建材、石化等传统产业优化和提升做出了重要贡献

（一）超级钢的开发与应用

针对量大面广的普碳钢强度等关键指标偏低状况，重点解决了板带材、棒线材的控轧控湿关键技术难题，提出并实施了晶粒适度细化、形变相变复合强化、低成本高性能强韧化等核心技术，并开发了相关生产工艺，进行必要的设备更新改造，形成50多项核心专利的超级钢生产成套技术。到2007年，超级钢年产量超过千万吨级，推进了我国普碳钢产品质量升级和品种更新换代。与同强度级别的普通钢相比，生产每吨超级钢可新增经济效益50～300元，每年总经济效益达数十亿元人民币。同时，超级钢具有节省合金元素、可减轻结构重量等一系列优点，在节能减排、促进可持续发展等方面产生了十分显著的经济效益和社会效益。超级钢产品已

应用于国家大剧院、奥运会主会场（鸟巢体育场）、上海世博会主场馆、东海大桥等近年来我国的一些标志性建筑，成为我国钢铁产品质量提升的历史见证。

（二）节约型钢材减量化轧制技术

重点突破了减量化轧制工艺技术、新一代控制冷却技术、减量化轧制产品组织精细控制技术、减量化钢材深加工技术、板带材生产过程的信息化与智能轧制技术、减量化产品前瞻性技术等，实现或超过了高性能钢材典型品种节约钢材使用量5%～15%，典型品种微合金钢的合金含量降低20%～30%，每吨高性能钢材的成本降低100～200元，典型品种的合金元素用量降低到了世界先进水平。成果在国内钢铁企业推广可以获得明显节约钢材的效果，按国内板带钢产量1.2亿吨估算，节约钢材使用量5%～15%，相当于每年直接增加经济效益36亿～108亿元人民币。同时，可节约合金元素20%～30%，不仅降低了成本和环境负荷，而且带来明显的间接经济效益和社会效益。

（三）低温低电压铝电解新技术

从低极距型槽结构设计与优化、低温电解质体系、低温低电压铝电解新工艺及临界稳定控制、节能型电极材料制备等方面进行原始和集成创新，形成了具有自主知识产权的系列技术；提出了200～300kA铝电解槽基于"阴极截面等电位"的曲面阴极设计原则，完成了相应的阴极、内衬结构改造，改善了阴极电流分布均匀性和铝液稳定性；针对400kA铝电解槽的特点，对内衬结构和母线配置进行了优化，成功开发出"静流式"铝电解槽，提高了电解槽磁流体的稳定性。吨铝直流电耗降低至11 900度以下，示范企业实现年节电4.2亿度，减少氟碳化合物排放50%以上，为我国铝电解工业节能减排升级改造提供了产业化支撑技术。

（四）低环境负荷型水泥

我国水泥工业的科技发展以新型干法生产技术的发展为主导，在预分解窑节能煅烧工艺、大型原料均化、节能粉磨技术、自动控制技术和环境保护技术等方面从设计到装备制造都迅速赶上了世界先进水平。从2002年我国在欧洲国家以工程总承包形式实施整条生产线的技术、装备与工程服务，实现在发达国家项目零的突破以来，我国水泥技术装备工程业已经活跃在全球各主要地区，显现出较大的竞争力，成功地在欧洲、美洲、中东、独联体国家等地实施项目的总承包。2005年2月7日，中国建材装备有限公司总承包阿联酋日产10 000t/d水泥熟料生产线，这标志着我国水泥行业开拓海外水泥市场总承包工程进入一个新的阶段。截止2011年年底，中材国际工程股份有限公司已连续4年在国际水泥工程市场份额中位列全球前三名。随着新型干法生产线单位生产能力的投资额大幅降低，新型干法生产线建设的势头发展迅猛，从2000年的109条发展到2010年底的1173条，其中，代表世界上最先进、最大规模的10 000t/d生产线4条。4000～6000t/d规模生产线的装备国产化程度高达95%，预分解系统、大型箅冷机、各种节能磨机等装备均达到世界先进水平。

（五）全氟离子交换膜材料

研制一系列技术含量高、市场前景好、附加值高的高端含氟单体、中间体和含氟精细化学品并开发其制备技术，如高纯四氟乙烯、高纯六氟丙烯、高纯六氟环氧丙烷、四氟磺内酯、甲氧基四氟丙酸甲酯等，它们既可以作为生产离子膜的单体、中间体，也可以作为最终产品直接供应国内外市场，为改变我国氯碱工业用全氟离子交换膜依赖进口局面提供了技术支撑。全氟磺酸离子交换膜已实现国产化，打破了国外垄断，应用于万吨级氯碱生产装置。建成了50吨/年全氟磺酸树脂实验性生产装置和5万平方米/年燃料电池离子膜连续生产线。已经制成多种规格供电解用的全氟磺酸/全氟羧酸增强复合离子膜，在电解液环境下已经考核5000小时，化学稳定性优异。电解实验已经考核3000小时，电流效率稳定在95%～96%，性能达到国外产品同等水平。

（六）交通领域用关键材料

汽车用聚烯烃材料单一化方向开发了聚丙烯釜内合金催化剂及其制备与应用技术、聚丙烯釜内合金中试聚合技术、系列聚丙烯釜内合金树脂的加工和成型技术，可实现汽车制件的大幅度轻量化和回收利用率。研制出重载铁路列车用车轮钢，实现了重载车轮产业化，并已在国内批量应用和大批量出口。开发出新一代高强高韧低淬火敏感性铝合金，被确定为国产大飞机中的大型主承力结构件制造用材。开发出大飞机结构用高性能RTM（树脂传递模塑成型）复合材料，实现以较低成本大幅度提高RTM复合材料的冲击损伤阻抗和容限。开发出耐海洋大气腐蚀高强度海洋工程用钢，超高强度级别系列船板用钢通过九国船级社认证，满足造船行业对特厚、超高强度造船用钢形成的批量化生产能力。开发出大型液化天然气船用高分子绝热保温材料，产品性能全面达到大型液化天然气船的技术指标，并获得国际认证书。

（七）清洁能源装备用关键材料

百万千瓦级核电站一回路主管道材料技术攻克了高精准和高洁净度冶炼、大尺寸直管离心铸造、弯管无缺陷静态铸造和高精度加工等系列关键技术，产品通过了国家核安全局的考核认定。洁净煤用金属多孔材料关键技术突破了超长、超大、异型金属多孔材料的设计与制备技术，实现了量产和规模应用。

（八）化工反应过程强化技术

泡沫碳化硅基结构催化剂的制备与应用技术在一系列化工过程中得到工程化验证。形成了适合于多相快速反应调控的超重力强化新技术体系及工程化技术，并在3条总产能100万吨/年大型MDI（二苯基甲烷二异氰酸脂）工业装置中得到集成和应用，实现节能30%，有力提升了MDI产品质量并部分超过国际跨国公司同行水平。反应过程耦合强化技术应用于6套工业示范装置。

（九）优势金属资源高效利用技术

研发了新的高钙钒渣处理工艺。高附加值的钼合金板材、丝材及钼舟等深加工产品方面取得进展。研发了具有自主知识产权的纳米掺杂高性能钼合金材料，实现优质钼丝、钼舟和钼电极的进口替代。

三、在纳米材料与器件、人工晶体与全固态激光器、光纤、超导材料等技术领域取得重大进展，在世界科技前沿占有一席之地

（一）纳米材料技术

纳米材料绿色印刷制版技术利用纳米材料亲（疏）水、亲（疏）油特性成像，实现直接制版印刷，目前已建立产业化示范线。荧光聚合物纳米膜痕量爆炸物探测器在北京奥运会天津赛区和上海赛区、上海地铁世博线路主要站点、西藏自治区政府机关大楼和民航、铁路、金融系统等重大活动和重要部门获得应用。

（二）全固态激光器技术

激光显示技术突破了激光显示光源小型化、匀场消散斑、非相干组束等关键技术。建成国际首家激光数字影院，并应用于奥运会、世博会等重大活动。自主研制的6kW高功率全固态激光器打破了国外禁运。大型复杂激光器放大系统突破了多程放大、光束质量控制、整机系统工程化和产业化等关键技术，为某一重点工程批量提供产品。研制出我国第一台医用全固态激光光动力治疗血管瘤设备，并通过国家食品药品管理局认证。

（三）超导材料技术

突破了热核聚变实验堆磁体用铌基超导线材的制备技术并通过了ITER（国际热核聚变实验堆计划）认证。突破了镍钨基带制备技术、功能层制备技术和保护层制备技术的高温超导涂层导体完整制备技术。研发出220kV/800A高温超导限流器，成功实现世界上电压等级最高、容量最大的超导限流器挂网运行及在线人工短路试验。研发出0.6T（特斯拉）开放式MgB_2（二硼化镁）超导磁共振成像(MRI)系统。突破1000kW高温超导电机共性关键技术。

（四）非晶合金带材

突破了新一代非晶/纳米晶合金宽带和超薄带的压力浇筑、辊嘴间距测控、熔潭保护、在线恒张力自动卷取等产业化关键技术和集成；开发了高饱和磁感应强度纳米晶材料体系，并形成了自主知识产权；探索了纳米晶的形成机理，并提出了调控方法。我国成为世界上第二个全面掌握非晶/纳米晶制品自主知识产权的国家，打破了国外的技术和市场垄断。建成了4万吨铁基非晶/纳米晶合金生产线，产品质量已达到国际先进水平，产业规模居世界第二位，市场份额达到全球40%。国产铁基非晶/纳米晶合金带材已广泛应用于配电变压器和电力电子行业，使我国配电变压器由S11型直接跨越到S15型，极大地推动了输配电系统的节能减排。国产铁基非晶/纳米晶合金超薄带已经大批量应用于高精度互感器、电力电子元器件等，极大地促进了我国电力电子设备的智能化、小型化、节能化。

（五）高纯金属靶材

半导体及液晶显示器用高纯金属靶材，在半导体芯片和液晶显示器制造用高纯金属靶材的形变加工、焊接、精密机加工及清洗包装等关键技术方面取得了突破性进展，已研制成功具有国际先进水平的、满足各种尺寸半导体芯片制备需求的铝、钛、铜、钽靶材等主流产品并实现批量生产。靶材产品已在东芝、索尼、海士力、中芯国际、台积电、菲利普半导体等国际先进半导体企业中实现批量销售。填补了国内空白，打破了日本、美国大型跨国公司对半导体与液晶制造用关键材料的垄断。已完成5代及以上的液晶显示器用大尺寸铝靶材和钼靶材的研制，靶材样品已经通过客户评价。同时，高纯金属靶材的研制成功与商业应用，带动了我国西部超高纯铝、钛、钽及钼等超高纯金属原材料的提纯加工与熔炼铸造等加工技术，大幅度提升了我国金属原材料的附加值。

（六）新型片式元件关键材料技术

开发了一批拥有自主知识产权、性能指标居国际先进水平的片式元件关键材料，包括贱金属内电极(BME)积层陶瓷电容器（MLCC）材料、军用高可靠性X7R型MLCC瓷料、高频宽带抗电磁干扰元件用低烧Y型平面六角铁氧体、低温烧结高感量片式电感器材料、高频电感器和低温共烧陶瓷技术（LTCC）用低烧低介陶瓷材料以及片式LC（电感-电容）滤波器用共烧陶瓷材料，实现了成果转化；共形成了7类新型片式元件产品品种、十余条片式器件（片式电容、电感、电阻、变压器、滤波器等）生产线，新增产能200亿只，总规模达500亿只/年，产值逾10亿元人民币。新型片式元件关键材料技术的突破，已使我国片式电子元器件的年产量达到5000亿只，约占世界市场的35%。

（七）高频声表面波关键材料

突破了高性能压电晶体基片生产中的温场与生长速度稳定控制技术、350nm密集叉指线条反应离子束刻蚀技术等关键技术，获得抗电迁移和功率耐受性叉指换能器材料。1～1.9GHz器件实现了批量化生产，已形成1.9亿只声表面波滤波器产能。器件主要应用于3G通信、射频标签、GPS（全球定位系统）、北斗导航等系统。该项成果将为具有自主知识产权的TD-SCDMA系统以及下一代超宽带通信系统的提供高品质的声表面波器件，打破了高频、高性能器件几乎全部依赖进口的局面。

（八）新型高密度半导体存储材料与技术

解决了RRAM（阻变存储器）/PCRAM（相变存储器）/纳米晶3种新型

存储器材料在集成和应用中的技术难点，结合半导体企业生产线分别研制了RRAM/PCRAM/纳米晶的存储单元器件原型，验证了材料关键技术在实际中应用的可行性，获取和验证3种存储器实用化系列方案，获得专利近130项。

（九）废旧电池的回收利用技术

突破了多元系废旧电池等钴镍废料的高效提纯、性能修复、活化和特殊结构成形等关键技术，形成了全套产业化技术，并获得大规模工业应用。获专利权40项，制定和形成了国家和行业技术标准13项。

（十）玻璃窑用耐火材料

成功研制出了低导热熔铸耐火材料，使得耐火材料行业自身生产节能降耗及质量提高带来的直接经济效益每年将达5亿元以上，建材行业相关高温窑炉能耗及玻璃质量提高带来的经济效益每年将达100亿元。

四、发展了生物医用材料、肝炎和艾滋病快速诊断技术、海水和苦咸水淡化等，为科技进步惠及民生提供了一大批新材料、新技术

（一）生物医用材料

药物涂层支架研制和开发方向，集成了国际上第三代生物活性材料研究的特点，拥有自主产权、良好的生物相容性、材料在体内3个月内完全降解、降解时可能引起的炎症反应能够得以抑制、拥有足够强度以及释放性能的可降解涂层材料研究获得成功。所用药物拥有自主产权，能够显著抑制内膜增生，在猪冠状动脉模型上发现，与金属裸支架相比，大黄支架减少22.7%，雷帕霉素支架减少34.0%，砒霜支架减少38.3%。中国药品生物制品检定所认证获准大黄支架进入临床。大黄支架已进入人体应用，6～9个月未发现一例不良现象，已有数例患者完成造影随访，未发现再狭窄。砒霜支架已开始注册检验，由此在药物上形成了中国特色，突破了国际上药物涂层支架市场被美国Johnson和Boston公司产品所垄断的局面。在新型骨修复和重建生物材料研究方向，采用自主开发的常压合成新工艺合成与人自然骨HA（羟基磷灰石）晶体相类似的纳米HA晶体，首次研制出n-HA/PA66(纳米羟基磷灰石/聚酰胺66)仿生复合生物活性材料；开发出了纳米磷灰石晶体（n-HA）制备技术，建立了符合国家标准的先进的制品流水生产线。填补了国内骨修复材料在品种、规格和应用等方面的一些空

白，提高了国产新型制品的国际影响力和竞争力，满足社会对高性能骨修复生物材料的需求。医用全固态激光光动力治疗血管瘤方向，研制出我国第一台医用全固态激光光动力治疗血管瘤设备，实现了532nm全固态激光高质量大光斑（直径8cm）均匀稳定输出及高可靠性长时间稳定工作，设备操作系统具有简便快捷的特点，经3000多例临床试验证明，该设备显著提高了治疗的有效性和安全性，具有迫切的临床需求和广阔的市场前景。

（二）乙肝、艾滋病诊断用新型纳米快速检测技术

突破了超顺磁微球和系列荧光量子点纳米材料制备、包覆、表面基团修饰、与生物分子定向偶联及批量生产等核心关键技术，研制形成的自主创新的荧光量子点标记艾滋病快速检测试纸其最低检出量可达0.1NCU，准确率达99%，检测时间10分钟，达到大型仪器检测水平，可以实现对艾滋病病毒的更早期检测，适用于需要准确、快速检验的各种场所，具有广阔应用前景。血液筛查用纳米材料与仪器方向，研发出具有完全自主知识产权的纳米超顺磁性微球，在完全国产化的核酸提取与分析平台上，同时实现了对乙肝、丙肝、艾滋病病毒高灵敏的检测，最高检测灵敏度分别达到或小于40拷贝/ml（目前美国食品药品管理局的标准为100拷贝），批间误差小于10%。已开发出单分散系列超顺磁性氧化硅纳米微球、单分散超顺磁性氧化硅纳米羧基微球、超顺磁性聚合物纳米羧基微球3个系列产品，将为解决我国临床用血及血液制品安全提供强有力的技术保障。

（三）海水与苦咸水淡化技术

我国在海水淡化、水质净化、膜生物反应器、陶瓷膜、离子交换膜等高性能液体分离膜关键技术持续取得突破，先后获得十余次国家科技奖励。膜法海水淡化技术已具备了十万吨级的成套装备设计和建造能力，国产化率显著提高。水质净化膜的国际竞争力显著增强，聚偏氟乙烯中空纤维膜实现了产业化，打破了国外企业对国内水处理膜市场的垄断，产品进入了国际大型水处理工程；聚氯乙烯合金毛细管超滤膜也实现了规模化生产，已经用于国际最大的双膜法饮用水深度净化工程，在上海世博会园区全部直饮水设施成功应用，为来自全球约7000万名游客提供了高标准的直饮水。膜生物反应器已经成功应用于市政污水以及食品、石化、钢铁等工业废水处理回用，回用率显著提高。高性能液体分离膜材料关键技术的突破，保障了淡水资源和清洁饮用水稳定供应，促进了废水处理和回用以及

过程工业的节能减排。

（四）工业废水再生利用技术

针对工业用水最大的工业冷却与锅炉系统所面临的节水和减排需求，开发了一批包括无磷水处理化学品及成套技术在内的对工业废水超低排放有着重大影响的关键技术和水处理产品，并在石化、钢铁、发电、供热、供暖等行业建立工程化示范，建成工业冷却系统浓缩倍率8倍近零排放工业化试验装置2套，锅炉工程化技术验证装置600套，中压（3.82 MPa）锅炉系统产汽量近零排放示范工程1套。形成农药行业典型品种生产环节减排废水的清洁生产新工艺和配套的废水治理综合关键技术。对废水排放和COD（化学耗氧量）排放量大的淀粉、味精、维生素C、啤酒、乳酸、赖氨酸等典型行业，开发将含糖有机质废弃物转化为生产油脂工程化技术、高级氧化–生物强化–膜分离等集成的废水深度处理技术等关键共性技术，并开展工程化应用。

（五）新型建筑节能玻璃

复合功能薄膜的浮法在线制备技术及新型节能镀膜玻璃开发成功，解决了硅／碳化硅纳米复合薄膜材料的设计、制备、性能优化等问题，在浮法玻璃基板上制备出由大量5～10nm的硅和碳化硅晶粒复合的新颖硅系纳米复合薄膜材料，获得了具有自主知识产权的浮法在线高档建筑节能玻璃镀膜技术。利用该技术在浮法玻璃生产线上成功地制备出了低辐射、阳光控制高档建筑节能镀膜玻璃，具有生产过程简单、基本不增加能耗、生产成本低、经济效益好的特点，已在十余条浮法玻璃生产线上批量生产并推广应用。新增产建筑节能镀膜玻璃2500万平方米，新增产值约10亿元，替代进口70%以上，产品性能达到了国际知名品牌同类产品的标准，部分产品出口到中东和欧美等地区，打破了欧洲、美国、日本等发达国家的技术垄断。

（六）可降解二氧化碳共聚物材料

将二氧化碳共聚物与聚羟基丁酸戊酸酯的复合物制成片材，开发出共混改性、增强和填充技术；用三层共挤法实现了连续制备共聚物薄膜及复合膜的中试；采用常压及真空成型的方法实现了聚合物管材的成型加工；采用连续涂敷的方式完成了医用敷料的中试；综合采用压延和真空吸塑方法完成了药片包装材料的中试工作，建立了二氧化碳共聚物的成形加工方法，在国内完成了年产3000吨二氧化碳共聚物生产线的建设。

五、人才队伍、基地、项目建设协调发展

（一）人才队伍建设与创新团队试点

十年树木，百年树人。科技的竞争实际上是人才的竞争，伴随我国新材料领域技术创新与产业发展，人才队伍建设取得了长足进步，为新材料领域创新发展提供了强大的智力支持。经过这十年的快速发展，我国已初步形成了门类齐全、专业配套、能够支撑新材料领域持续健康发展的人才队伍体系。材料领域科技人才队伍中已拥有中科院院士103人、工程院院士117人，从事材料科技活动的人员115万人；每年材料类大学毕业生4万余人(2010年40 532人)、硕士生8500余人（2010年8575人）、博士生1800余人（2010年1839人）。

为贯彻落实《国家中长期人才发展规划纲要（2010—2020年）》，科学技术部根据中央的部署，会同人力资源和社会保障部、教育部、中国科学院、中国工程院、国家自然科学基金委员会、中国科协编制并发布了《国家中长期新材料人才发展规划（2010—2020年）》（以下简称《新材料人才规划》）。这是我国第一个新材料人才发展中长期规划，也是我国当前及今后一段时期新材料人才发展的纲领性文件，对全面加强新材料人才资源的开发与建设，培养造就高素质的材料人才队伍，推动材料人才的整体发展，乃至促进国民经济和国防事业发展，实现建设材料强国远景目标都具有重大的战略意义和现实意义。

为了落实"项目、人才、基地"统筹发展，科技部在2009年开展了创新团队的试点工作，在项目与人才结合方面进行了机制上的探索，建设了11个创新团队，包括6所大学、3个研究所、2个企业团队。首批试点团队包括：声电和磁电功能薄膜材料与器件（清华大学）、高性能金属材料控制凝固短流程制备加工技术（北京科技大学）、系列含铒铝合金提供新一代铝合金材料技术（北京工业大学）、高性能低成本纳微结构药物原料超重力法制备（北京化工大学）、镁合金发动机关键部件材料研究与成型技术获得突破（上海交通大学）、纳米介孔材料的研制及其在化学能源中的应用（上海复旦大学）、高效氮化物LED材料及芯片创新性技术突破（中国科学院半导体研究所）、环境友好化高性能聚丙烯材料的结构设计与制

备技术研究（中国科学院化学研究所）、锂离子电池关键新材料技术研究（中国科学院物理研究所）、乘用车用热成型马氏体钢板关键技术研究（中国钢研科技集团有限公司）、高性能有色金属粉末材料生产示范基地（北京有色金属研究总院）。

（二）平台与基地建设

十年来，材料领域非常重视加强领域平台与基地建设，着力推动了国家工程中心和产业技术创新战略联盟建设、"十城万盏"半导体照明试点城市工作。

这十年，材料领域新建国家工程技术研究中心30家，其中企业类中心16家，公益类中心14家，分布在相关企业、院所和高校。作为材料领域研发条件能力建设的重要平台，相关中心在"创新、产业化"方针的指引下，开展了新材料、新技术研发、工程放大研究与产业化，推动集成、配套的工程化成果向相关行业辐射、转移与扩散，促进了新兴产业的培育发展和传统产业的升级改造，培养了一流的工程技术人才，构筑起技术研究、人才培训、工程开发、标准检测、信息交流的行业技术创新平台。

"十城万盏"半导体照明试点城市37个，第一批21个城市是上海市、天津市、重庆市、广东省深圳市、广东省东莞市、江苏省扬州市、浙江省宁波市、浙江省杭州市、福建省厦门市、福建省福州市、江西省南昌市、四川省成都市、四川省绵阳市、湖北省武汉市、山东省潍坊市、河南省郑州市、河北省保定市、河北省石家庄市、辽宁省大连市、黑龙江省哈尔滨市、陕西省西安市；第二批试点城市是北京市、山西省临汾市、江苏省常州市、浙江省湖州市、安徽省合肥市、安徽省芜湖市、福建省漳州市、福建省平潭综合试验区、山东省青岛市、湖南省郴州市、湖南省湘潭市、广东省广州市、广东省佛山市、广东省中山市、海南省海口市、陕西省宝鸡市。"十城万盏"半导体照明试点城市工作促进了半导体照明的快速发展，2011年我国半导体照明产业规模已达到1560亿元，对半导体照明领域科技进步和产业发展起到了重要的推动作用。

自2010年，新材料领域进行了产学研结合的产业技术创新战略联盟的建设试点工作，截止2012年4月，已建立了半导体照明、多晶硅、生物医用材料等十余个创新联盟，推动了材料产业的创新与发展。

第二章
新型功能材料

第一节 背景

　　功能材料是通过与光、电、磁、声、热、化学、生物化学等作用后而具有特定的光学、电磁学、声学、化学、生物学以及分离、形状记忆、自适应等功能的一大类材料的总称。功能材料作为各类功能转换的物质基础，种类繁多，约占新材料技术产业种类的3/4，是支撑高新技术发展、促进传统产业结构调整、治理环境污染、提高人类健康水平不可或缺的重要材料。

一、国际现状与发展趋势

　　这十年，在世界范围内功能材料得到了快速发展，材料种类获得了大幅度增加，应用范围迅速扩大，产业带动性更充分体现，在支撑高新技术发展、促进传统产业结构调整、治理环境污染、提高人类健康水平等方面，发挥了不可替代的重要作用。

（一）稀土永磁功能材料

稀土永磁材料已成为发展最快、种类最多、稀土应用量和市场规模最大的稀土功能材料。形成了高磁能积、高稳定性和耐高温三大系列、十几种类、上百种规格的永磁产品体系，稀土永磁在稀土新材料中的应用比例从2000年的15%左右上升至2011年的56%左右，高性能钕铁硼磁体的综合磁性能[最大磁能积(BH)max+内禀矫顽力Hcj]已超过68%，并已在微特电机、变频家电等领域实现了应用。提升永磁产品档次并同时降低成本的渗镝(Dy)技术已日趋成熟，开始得到大规模推广应用。低失重稀土永磁材料的研究也取得突破性进展，获得了130℃、2.6个大气压(atm)、240小时(加速老化)条件下磁体失重小于2 mg/cm^{2}的研究结果。以扩大铈、镧、钇、钐等高丰度稀土元素用量和用途为特征的高性能低成本稀土永磁材料的研究也取得积极进展。开发新型稀土永磁材料、降低材料的矫顽力温度系数和延长寿命来提高磁体耐高温特性已成为近年来的研究开发热点。

（二）先进超导材料及应用

二硼化镁（MgB_2）和铁基超导材料的问世，进一步丰富了先进超导材料体系，铁基超导材料更是在世界范围内引发了新一轮的超导热。二代高温超导（钇系）带材已形成千米级制造能力，MgB_2导线也实现了千米级制造，Nb_3Sn超导线材已完全满足ITER计划要求。以高温超导滤波器为代表的超导弱电应用技术已实现了大规模商业化应用，舰用36.5MW高温超导推进电机的成功研制和10MW级高温超导风力发电机的研发，标志着高温超导强电应用技术已向工业化应用迈出关键一步。

（三）高性能膜材料

高性能分离膜材料已进入了产业体系创建阶段。形成了面向水处理应用和过程工业应用的数十种膜材料、上百种膜产品的膜材料体系，加快了分离膜技术应用向深度、广度和大规模化方向的前进步伐，膜技术对保障饮水安全、节能减排、产业结构升级的推动作用日趋突出。反渗透膜材料技术在海水淡化和苦咸水淡化中实现了大规模应用，已建成日产淡水33万立方米反渗透海水淡化工程，开发新型制膜原材料和膜材料改性方法来提高聚酰胺反渗透膜的抗氧化和耐污染能力、研制大型膜元件以提高产水量已成为反渗透膜技术的发展趋势。增强型PVDF（聚偏氟乙烯）膜已成为全球范围内最可靠的膜生物反应器（MBR）专用膜，MBR系统正在得到大规模推广，已投入运行和在建的MBR系统已超过6000套，最大处理能力已达22万立方米/日，提高超微滤膜的机械性能和抗污染性能已成MBR专用膜的发展趋势。面向过程工业应用的陶瓷超微滤膜、陶瓷纳滤膜材料的制备技术已趋于成熟，在过程工业领域已开始得到广泛使用。气体分离膜材料在天然气净化、氢气回收等领域实现了工业化应用。渗透汽化与蒸汽渗透膜在醇水分离中实现了大规模应用，并逐步应用于有机物之间的分离。用于纯氧分离的高温混合导体透氧膜和专门用于分离二氧化碳的固定载体膜是近年来的研究开发热点。用于高温氢气分离与纯化等领域的透氢金属钯及其合金膜，在增加稳定性和降低成本方面也取得了突破性进展。开发高稳定性、高通量膜材料，研制高装填面积的膜装备及系统，成为特种分离膜的研究重点。高性能分离膜材料产业体系已初步创立。

（四）生物医用材料

国际生物医用材料及制品呈现高速增长势头，其与药品所占市场份额的比例趋于接近，成为世界经济新的增长点之一，已被许多国家列入高技术关键新材料发展计划，并迅速成为国际高技术制高点之一。美国、欧盟、日本、澳大利亚、韩国等纷纷加大投入，以期在此领域的世界性竞争中占有一席之地，美国国防部还将生物材料列入高技术关键新材料的重点发展方向。新材料技术与生物技术、医药技术、信息技术、制造技术等不断交互融合，促使新型生物医用材料和制品层出不穷。其中，高端组织修复替代材料、生物活性材料及其表面改性技术、药物控制释放和靶向治疗材料、组织工程支架材料、介入诊断和治疗材料、可降解和吸收生物材料、新型人造器官、人造血液等代表了新的发展方向。目前，对人体各类组织器官都在进行人工模拟研制，而生物材料在其中发挥着基础和关键性作用。

（五）电子元件

片式电子元件成为电子元件发展的主流。进入21世纪以来，在电子信息技术牵引下，电子元件不断向小型化和集成化发展，要求元件在保持原有性能的基础上不断缩小元件的尺寸。以多层陶瓷电容器

（MLCC）为例，目前的主流产品的尺寸正在从0603（0.6mm×0.3mm）型向0402（0.4mm×0.2mm）型过渡，而更受市场欢迎的高端产品是0201（0.2mm×0.1mm）型。尺寸的缩小涉及一系列材料和工艺问题，是目前无源元件研究的一个热点，一些新材料和前沿技术（如纳米技术等）已开始被用于超小型元件的工艺之中。低温共烧陶瓷（LTCC）技术的突破使无源元件的集成成为可能，使基于LTCC技术的片式元件及其集成化产品的产值一直以每两年翻一番的速度发展。此外，高频化、宽频化以及绿色化也是片式元件发展的重要趋势。

（六）电池材料

锂离子电池材料的发展可谓独领风骚，新型电池材料不断涌现。在正极材料方面，钴酸锂独步江湖的场面一去不返，出现了三元素材料（NCM）、镍钴酸锂、锰酸锂、磷酸铁锂、富锂相正极材料以及锂硫正极材料等多种新型正极材料，前三者均已成功实现产业化，全球三元素用量已超过钴酸锂（约2万吨/年）达到近3万吨/年的用量，产值近50亿元，锰酸锂、磷酸铁锂在动力和储能电池领域得到大量应用，已达到1万吨/年，产值在10亿元左右。富锂相正极材料已形成日产几十千克试验生产能力，但倍率和寿命尚制约其实用。锂硫正极材料目前还处于实验室探索研究阶段，具有实现比能量翻番的潜力，一旦研发成功，可能引领下一代锂离子电池发展；在负极材料方面，改性天然石墨（包括添加纳米碳管、石墨烯）已经成为主流，占市场用量（约3.2万吨/年）的59%，同时硬碳、氧化物等新型负极材料也逐渐走向应用；电池隔膜已发展出单层膜、陶瓷聚烯烃复合膜、三层(PP/PE/PP)复合膜和聚酰亚胺高温隔膜等多种类型。其中，三层膜仅日本、美国能生产，单层膜和复合膜国内已经量产，聚酰亚胺高温隔膜已完成工业中试；小型电池用电解液仍然是基于六氟磷酸锂（$LiPF_6$）的碳酸酯溶液，其中$LiPF_6$在我国已建成年产1000吨产能。动力电池用新型电解质盐双氟璜酰亚胺锂（LiFSI）均已完成中试。总的来看，锂离子电池材料一直朝着高安全、高容量和低成本方向发展，动力和储能电池领域对磷酸铁锂、锰酸锂、三元素等材料的需求将快速增长，硬碳和氧化物负极材料市场容量将逐渐增加。

（七）生态环境材料

随着可持续发展政策被各国政府的广泛采纳，生态环境材料的市场需求迅速增加，国际上生态环境材料发展，已不局限于理论上的研究，众多的材料开发在替代铅、钍、铬等有害物质、减少各类废弃物排放、废弃材料的再资源化，具有净化环境、防止污染、修复环境的功能材料、利用自然能等方面，取得了重要进展。如何把资源、环境意识贯穿或渗透于材料和产品及加工制备工艺的设计之中，考虑其整个生命周期中的全部环境属性，即全生命周期设计的生态环境材料与技术，是该领域科技前沿发展的整体趋势。

总体上，功能材料已显现出如下发展趋势：利用复合技术实现多功能集成与结构功能一体化；利用仿生、智能等技术扩展功能材料应用范围；开发突破稀缺资源制约的新型功能材料技术；利用纳米技术，大幅度提高功能材料性价比；利用超材料等方法突破材料使用性能极限。总之，经过十年的探索，功能材料取得了辉煌成就，明确了技术发展趋势。

二、国内现状和存在的问题

这十年，功能材料在我国也得到快速发展，主要传统功能材料的产能、产量已稳居世界前列，并在下述几类新型功能材料的原始创新和产业化方面取得可喜进展。

在高性能稀土永磁材料方面，走出了一条具有中国特色的"速凝薄片、氢破、双相烧结"钕铁硼磁体生产技术流程，采用结构调控来提高磁体的矫顽力，以及超细粉技术和连续烧结技术的突破和应用显著提高了我国稀土永磁整体制造水平。开发出的高稳定性、高矫顽力永磁材料已成功地应用于汽车电机、石油开采电机、风力发电机等领域。实现了高性能钕铁硼永磁材料的大规模生产与应用，2011年中国烧结稀土永磁产量约为8.4万吨，达到了世界总产量的85%，年产值超过200亿元，占世界总产值的75%。发明了具有自主知识产权的、内禀磁性可与钕铁硼相媲美的1∶12型钕铁氮新型永磁材料，打破了国外专利垄断。我国已成为国际稀土永磁研发、创新和制造中心，稀土永磁产业已成为我国为数不多的在国际上具有重要地位和较大影响力的产业之一。

在高性能膜分离材料技术方面，自主研发出反渗透、纳滤和超滤膜等关键膜分离材料，并开始实现国产化和进口替代；开发出一批具有自有知识产权膜组件和分离装备等新产品，并在海水和苦咸水淡化、工业生产与城市生活废水再利用、化工分离过程等方面得到推广应用，显示出膜分离技术对水资源综合利用、能源开发、环境保护和传统产业改造的重要技术支撑作用；与此同时，涌现出一批规模较大、效益好的膜材料、组件、系统研发机构和生产企业，推动了分离膜材料技术产业链的形成，使我国膜分离材料的综合技术创新能力得到显著提高。

在先进超导材料技术方面，研制成功1500m以上、临界电流密度超过15 000A/cm^{2}的Bi系高温超导线材，由此制成的直流输电电缆已实现并网运行，使我国成为世界上第三个高温超导并网运行的国家；研制出10.5kV/1.5kA高温超导限流器，实现了并网运行；成功地将钇系高温超导块材应用于世界首辆高温超导磁悬浮列车；研制成功高温超导滤波器，并在移动通讯网络中实现了小区并网示范运行（30台滤波器）；研发出MgB_2超导线材和0.6T开放式MgB_2超导磁共振成像(MRI)，实现了千米级线材的批量化制备。

在锂离子电池材料方面，总体上我国已与发达国家处于同一水平。手机、笔记本电脑、摄像机等用小型锂离子电池主要原材料基本实现国产化，产品性能达到国际同类产品水平，电池产量占国际市场的1/3，并已成功用于苹果、诺基亚等国际知名品牌，对推动我国信息产业发展发挥了积极作用；磷酸铁锂正极材料产业化规模和技术水平处于国际前列，以此为正极材料的大容量动力电池已进入大规模示范应用，为我国新能源汽车产业的发展提供了关键材料技术支撑。

在电子信息材料技术方面，我国正在快速缩小与发达国家的差距，电子信息产品的国际竞争力得到大幅度提高。我国片式电子元件的产业规模已跻身世界前列，在一些关键材料（如贱金属内电极MLCC材料、无源集成关键材料等）技术领域拥有了自主知识产权，积累了一批技术含量高、市场容量大、应用与产业化前景好的优秀科研成果，并形成了若干具有带动性、示范性的成果转化基地和产学研相结合推动研究成果产业化机制；自主研发出的新型高频声表面波器件已在新一代移动通信和全球定位技术中得到应用，打破了高频、高性能器件几乎全部依赖进口的局面；电子信息产业所需的透明导电薄膜、高纯金属靶材、"绿色"无铅焊料、电子封装材料等关键配套材料也基本实现国产化，部分产品还实现了出口。

在生物医用材料方面，立足有限目标、重点突破，研制出了具有与天然骨成分和分级结构高度仿生的纳米晶磷酸钙胶原基骨修复材料，相关人工骨产品已获得国家食品药品监督管理局的注册证，并已获得20 000例以上的成功临床应用；研制出全新的高强度、低模量医用钛合金，由此制造的接骨板、骨钉、脊柱、人工关节等产品已进入临床试验。这两类材料的研发成功，标志着在我国高端生物医用材料方面已取得重大突破，为打破发达国家在高端生物医用材料方面市场垄断打下了良好基础。

在生态环境材料技术方面，建立了面向材料及产品的设计、生产、回收和再利用的全生命周期分析方法、材料环境负荷评价技术和相关数据库，并在诸多新建和改造项目中得到实际应用，取得显著的经济和社会效益；研制出适应我国高效农业技术的可完全降解地膜材料，突破了固沙植被材料和应用技术；研发出一批毒害元素替代材料与技术，既促进了传统材料产业的环境协调改造升级，又为突破绿色贸易壁垒提供了技术保障；突破了矿山尾矿、钢渣、粉煤灰、脱硫废渣等废弃资源再生利用关键技术，开发出一大批新型建材，推动了资源高效利用和节能减排。

这十年，尽管我国的功能材料技术取得了可喜成绩，但在新型功能材料的原始创新能力和高端基础功能材料的国际市场竞争力方面与发达国家相比仍存在较为明显的差距，生产能耗高、污染严重、资源利用效率低、产品附加值低等问题仍未从根本上得到很好解决，急需结合"十二五"期间培育和发展战略性新兴产业、调整优化传统产业结构的重大任务需求，强化高性能稀土功能材料、膜分离材料、超导材料、生物医用材料、能源材料、信息材料、催化材料、敏感与智能材料、生态环境材料等新型功能材料的原始创新和性能提升，以充分发挥这些新型功能材料对节能环保、新一代信息技术、生物、高端装备制造、新能源、新材料、新能源汽车等战略性新兴产业培育和发展的促进和保障作用。同时，加速环保型高性能聚氨酯、特种有机氟/硅材料、特高压电气绝缘材料、功能性聚己内酰胺纤维、功能化表面活性剂、高性能特种玻璃、节约型导电材料等高端基础性功能材料自主研发和清洁化生产技术开发，推动石化、纺织、轻工、建材、有色等传统材料产业结构优化和节能减排。

第二节 总体布局

这十年，我国功能材料领域本着"立足当前，面向未来，有限目标，重点突破。"的原则，从抢占前沿技术制高点、发展高技术产业、优化提升传统材料产业和推动节能减排等3个方面，对功能材料的发展进行了总体布局。

一、抢占前沿技术制高点

以先进超导材料、智能与敏感材料研发为重点，突出新型功能材料的前沿性和前瞻性，力争取得一批事关未来核心竞争力的原创性成果，为可能由此引发的新一代技术革命奠定材料技术基础。

（一）先进超导材料

优先发展高温超导带材规模化制备及其在强电和弱电系统中的应用技术、高温超导薄膜材料制备及其信息应用技术，重点探索新一代超导材料体系，协调发展Nb_3Sn和MgB_2线材的制备技术和应用。

（二）智能与敏感材料

优先发展智能纤维、压电材料、形状记忆合金、智能凝胶、智能微球等智能传感材料，探索实用智能材料系统制备与应用技术。

二、发展高新技术产业和培育新的经济增长点

以稀土功能材料、高性能膜材料、生物医用材料、高性能电池材料、新型电子信息材料、生态环境材料为研发重点，突出新型功能材料的产业带动性，力争形成具有中国特色的新型功能材料核心技术体系，大幅度缩小与发达国家之间的差距，实现局部超越。

（一）稀土功能材料

优先发展高性能稀土永磁材料，积极发展稀土分离理论和工艺，统筹支持稀土催化、稀土发光、稀土纳米等新型稀土功能材料。

（二）高性能膜材料

优先发展水处理用先进分离膜材料技术和全氟离子膜材料及应用技术，探索过程工业用特种分离膜材料技术。

（三）生物医用材料

优先骨科、口腔、心血管疾病治疗用高端生物医用材料，探索组织工程用新型生物医用材料。

（四）高性能电池材料

优先发展新型锂离子电池用关键材料技术，兼顾发展新型太阳能、风

能利用关键能量转换与储存材料。

（五）新型电子信息材料

优先发展新型片式元器件材料技术和无源集成元器件技术，兼顾电子信息产业用关键配套材料。

（六）生态环境材料

优先开展材料全生命周期环境负荷评价技术研究，积极开展开展替代铅、钍、铬等有害物质，减少各类废弃物排放，废弃材料的再资源化等技术研发。

三、支撑传统材料产业结构优化

促进节能减排方面，以事关石化、纺织、轻工、建材等传统材料产业结构优化和节能减排大局的高端基础功能材料和清洁生产技术的研发为重点，全面突破产品高值化、生产绿色化关键技术，实现进口替代，打破国外技术垄断，缓解制约基础原材料制造过程中的资源、能源和环境的瓶颈问题。

第三节 技术路线

总体上，功能材料方向在实施总体布局过程中，采取"面向重大应用需求，明确具体产品或系统，把握技术发展趋势，立足国情，选择特色技术路线，实现技术突破，形成自主知识产权"的总体技术路线。以下分别就几类典型新型功能材料和高端基础性功能材料产品，对上述总体技术路线予以说明。

一、新型稀土永磁功能材料技术路线

根据电子信息产品小型化、微型化对永磁材料高磁能积的需求，航天、航空以及国防尖端技术核心装备对永磁材料高可靠性和高稳定性的需求，电动汽车、石油开采以及化工装备等对磁性材料耐高温性能的需求，重点开展高磁能积、高稳定性和耐高温三类磁体研制和产业化技术开发。

采用我国特有的"速凝鳞片、氢破、双相烧结"工艺流程，实现50～55 MGOe（兆高奥）磁能积的钕铁硼永磁材料的规模化生产；采用"非平衡结晶、液相烧结、镝和钴复合取代"新技术，制备低温度系数永

磁体；采用"结构调控双合金"技术，制备500℃时磁能积达到10.2MGOe（兆高奥）的高温磁体。

二、铋系高温超导带材制备技术研发路线

针对高温超导电缆对超导带材高电流密度的需求，高温超导磁体、电机对超导带材良好的电磁性能的需求，以及针对降低生产成本的需求，重点开展具有高电流密度、良好电磁性能、铋系高温超导带材的制备技术和超导前驱粉国产化技术的研究工作。

通过开发形变热处理过程中精确控制2223超导相的织构形成的技术，提高了超导相的晶内及晶间连接性，实现了具有高电流密度、良好的电磁性能的超导带材的批量化生产，带材的临界电流稳定在120～130A区间；通过解决前驱粉制备过程中的成分偏析，主量元素化学计量比精确控制，杂质元素的去除及超导前驱相组成控制等技术难题，突破了量产制备超导前驱粉的关键技术，建成年产2000kg的前驱粉生产线。

三、高性能分离膜材料技术路线

（一）水处理膜材料技术路线

针对海水淡化、饮用水安全、城市污水资源化领域对降低膜法处理成本的具体需求，重点开展高性能的反渗透膜材料、超滤微滤膜材料的规模化制备技术的研究。

采用全芳环非共平面扭曲的分子链结构的新型聚酰胺膜材料制备方法，突破了高通量反渗透复合膜的制备技术，膜通量较传统聚酰胺膜提高了30%。采用两亲共聚物作为亲水改性剂、经相转化路线制备低成本的PVC（聚氯乙烯）合金毛细管超滤膜。结合溶液纺丝法和熔融纺丝法制备膜断裂强力较传统溶液纺丝制膜技术提升3～5倍、具备优异的耐冲击性能和耐药性能的高性能PVDF（聚偏氟乙烯）中空纤维超/微滤膜。

（二）特种分离膜材料技术路线

面向过程工业的节能减排、改造传统产业的需求，针对高温高压、有机溶剂、酸碱腐蚀性体系的特点，重点开展了陶瓷滤膜和分子筛膜的规模化制备技术和工程应用技术研究。

采用氧化铝粉体级配和低温烧结技术，制备抗弯强度达到100MPa的

99瓷多孔氧化铝陶瓷膜材料；采用多层共烧结技术和湿化学制膜技术，实现氧化锆、氧化钛等陶瓷膜的低能耗、低成本规模化生产；采用恒流量控制反应 – 膜分离的耦合技术，实现陶瓷膜反应器的长期稳定运行；采用晶种擦涂与原位水热合成相结合的方法制备性能与国际同类产品水平相当的NaA型分子筛膜。

四、生物医用材料技术路线

我国人口基数大，骨科、口腔、心血管类疾病患者人数众多，治疗所需的生物医用材料都是技术含量高、需求量很大的高端医用材料，占国内医院同类材料用量的70%以上，但生物医用材料的80%以上依赖进口。研发新型医用钛合金关节和创伤固定器材、口腔树脂基复合材料、（带药）涂层心血管支架以及功能化组织修复材料，通过技术突破，形成自主知识产权，打破国外技术对市场的垄断，从而更好地满足我国的民生需求。

以具有全部自主知识产权的高强度低模量医用钛合金为基础，通过国人骨骼数据库建立、合金短流程制备、精密加工、表面生物活性改性，研发符合国人骨骼结构特征的系列新型医用钛合金关节、创伤固定器材和口腔种植体等产品。利用纳米和复合材料技术，开发新型口腔充填材料。通过研发新型金属管材，利用多种药物联合负载技术，开发新型心血管支架。

五、锂离子电池材料技术路线

根据便携式电子产品小型化、多功能化对锂离子电池高能量密度的需求，混合动力汽车和航天、航空等国防尖端技术核心装备对锂离子电池高安全、高功率、长寿命和宽温度适用范围的需求，纯电动汽车和储能电站对锂离子电池高安全、长寿命和高能量密度的需求，重点开展高能量密度型材料、宽温高功率长寿命型材料和高能量长寿命型材料的研制和产业化技术开发。

在我国已有生产技术的基础上，通过掺杂包覆技术的开发和应用，实现高电压型钴酸锂、三元素等高能量密度材料的规模化生产；采用纳米化合成和改性技术，实现高安全长寿命宽温型钛酸锂材料的制备和规模生产；采用共沉淀等合成和纳米化修饰改性技术，实现高能量长寿命型多元复合磷酸盐正极材料的制备和规模化生产。

六、生态环境材料

（一）面向生产流程的材料环境负荷定量评价技术

根据国家在冶金、建材、化工等重点流程工业和交通运输业等高耗能领域开展节能减排技术研发与应用的需求，以及以低碳排放为特征建设绿色工业、绿色建筑和绿色交通体系的需求，重点开展面向生产流程的材料环境负荷定量评价技术的开发及应用。

基于我国资源特征和能源消费结构，建立面向生产流程的材料LCA（生命周期评估）分析模型，实现建材、有色金属等大宗基础材料环境负荷的定量化辨识与诊断；开发异构数据集成模型和应用技术，研制具有访问、查询与分析等功能的材料环境负荷数据库及生命周期分析系统工具。以典型建材、镁等材料过程为对象，进行面向生产流程的材料环境负荷定量评价技术的试验验证，提供节能减排优选技术方案，并实现低环境负荷材料产品开发。

（二）多元复合稀土钨电极材料

根据国家宏观可持续发展的战略需求以及焊接连接技术在国民经济中应用广泛的具体情况，推进绿色连接、替代占据焊接70%市场份额的具有放射性的钍钨电极日益紧迫，依托我国稀土资源优势，重点开展无放射性污染、高电子发射性能和优良焊接性能的多元复合稀土钨电极材料及其产业化制备技术研究。

基于国内钨电极现有生产技术，采用短流程高效制备的技术路线，以更为前端的冶金盐类为原料，实现稀土、钨均匀掺杂。通过采用"大梯度温度还原"技术，控制还原粉末粒度。采用"小电流烧结"技术进行多元复合稀土钨电极坯条制备。结合关键工装设备的技术革新，形成多元复合稀土钨电极高效制备技术，制备了综合焊接性能优于钍钨的多元复合稀土钨电极。

（三）废旧电池的资源化利用

根据电池、汽车零部件、精密机械工具高性能对超细、球状、纤维和针状等特定形状的钴镍粉体材料的需求，开展多元系废旧电池等钴镍废料的高效提纯、性能修复、活化和特殊结构成形技术和产业化技术的开发。

利用我国独创的"氨循环法"、"硫酸铵部分沉淀镍–硫酸铵、碳铵、氨水混合溶液两步法"和"雾化水解沉淀和分级热解还原"技术，实现高锰与镍、钴的高效分离和镍、钴的高效提纯，并获得球状、纤维和针状等特定形状的钴、镍粉体工业生产技术；采用 "低温合成钴镍前驱体" 自有专利，制备超细钴、镍系列粉体材料。

七、高端基础性功能材料

（一）超分子插层结构无机功能材料

根据绿色环保材料替代有毒有害材料和突破发达国家设置的技术壁垒的需求，高效农业发展的需求和提高高分子材料、沥青等抗紫外老化性能的需求，重点开展无卤高抑烟阻燃剂、无铅热稳定剂、选择性红外吸收材料和紫外阻隔材料等超分子结构无机功能材料的研制和关键产业化技术开发。

采用超分子插层组装等技术，实现系列绿色材料在分子水平的结构设计与功能组合；采用独创的"成核/晶化"隔离技术和原子经济反应的清洁生产技术等系列关键技术，实现纳米级绿色材料的可控制备；发明旋转液膜反应器、连续晶化装置等关键设备，建成具有独立自主知识产权的整套工业化生产装置，实现系列绿色材料的大规模产业化生产。

（二）绿色皮革材料技术

根据我国皮革制品急需提高档次、品质和国际竞争力的需求，制革工业发展高值化利用、清洁生产、循环经济的需求；根据我国绿色化、功能化表面活性剂发展需求，重点开发超弹性服装革、高性能汽车内饰革等符合环保要求的高档次皮革材料和油脂基绿色表面活性剂、温和型表面活性剂等特殊功能表面活性剂新品种。

采用超薄剖层技术、载体复合技术、复合后鞣染及增加黏合层通透技术，提高皮革资源利用率，使原皮得革率较常规技术提高50%以上；将氨纶织物与天然皮革相复合，开发超弹力皮革服装面料；集成国内外技术开发汽车用革及皮革专用阻燃剂、耐黄变涂饰等专用化工材料。采用直接法制备醇醚糖苷类绿色表面活性剂的清洁生产技术，制备高质量的醇醚糖苷产品；以油脂为原料，开发全新结构的高钙皂分散力、低刺激性的两性表面活性剂 α–长链烷基甜菜碱、优质食品乳化剂多聚甘油酯和功能性柔软剂酯基季铵盐。

（三）多功能复合聚酯纤维技术路线

根据特殊作业领域及人们对健康、防护型高端纺织品的迫切需求，确定以产能最大的合成纤维—聚酯纤维为突破口，重点研发高吸湿、速干、抗紫外、抗静电、抗起球及抗菌阻燃多功能一体的复合聚酯纤维制造及产业化技术。

采用高效复合功能性纳米粉体，经表面修饰、超分散后，在线添加与聚酯单体原位聚合，实现化学改性制备多功能聚酯树脂；多功能切片熔融后经自行设计的熔体分配、混合防凝聚装置及特殊结构的喷丝组件纺制成结构性能可控的复合功能聚酯纤维，制备出高吸湿、速干、抗紫外、抗静电、抗起球及抗菌阻燃多功能一体的健康防护型复合聚酯纤维。

（四）抗菌、净化及负离子功能材料技术路线

根据人居环境对功能性材料的需求，室内环境对高效抗菌、抑菌材料，降低有害物质浓度的净化材料以及提高空气质量的功能性材料的需求，重点开展抗菌、净化及负离子功能材料的技术研究开发。

通过化学组分设计与性能优化，使变价稀土的激活作用、二氧化钛的光催作用、电气石的电极性协同增效，在二氧化钛禁带中增加新能级，减少光生电子–空穴复合，提高光催化效率，使材料在可见光下具有高效光催化作用，同时，通过与载体的复合调控变价稀土、过渡金属离子价态、比例、分布状态使光催化产生的自由基转化为负离子，进而使发明的新材料具有长效抗菌、净化、产生负离子功能。

第四节　主要成果

一、新型稀土功能材料

（一）新型稀土永磁材料

突破了工程化制备高性能稀土永磁材料的系列关键技术，解决了"速凝片成分偏析、氢破碎、取向压型和磁体微结构控制等"全流程核心技术难题，成功研制出高磁能积、高稳定性和耐高温三类磁体。高端磁体的综合性能（$BH)_{max}$(MGOe)+H_{cj}(kOe)由"十五"以前的62上升到"十一五"末期的68。"间隙原子效应及新型磁性材料研究"2003年获国家自然科学二

等奖。"高性能稀土永磁材料、制备工艺及产业化关键技术"2008年获国家科技进步二等奖。其中部分材料研发和制备技术已达到国际领先水平，获国家发明专利12项，国际发明专利2项。产品已应用于"神舟"号系列飞船、卫星及核磁共振成像仪、音圈电机（VCM）等高端领域。我国产能占世界的比例由45%上升到85%。在高档磁体方面我国已占到欧美市场份额的75%，中国已成为全球最大的稀土永磁研发中心和生产、加工与出口国。

（二）稀土串级萃取技术

发展了串级萃取理论，改变了旧的稀土分离工艺，在此基础上开发出联动萃取过程仿真软件，突破了千吨级北方矿轻稀土以及南方矿中重稀土的联动萃取分离关键技术。在企业生产线完成工艺的"一步放大"，实现了La/Ce/PrNd（镧、铈、镨、钕）的联动萃取分离。提升了我国在国际稀土分离科技和产业竞争中的地位，使我国稀土分离产品拥有了世界约90%的市场占有率，获得2008年度国家最高科学技术奖。

（三）新型稀土催化材料

突破了稀土催化材料在机动车尾气净化中应用的关键技术，解决了稀土在机动车尾气净化中的作用机制，完全自主设计、成功研制出机动车尾气净化器。使汽油车、柴油车尾气排放水平超过国IV排放标准，净化器寿命达10万千米；使摩托车尾气排放水平超过国III排放标准，净化器寿命达1.5万千米，均超过了我国现行的机动车尾气排放标准。获得了2009年度国家科技进步二等奖。

（四）稀土纳米功能材料

在稀土纳米功能材料的可控合成、组装及构效关系研究过程中，发展了基于配位化学作用准确控制功能稀土纳米晶结构、性质和组装的方法，解决了稀土功能材料的结构复杂多变、合成控制难等问题，深化了对稀土功能材料结构与性能关联规律的认识，对稀土功能纳米和有序介孔材料的制备及探索有创造性贡献，所得高质量上转换发光纳米晶及其自组装超晶格被认为在生物标记领域具有潜在应用价值，获得2011年度国家自然科学二等奖。

（五）白光LED用稀土荧光粉

突破了白光LED荧光粉的产业化制备技术，解决了铝酸盐和氮化物等LED荧光粉的产品质量稳定问题。开发出高性能颗粒状复合稀土卤化物发光材料技术及关键设备。LED荧光粉的粒度、光效和稳定性等性能达到国际先进水平，满足了国内20%市场需求。有力推动了我国半导体照明及液晶显示背光源用关键材料的国产化进程，核心专利获2010年度百件优秀中国专利称号。

二、高性能分离膜材料

（一）全氟离子膜材料

系统解决了全氟离子交换材料的关键科学、技术、工程和装备难题，突破了全氟离子交换树脂、全氟离子交换膜、各种含氟功能化合物的制备技术，并形成产业化生产技术，形成专利150件。1.4m宽的氯碱用全氟离子膜实现批量生产，并在万吨氯碱装置上得到应用，实现了离子膜市场化应用和国产化替代，使我国成为第三个拥有氯碱离子膜核心技术的国家。全氟离子交换膜材料的国产化，是我国化工领域的里程碑，彻底打破了制约我国基础产业安全运行和健康发展的瓶颈。"全氟离子交换材料制备技术及其应用"获得2011年度国家技术发明二等奖。

（二）陶瓷膜材料及膜反应器

通过低成本陶瓷膜支撑体规模化制备技术和陶瓷膜共烧结技术的突破，形成了具有自主知识产权的陶瓷膜规模化生产技术，建成大规模陶瓷膜生产线，生产规模和产品质量处于国际前列，具备了与国际同类产品竞争的实力；通过陶瓷膜分离纳米催化剂过程中失效问题的解决和反应分离过程匹配技术的突破，膜反应器耦合技术实现工业化应用，建成了年产万吨级己内酰胺的陶瓷膜反应器装置，处于国际先进水平。推广应用陶瓷膜分离装置1000多套。"面向超细颗粒悬浮液固液分离的陶瓷膜设计与应用"获得2005年度国家技术发明二等奖，"连续陶瓷膜反应器的研制与工程应用"获得2011年度国家科技进步二等奖。

（三）PVDF中空纤维膜材料及MBR技术

通过溶剂相转化方法研究，突破中空纤维膜的相转化成孔控制技术，开发出高性能PVDF中空纤维膜材料，建成多条百万平方米的生产线。通过膜生物反应器（MBR）构型、膜污染控制、各种MBR组合新工艺和工程应用关键技术的突破，开发出大型MBR成套技术，在地表微污染水和污水处理领域实现大规模工程应用，提升了我国中空纤维膜材料和水处理的技术水平，培育了多家上市公司。"新型功能中空纤维膜制备技术及其产业化应用"获得2008年度国家技术发明二等奖和"低能耗膜—生物反应器污水资源化新技术与工程应用"2009年国家科技进步二等奖。

（四）PVA基聚离子渗透汽化膜材料

采用高精度光学显微和图像高速存储系统，准确观测膜的形成过程，探明溶剂和非溶剂的传质过程对膜结构和性能的影响，获得了渗透汽化有机膜调控制备全新技术，开发了渗透汽化复合膜专用工业生产新设备，建成了高性能耐温耐溶剂的渗透汽化透水复合膜规模化生产线，开发出膜材料选择和组件设计优化技术，并成功应用于异丙醇、叔丁醇等溶剂脱水过程，与传统的恒沸蒸馏和萃取精馏相比，节能1/2以上，运行费减少50%以上，推广应用20多套工业装置。"渗透汽化透水膜、膜组件及其应用技术"获得2009年度国家技术发明二等奖。

（五）聚氯乙烯合金超滤膜材料

采用两亲共聚物作为亲水改性剂，突破了聚氯乙烯超滤膜的亲水性关键技术，解决了超滤膜应用过程中的膜污染问题，降低了生产成本和运行费用，聚氯乙烯合金超滤膜实现规模化生产，建成了400万平方米/年的生产线。突破了膜法水质净化技术，成功应用于国际最大的日产净水30万立方米的台湾高雄自来水厂，标志着我国超滤膜技术进入世界同行业前列。2010年该PVC合金膜应用于上海世博会园区全部直饮水设施，为来自全球的约7000万名游客提供高标准的直饮水。

三、先进超导材料

（一）铋系高温超导带材

突破了高性能、低成本的铋系超导带材产业化制备的关键技术，特别是解决了超导前驱粉体制备及预处理领域的关键技术难题，实现了前驱粉体制备技术国产化，超导带材的临界电流稳定在120～130A区间，产品综合性能位居世界第二位。为超导电缆、电机、限流器等超导应用研发项目提供了约100km带材，有力地支持了国内超导应用研究的发展。申报了国家发明专利20项，获2006年度国家科技进步二等奖。成果的取得使我国成为世界上少数几个掌握了铋系高温超导带材产业化核心技术的国家之一。作为应用研究的关键原材料，铋系高温超导带材在未来一段时间内仍将发挥重要的作用。课题成果对打破国际垄断、推动我国独立自主地发展高温超导应用技术研究具有深远的意义。

（二）高温超导电缆

通过突破双层液氮回流冷却结构、超导导体组合式绕制方法、通用化积木式终端结构、可拆卸低阻锥面接头等关键技术，研制了我国第一组、世界第三组超导电缆并实现挂网运行，主要技术指标达国际先进水平，标志着我国超导电缆技术从成果到产业化转化取得了重大突破。目前该35kV/2kA超导电缆运行已超过8年，是世界上输电量最多、运行时间最长的超导电缆。项目共申请专利14项，11项已获授权，编制了完整的35kV超导电缆系统设计、安装、调试、运行和维护规范标准，提升了我国在超导电力应用技术领域的国际地位。

（三）高温超导滤波器

攻克了高性能超导滤波器的设计制备技术、工作于−200℃的低噪声放大器的设计调试技术、超导滤波系统环境适应性技术和系统集成技术等一系列关键技术。超导滤波器已在全国十多个省市投入商业运行。此外，2012—2015年同类产品的订货计划已获国家有关部门批准，这标志着我国高温超导在通信领域已经实现规模商业应用和产业化。获得了十多项国家发明专利，拥有了超导滤波系统设计、研制相关的完整的自主知识产权，研究成果获2009年度国家技术发明二等奖。成果对于提高我国各种无线通信的水平，推动相关产业的升级换代和技术进步，具有十分重要的意义。

（四）第二代高温超导带材

研究开发出一整套从金属基带、种子层、隔离层、钇钡铜氧超导层到保护层的第二代高温超导带材关键制造技术。成果针对产业化需求，已经彻底解决了从实验室向产业化转移所必须克服的镀膜工艺的稳定性、重复性和可靠性等技术难点，从而为后续的产业化生产奠定了基础，具有世界先进水平。100m量级的超导带材超导电流达300A，短样突破400A，并且已经用于研制超导限流器等器件。2011年通过产学研协作方式，成立了

"上海超导科技股份有限公司"开展第二代高温超导带材的产业化生产。目前正在建设年产300km的规模化生产线。成果有望在未来为高温超导技术在智能电网（超导电缆、变压器、电机、限流器等）领域大规模的应用提供关键材料。

（五）ITER Nb₃Sn（铌三锡）线材

通过优化导体结构设计、高均匀Sn–Ti合金熔炼、大尺寸包套焊接挤压技术、单根千米级股线集束拉拔加工技术，解决了多芯Nb_3Sn超导线批量化制备中内部缺陷和微结构控制难题。建成了国际先进、国内唯一的Nb_3Sn超导线材生产线，综合性能达到国际领先水平。批量化试制的Nb_3Sn超导线通过了ITER项目的验收，为我国顺利完成ITER用NbTi股线的交付任务奠定了坚实基础。获得十余项发明专利授权。同时，Nb_3Sn股线的研制成功，也为我国发展自主知识产权20T以上超导磁体制备技术及产业化打下了坚实的材料基础，将有力促进我国稳态高场磁体装置等相关高端仪器装备制造产业的发展。

（六）MgB_2（二硼化镁）超导MRI项目

突破了高临界电流密度MgB_2线材和高场MgB_2超导磁体的关键制备技术，使我国成为继意大利、美国后第三个具备生产千米级MgB_2线材的国家；在采用国产线材研制出国际上首台室温孔径10cm、中心场可达1T的MgB_2超导MRI模型成像系统基础上，研制出室温孔径50cm的全尺寸0.6T MRI系统，完成世界第二台、我国首台0.6T新型MgB_2超导MRI系统，获得发明专利20余项。将在"十二五"末实现MgB_2超导MRI系统产业化。制冷机直接冷却0.6T MgB_2超导MRI系统研制成功，打破了我国超导MRI系统的研发和生产处于完全依赖进口的状态，对于保障我国人民健康需求、实现普惠医疗具有重要意义。

四、锂离子电池材料

（一）新型新正极材料

通过突破钴镍锰氢氧化物前驱体合成、磷酸铁锂纳米化、磷酸铁锂铁位掺杂、磷酸铁锂包碳和锰酸锂表面层改等关键技术，研制出低钴高容量钴镍锰酸锂三元正极材料、磷酸铁锂正极材料和改性锰酸锂正极材料，分别成功应用于移动电子终端设备用高比能量小型锂离子电池、电动工具用高功率小型电池、轻型电动车辆用小型动力电池和新能源汽车用锂离子动力电池。新型正极材料技术的突破，为我国小型锂离子电池产业的发展和动力电池产业的发展奠定了坚实的基础。新型正极材料已形成年产5万吨产能，不仅满足了国内电池企业的需求，也成为国际市场的主要供应国。

（二）新型负极材料

以高容量、大功率纳米复合负极材料为主要研发目标，利用了材料的纳米尺度效应，研制出原位复合的纳米–微米复合负极材料，容量达到600mAh/g，约为现有商品化负极材料的1.8倍，且500次循环后容量衰减小于20%，用于组装35Ah的高功率电池，功率密度高达1500W/kg，18650型和3450型电池能量密度达238Wh/kg，并表现出良好的循环性。已建成高性能负极材料年产110吨的生产线，其中纳米碳管/纳米碳纤维年产能20吨，纳米孔硬碳球年产能60吨，元宵结构负极年产能30吨。

（三）新型电解质及隔膜材料

突破了动力锂离子电池用新一代锂盐–双（氟磺酰亚胺）锂导电材料的合成方法与制备提纯工艺制备技术，研制出二次锂（离子）电池用低黏度离子液体电解质材料，使我国成为除日本之外，第二个成功掌握该材料制备技术的国家。掌握了六氟磷酸锂电解质锂盐生产技术，形成了千吨级/年六氟磷酸锂示范生产，实现了规模化生产。单层隔膜技术成功实现了产业化，并批量应用于手机电池，打破了少数国家的垄断，复合隔膜技术也获得初步突破。新型电解质及隔膜材料材料的突破，解决了我国长期依赖进口的局面，可有力促进我国动力锂离子电池、电动汽车等相关行业稳步健康的发展。

五、电子信息功能材料

（一）新型片式元件关键材料技术

开发了一批拥有自主知识产权、性能指标居国际先进水平的片式元件关键材料，包括贱金属内电极(BME)积层陶瓷电容器（MLCC）材料、军用高可靠性X7R型MLCC瓷料、高频宽带抗EMI元件用低烧Y型平面六角铁氧体、低温烧结高感量片式电感器材料、高频电感器和低温共烧陶瓷技术（LTCC）用低烧低介陶瓷材料以及片式LC滤波器用共烧陶瓷材料，并在国内6个主要的片式元件生产企业实现了成果转化，共形成了7类新型片式元件产品品种、十余条片式器件（片式电容、电感、电阻、变压器、滤波器等）生产线，新增产能200亿只，总规模达500亿只/年，产值逾10亿元人民币。新型片式元件关键材料技术的突破，已使我国片式电子元器件的年产量达到5000亿只，约占世界市场份额的35%。

（二）高性能片式元器件

突破了片式无源集成元件的关键材料与产业化关键技术，研制出几种具有自主知识产权的低温烧结高Q微波陶瓷材料系列。在信息功能陶瓷材料与LTCC无源集成工艺技术的研究方面，解决了LTCC无源集成中的高性能材料制作、器件射频设计、工艺制造和微波射频器件测试的关键难点，建成了LTCC集成片式组件的生产线与LTCC无源集成电子组件工程研发基地，实现了无源集成器件的产业化。为我国第三代移动通讯产品、数字电视、蓝牙技术产品、汽车电子等重大产业的发展提供关键性新型组件，使我国多层陶瓷电子元件等领域的研究居世界前列。

（三）高频声表面波关键材料

突破了高性能压电晶体基片生产中的温场与生长速度稳定控制技术、350nm密集叉指线条反应离子束刻蚀技术等关键技术，获得抗电迁移和功率耐受性叉指换能器材料。1～1.9GHz器件实现了批量化生产，示范生产线已形成年产声表面波滤波器1.9亿只能力，主要应用于3G通信、RFID、GPS、北斗导航等系统。该项成果将为具有自主知识产权的TD-SCDMA系统以及下一代超宽带通信系统的提供高品质的声表面波器件，打破了高频、高性能器件几乎全部依赖进口的局面。获得2007年度国家技术发明二等奖，2009年度国家科技进步二等奖。

（四）高纯金属靶材

在半导体芯片和液晶显示器制造用高纯金属靶材的形变加工、焊接、精密机加工及清洗包装等关键技术方面取得了突破性进展，已研制成功具有国际先进水平的、满足各种尺寸半导体芯片制备需求的Al、Ti、Cu、Ta靶材等主流产品并实现批量生产。靶材产品已在东芝、索尼、海士力、中芯国际、台积电、菲利普半导体等国际先进半导体企业中实现批量销售。填补了国内空白，打破了日本、美国大型跨国公司对半导体与液晶制造用关键材料的垄断。已完成5代及以上的液晶显示器用大尺寸铝靶材和钼靶材的研制，靶材样品已经通过客户评价。同时，高纯金属靶材的研制成功与商业应用，带动了我国西部超高纯铝、钛、钽及钼等超高纯金属原材料的提纯加工与熔炼铸造等加工技术，大幅度提升了我国金属原材料的附加值。

（五）透明导电氧化物(TCO)薄膜材料

根据液晶显示器、电致发光器件、发光二极管等显示器和薄膜太阳能电池领域对透明电极的需求，重点开展氧化铟掺锡（ITO）、氧化锌掺铝(AZO)、氧化锡掺氟(FTO)等适合不同应用领域的透明导电膜制备产业化技术的研发；十年来先后突破了ITO、AZO膜磁控溅射镀膜工艺、FTO浮法在线化学气相沉积镀膜工艺、AZO表面制绒技术等薄膜制备技术，大面积磁控溅射镀膜设备国产化集成技术，大面积化学气相沉积浮法在线镀膜设备制造技术，ITO、AZO磁控溅射氧化物陶瓷靶材制造技术等关键技术，TCO光电性能、大面积制备均匀性、不同应用环境稳定性等性能参数达到国际同类产品水平，实现显示器、薄膜太能电池等领域TCO透明电极产品的国产化。

六、生物医用材料

（一）磷酸钙胶原基骨修复材料

通过突破胶原分子的自组装与钙磷盐晶体生长调控的关键技术，解决了在体外模拟生物矿化和自组装过程等技术难题，成功研制出了具有与天然骨成分和分级结构高度仿生的纳米晶磷酸钙胶原基骨修复材料。材料的孔隙率约为80%，空隙大小主要分布在 $100\sim400\,\mu m$，且大孔/微孔相连通。纤维保持轴向排列，具有多孔或致密结构，致密人工骨抗弯强度大于50 MPa，多孔人工骨抗压强度大于 20 MPa，且具有可控降解特性。该技术已获得授权4项中国发明专利、1项美国发明专利，"纳米晶磷酸钙胶原基骨修复材料"获国家技术发明二等奖。相关人工骨产品已获得国家食品药品监督管理局的注册证，已在国内近百家医院成功临床应用逾2万例，取得了良好的效果。

（二）低模量医用钛合金Ti2448

Ti2448合金是一种具有自主知识产权的新型医用钛合金，该合金具有高强度、低模量、高阻尼、超弹性等优异的生物力学性能和良好的人体组织相容性。Ti2448材料研发突破了低模量钛合金设计和板、棒、丝材的关键制备技术，解决了由于合金含有大量高熔点元素铌和低熔点元素锡，大型铸锭的成分均匀性控制等技术难题，成功研制出骨科及齿科植入物用板、棒材产品，综合性能达到国际领先水平，其弹性模量小于60GPa，抗拉强度大于950MPa，服强度大于850MPa，疲劳极限（10^7周，R=0.1/30Hz）大于550MPa。目前，采用Ti2448合金加工的骨科内固定系统，已通过国家食品药品监督管理局的生物学安全性考核，完成了临床试验并取得良好的结果。

七、生态环境材料

（一）面向生产流程的材料环境负荷定量评价技术

突破了不同材料生产工艺与性能和环境影响的海量数据处理、复杂材料生产流程中多因素、多层次、多目标环境负荷辨识、不同领域异构数据集成等技术难题，成功开发出面向多层次应用的材料生产环境负荷网络数据库和分析、管理软件系统，建成了拥有国际SPOLD格式数据10万余条、国内外影响广泛的材料LCA国家科学数据平台。在大宗建材、镁等材料生产环境负荷评价与管理、节能减排技术方案优选、企业节能减排改进以及低环境负荷材料制备等多个工业领域开展了实际应用示范。获得软件著作权4项、专利8项，支撑国家标准和行业标准8项。"水泥生产环境负荷生命周期评价理论与应用研究"获得中国建筑材料科学技术一等奖。

（二）多元复合稀土钨电极

通过突破多元复合稀土钨电极成分优化、掺杂、烧结、自动化高效加工等产业化关键技术，建立了国内外首条多元复合稀土钨电极生产线，年生产能力200吨。形成了包括15项核心专利在内的独立自主知识产权体系。实现了钨电极领域"中国制造"向"中国创造"历史性转变，绿色环保稀土钨电极的生产与销售不仅支撑该行业唯一国企发展为我国最大的钨电极制造厂商，而且以其技术优势开始广泛应用于我国航天系列产品、电力建设、锅炉、飞机、船艇、汽车、自行车等制造；并大量出口欧盟、日本、美国、韩国等国家地区，被全球认可，在焊接领域开始全面替代具有放射性的钍钨，逐步推进焊接领域的绿色消费，成果获得国家技术发明二等奖等。

（三）废旧电池的资源化利用

突破了多元系废旧电池等钴镍废料的高效提纯、性能修复、活化和特殊结构成形等关键技术形成全套产业化技术，发明了氨循环法高锰与镍、钴分离的技术；发明了以雾化水解沉淀和分级热解还原为核心的失效钴镍材料制备球状和纤维等特定形状的钴、镍粉体工业生产技术，发明了低温合成钴镍前驱体技术；制备超细钴、镍系列粉体材料。在废弃钴镍物料制备超细粉体技术方面达到国际领先水平。获专利权40项，制定和形成了国家和行业技术标准13项，建成了年处理3万吨钴镍废料的地生产线，年再生钴镍产品5000吨，年替代300万吨原矿。相关技术获得了国家科技进步二等奖和日内瓦发明金奖，提升了我国在废弃钴镍物料制备超细粉体的国际地位。

八、高端基础性功能材料

（一）石化

1. 超分子插层结构无机功能材料

通过突破全返混液膜反应器成核、程序控温动态晶化、非平衡晶化、超分子插层组装、插层表面改性、连续晶化和卤水法制备等关键技术，研制出新型结构的选择性红外吸收材料、高抑烟无卤阻燃剂、选择性紫外阻隔材料和无毒热稳定剂等插层结构无机功能材料，分别成功应用于功能性农膜、高阻燃型合成材料、高光稳定性涂料、热稳定性PVC制品。插层结构高抑烟无卤阻燃剂和插层结构无毒热稳定剂的应用，突破了欧盟设定的有关电子电气设备的绿色壁垒。建成了两套年产万吨级工业生产装置，申报了国际发明专利5项和国家发明专利15项。"新型层状及层柱结构功能材料"获得国家科技进步二等奖；"系列新型结构镁基无卤高抑烟无机阻燃剂"获国家技术发明二等奖。

2. 新型高效多功能稀土助剂

原创性地提出并制备稀土双核络合物类聚丙烯β成核剂，一种助剂同时具有β成核剂、偶联剂等多种作用的多功能助剂的设计思想和制备技术。突破了稀土功能助剂产业化生产的关键技术，新型稀土β成核剂的研发成功并实现工业生产，成为目前世界上可产业化生产的两类β成核剂之一，具有更优的性价比，使我国在该领域研究跨入世界领先地位，将研发的各种新型稀土功能助剂应用于高分子材料改性和专用料生产,初步解决了稀土功能助剂的应用技术。稀土表面处理剂系列产品,用于聚烯烃无卤阻燃电缆料生产,阻燃性能达UL-94 V-0级或V-I级。用于大口径聚乙烯管材专用料,管材环刚度超过$8kN/m^2$的标准。另外,广泛应用于农用薄膜、包装材料、改性料等领域。稀土晶型改性剂系列产品,用于高性能热水管道、化工排污管道等生产以及汽车用专用料生产;稀土光敏剂用于可降解材料的生产。据初步统计累计带动相关产业应用200亿元左右。

3. 纳米β分子筛/介孔基质复合材料

采用原位晶化分段法制备了纳米β分子筛,形成了具有自主知识产权的纳米分子筛催化剂制备的新技术,其晶化时间从原来路线的8～15天缩短为3天,模板剂用量仅为原来路线的20%以下,生产成本只有目前同类产品的1/2;纳米β分子筛的应用还导致其性能产生飞跃,在平均苯重时空速27.8/h、苯/乙烯分子比17.6的条件下,乙烯转化率为100%,乙苯选择性为94.3%,多乙苯选择性3.0%。纳米β分子筛适用于乙苯合成、临氢异构降凝、重油加氢裂化、加氢精制以及酯化和水解等反应以及吸附剂。该材料制备的乙苯催化剂已用于中石化齐鲁公司的21.5万吨/年和中石油兰化公司7万吨/年乙苯合成装置。

（二）轻工

1. 环保增强增韧型皮革鞣制整饰化学品

采用原位插层聚合法、负载引发剂法、二烯丙基二烷基季铵盐在蒙脱土中插层环化聚合制备了聚合物基层状黏土纳米复合材料;采用常规乳液聚合法和无皂乳液聚合法分别制备了丙烯酸树脂/二氧化硅纳米复合涂饰剂;创新性地采用无毒溶剂对P_2O_5进行分散的"缓释"技术合成了磷酸酯类皮革加脂剂;利用皮革鞣制整饰化学品中活性基团与胶原纤维活性基团的交联结合达到了对胶原纤维的增强增韧。所开发产品已在四川省什邡亭江精细化工科技有限公司等8家企业得到推广应用,获得了显著的经济效益,已获得授权发明专利5项,对促进制革行业的环境保护及提高胶原纤维利用率具有积极贡献。"环保增强增韧型皮革鞣制整饰化学品的关键制备技术" 获2010年度国家技术发明二等奖。

2. 重涂高档铜版纸

通过机内三次涂布生产高档涂布纸,并采用三种完全不同的涂布方式，即双辊施胶机、比尔刮刀和辊式上料刮刀涂布器，三种涂布的涂料配方不仅设计合理，而且相互间配伍性良好，使得涂布不仅操作顺利，而且成本较低，产品质量高。刮刀涂布的固含量达到68%，比国际上通用的60%～62%固含量有很大提高。采用国际先进水平的微粒助留助滤技术，并结合AKD中性施胶等技术，抄造出高质量产品，获得了双面涂布量50g/m^2的涂层，涂层平整均匀、不龟裂、涂布质量好。重涂高档铜版纸印刷效果逼真、彩色图像再现性好、用途广泛、质量达到国外高档铜版纸水平，具有良好的经济效益和社会效益。"重涂高档铜版纸的研发及产业化"获国家科学技术进步二等奖。

3．乙烯基聚合物鞣剂

建立了乙烯基聚合物鞣剂的单体配比、结构与应用性能之间的量化关系，提出了乙烯基聚合物鞣剂与皮胶原作用的互穿交联网络结合模型。应用丙烯酸聚合物中羧基 α –H的Mannich反应，制备了两性乙烯基聚合物鞣剂，解决了阴离子型丙烯酸树脂鞣剂的败色问题；应用组成结构与性能间量化关系的研究成果，成功开发了可代替、减少铬鞣剂的乙烯基聚合物鞣剂；同时，还开发出系列乙烯基聚合物皮革加脂剂、高效分散剂等，解决了严重制约皮革工业可持续发展的铬污染问题。开发出的系列乙烯基聚合物类皮革助剂及其他助剂已在6家工厂投产，以获得授权发明专利4项、实用新型专利1项。"乙烯基聚合物鞣剂组成结构与性能相关性的研究"获2006年度国家科学技术进步二等奖。

4．高性能低膨胀陶瓷材料

综合运用材料学、化学、热能工程等学科理论，研发出三大系统（K_2O–Na_2O–Al_2O_3–SiO_2，TiO_2–Al_2O_3–SiO_2–MgO，Li_2O–MgO–Al_2O_3–SiO_2）中的高性能低膨胀陶瓷材料及制备技术，实现了高性能低膨胀陶瓷产品的产业化。突破了我国不能制造高抗热震性能的耐温耐酸砖、高抗热震性大规格蜂窝陶瓷难以干燥烧成、锂质陶瓷烧成温度范围窄、易变形而长期不能产业化等多项关键技术难题。产品使用寿命是传统陶瓷炊具的10倍以上，节省资源和能源50%～80%。已获发明专利3项，实用新型专利3项，建立了30条生产线，开发出100多个品种，有力推动了我国高性能低膨胀陶瓷材料产业的形成与发展。"高性能低膨胀陶瓷材料及其产业化"获2008年度国家科学技术进步二等奖。

（三）纺织

1．多功能复合聚酯纤维

从分子结构、超分子结构设计出发，突破了功能性纳米粉体的表面修饰、超分散及其与聚酯单体的原位聚合、纤维成形、后加工及结构控制等关键技术，成功研制出高吸湿、速干、抗紫外、抗静电、抗起球及抗菌阻燃多功能一体的复合聚酯纤维，研制技术和产品的综合性能达到国际先进水平，产品成功应用于高端服用面料、医用、家纺及武警官兵制服，满足了特殊作业领域及人们对健康、防护型纺织品的需求。建成了两条年产2万吨短纤维生产线和一条年产2万吨长丝生产线，申请及授权发明专利12项。

2．超高分子量聚乙烯纤维

突破了高浓度超高分子量聚乙烯溶液的连续制备、双螺杆挤出冻胶纺丝、多级连续萃取干燥和多级多段热拉伸等纤维生产工艺技术，研制出超高分子量聚乙烯纤维，到2011年国内约有30家企业采用该技术建成了年产百吨级的超高分子量聚乙烯纤维工业化生产线，总产能达到25 800吨/年，年产量近1万吨。产品在防弹装备、航空航天、船舶及民用防护等领域得到了广泛应用，并远销到欧美、中东、亚洲等50多个国家和地区。该技术全面打破了欧美国家的垄断，使我国成为世界第三大高强高模聚乙烯纤维生产国家。该技术获得国家科学技术进步二等奖。

3．聚苯硫醚（简称PPS）纤维

突破了聚苯硫醚的全封闭纯化、纤维级树脂制备、长丝和短纤维工业化生产技术，研制了专用关键装备，形成了具有自主知识产权的聚苯硫醚纤维工程化成套技术。2010年国内聚苯硫醚短纤维产能达到约10 000吨/年，长丝达到2500吨/年，产品质量和整体技术达到国际先进水平，部分性能指标超过国外同类产品。该技术的开发打破了少数发达国家的垄断，使进口聚苯硫醚纤维的价格有了大幅下降，纤维已在钢铁厂、热电厂、垃圾焚烧炉、炭黑厂等高温烟气过滤材料中得到应用，对环境保护发挥了重要作用。"聚苯硫醚树脂、纤维产业化成套技术实现国产化"获得2010年度国家科学技术进步二等奖。

4．非棉纤维素纤维及功能性纤维材料

突破了黄麻、竹、甲壳素纤维制备及其纺织印染关键技术，攻克了黄麻纤维生物-化学-物理可控精细化技术、协同脱色、结构软化及纺织印染加工技术，解决了竹浆粕制备、纺丝及纺织印染关键技术，甲壳素纤维纺丝及产品关键技术，研制出黄麻、竹、甲壳素等新型非棉纤维服用、家用、产业用纺织品，并实现了产业化生产，建成精细化黄麻纤维15 000吨/年、竹浆粕70 000万吨/年、竹浆纤维70 000万吨/年的生产能力。提高了资源利用价值，扩大易降解、可再生纺织原料资源的利用。其中"黄麻纤维精细化与纺织染整关键技术及产业化"获得国家技术发明二等奖。

5．聚酯熔体直纺差别化涤纶长丝

突破了聚酯熔体直纺大型化、柔性化、精密化技术，解决了聚合、纺丝在线添加、高效均匀混合等关键技术及装备，改变了传统差别化、功能化纤维只能采用切片纺生产的局面，在大容量熔体直纺装置上开发出细旦、异型、易染、多组分等差别化纤维和具有抗静电、高吸水、抗起球、阻燃、导电、紫外线屏蔽等功能纤维，为纺织面料和服装提供了优质高档的原料，满足了消费者对纺织品多样化、高档化、高舒适性的需求。该技术缩短了工艺流程、节能降耗显著，大大提升了聚酯行业技术水平和竞争力。

（四）建材

1．低辐射镀膜玻璃

低辐射镀膜玻璃是建筑节能的有效途径之一。十年来先后突破了在线低辐射镀膜玻璃MOCVD（金属氧化物化学气相沉积）镀膜技术，可钢可加工在线低辐射膜系开发技术、浮法在线化学气相沉积镀膜设备制造技术等关键技术。通过采用自主研发的镀膜原料高效利用和回收技术、生产工艺优化与实时控制技术、原料高效回收利用装置、生产工艺控制系统等关键产业化设备，制备出辐射率、可见光透过率、遮阳系数等性能指标达到国际同类产品水平的在线低辐射镀膜玻璃，并获得国家科技进步二等奖。

2．环境友好碱性耐火材料

突破了无铬碱性耐火材料的制备技术，通过添加稀土和复合尖晶石解决了无铬耐火材料难挂窑皮和热震稳定性差等技术难题，成功研制出镁铁、镁铁铝、镁铝等无铬碱性耐火材料制品，热震稳定性（1100℃水冷）达到10次以上，粘挂窑皮性能优良，综合性能达到国际领先水平，并建成年产10万吨清洁生产线，已全面推广到我国大型水泥窑，使用效果超过了现有直接结合镁铬砖，基本解决了我国大型水泥窑长期使用镁铬耐火材料带来的Cr^{6+}对环境造成的严重污染问题，该成果获国家发明专利4项。

3. 具有抗菌、净化空气及负离子的功能材料

突破了已有光催化材料抗菌净化效率低、"电子"与"空穴"复合率高、需要紫外光照等技术难题，利用光催化、稀土激活协同增效，增大羟基自由基产量，解决了自然光照条件下能够高效抗菌、净化、诱生负离子关键技术，成功研制出一种低成本、高性能，抗菌、净化、负离子一体化的多功能材料，其抗菌性能为99.9%，净化空气性能达到90%以上，负离子诱生量为1000个/cm^3，综合性能达到国际领先水平。本技术已成功实现产业化和市场应用，每年产量达到1000吨。该技术获得国家发明二等奖，取得发明专利5项，获两项省部级奖励。

第一节　背景

结构材料是以强度、硬度、塑性、韧性等力学性质为主要性能指标的工程材料的统称。复合材料是以一种材料为基体，另一种或几种材料为增强体组合而成的材料，各组分在性能上互相取长补短，产生协同效应，使复合材料的综合性能优于原组成材料而满足各种不同的要求。先进结构与复合材料是支撑国民经济、社会发展和国防建设的重要基础。

一、国际发展现状与趋势

以高性能金属结构材料、高性能工程塑料、先进陶瓷材料以及先进复合材料等为代表的先进结构与复合材料，在经济与高技术领域扮演越来越重要的角色。先进结构材料向轻质、高强高韧、耐高温、耐腐蚀、耐磨损、低成本、环境友好方向发展；复合材料向高性能化、多元复合化、低成本化、多功能化方向发展。结构与复合材料制备技术以高性能、低成本为发展重点，向材料设计–制造–评价一体化的方向发展。波音787型"梦想"客机是先进结构与复合材料技术进步推动产业发展的典型成功案例，由于飞机采用了50%以上碳纤维增强复合材料和新型高强轻质合金材料，该型客机排放量低，比同等大小的其他型号客机节省20%燃油，同时舒适性、安全性得到了大幅提高。

（一）金属结构材料

金属结构材料仍然是主要的结构材料。世界钢铁工业技术进步的主流是缩短流程、减少工序、降低能耗、降低成本、提高质量、提高效率，使钢铁工业从粗放式向集约化方向转变。钢铁技术的发展主要涉及钢铁冶炼新技术、钢铁生产新工艺流程的开发、钢铁材料的连铸连轧技术、钢铁用能新技术、轧钢技术、冷轧产品的高质和高功能化以及计算机系统在钢铁工业中的应用等几个方面。先进钢铁材料的整体发展趋势是：在环境性、资源性和经济性的约束下，采用先进设计与制造技术生产具有高洁净度、高均匀度、超细晶粒特征的钢铁产品，强度和韧度比传统钢材提高，钢材使用寿命增加。世界上与有色金属材料有关的新材料、新技术、新工艺和新装备不断涌现，高性能铝合金、镁合金、钛合金等材料的研究与产业化发展迅速。粉末冶金材料和零部件技术的研究主要集中在高精度高密度成形技术、高强度和低成本制造技术。有色金属为主的新型合金材料以轻质、高强、大规格、耐高温、耐腐蚀为发展方向，制造加工技术向低能耗短流程、高效高精度和近终成形方向发展。

（二）非金属结构材料

在结构陶瓷方面，日本的产业位居全球领先地位，其高纯度、大尺寸、复杂形状陶瓷部件广泛应用于半导体产业，如碳化硅支架、氧化铝研磨盘、氮化铝抗静电叉、氧化铝和钇铝石榴石抗等离子侵蚀腔体等；美国先进结构陶瓷的基础研究和工艺技术处于世界领先地位，产品以氮化硅、碳化硅、氧化锆陶瓷为主；欧盟各国重视发电设备中的新型材料，如陶瓷活塞盖、排气管里衬、蜗轮增压转子和燃气轮转子等，已在高效长寿命陶瓷热交换器、长寿命陶瓷薄带连铸用侧封板等领域实现突破。近年来陶瓷材料的研究转向材料性能稳定性、结构与功能性能一体化、低成本制备工艺等方面。高分子结构材料主要包括工程塑料、工程化通用塑料、特种工程塑料等。因制造业、汽车、电子/电气等需求的增长，全球工程塑料的产业快速发展，北美、欧洲和亚洲是3个最大的生产和应用地区，全球的重心正在从欧美等国家向亚洲转移。社会发展和建筑科技进步对建筑材料提出了更高的要求，同时可持续发展的理念也已逐渐融入其中，世界各国都在大力研发具有节能、环保、绿色健康等特点和高性能的新型建筑材料及其绿色制备技术，如水泥原料、燃料替代技术，高效炉窑及余能利用技术、新型低碳排放凝胶材料等。

（三）复合材料

高性能纤维及其复合材料，目前已发展成为西方发达国家的国防关键技术，聚丙烯腈基碳纤维、芳纶、超高分子量聚乙烯纤维等纤维实现了高性能化、低成本化、系列化和成熟化，日本、美国依仗其牢固的技术和市场垄断地位，实现了对碳纤维核心技术和产业的垄断，其中聚丙烯腈基碳纤维年产量已达5万余吨，复合材料制造技术先进化、低成本化，材料高性能化、多功能化和应用扩大化。国外金属基复合材料的研究开发主要集中在航空航天、国防装备等领域对关键结构材料的需求，体系主要包括铝基、钛基、镁基复合材料，增强体主要包括陶瓷颗粒、碳纤维等。

（四）材料制备加工技术

美国、日本、欧盟等发达国家均高度重视材料设计、先进制备与成形加工技术、材料安全服役技术的研究开发和应用，投入了大量资金和人力物力，形成了技术领先的优势。例如，进入21世纪以来，美国制定了"未来工业材料发展计划（IMF计划，2001年）"，其核心是开发先进的制备与成形加工技术，提高材料性能，降低生产成本，满足未来工业发展对材料的需求。德国制定的"21世纪新材料研究计划（MaTech计划）"将材料制备与成形加工技术列为6个重点内容之一。在欧盟的"第六框架"、"第七框架"计划中，先进制备技术也是新材料领域的研究重点。

二、国内发展现状与存在的主要问题

这十年，我国国民经济快速发展，对作为国家经济建设基础支撑的先进结构与复合材料提出了重大需求，我国的先进钢铁材料、高温合金、有色金属材料、新型合金、先进陶瓷材料、高分子结构材料、新型建材以及先进复合材料等得到了快速发展，产量大幅提升，技术不断进步，满足国家重大需求能力迅速提高。通过十年的努力，我国基本形成了相对完整的结构材料体系，大大缩小了与发达国家之间的差距，为国民经济和国防工业的持续高速发展以及国家重大工程和重大科技专项的顺利实施做出了重大贡献，特别在超级钢、铝合金、镁合金、聚丙烯腈碳纤维关键技术领域取得了一系列进展。

（一）金属结构材料

先进金属材料，尤其是高品质特殊钢和高温合金是支撑国民经济和国防建设的重要基础材料，对于保障国家重大工程建设、提升装备制造水平、促进节能减排降耗和相关应用领域技术升级均具有重要作用，航天、航空、能源、交通、装备制造等行业快速发展，载人航天、探月工程、大飞机、高铁、核电、超超临界火电等一大批国家重大工程的陆续实施，对特殊钢和高温合金材料的发展提出了前所未有的迫切需求；金属材料的生产、加工、使用和回收等环节也面临节省资源、节约能源、保护环境的不断需求。有色金属中的铝、铜、钛、镁、镍等金属及其合金材料的需求进一步扩大，各种新型合金的制备、成形与加工技术更加丰富多样，在有色金属材料领域形成了一批新的高技术产业群。经过十多年的努力，钢铁材料在产量大幅增加的同时，材料品种和质量也不断跨越、工艺技术不断进步，超细晶钢实现工业化生产，油气输送用管线钢、高速重轨、高等级汽车板、工程机械用高品质中厚板、高品质船板、核电用钢、LNG用低温钢等实现了国产化，超低氧、超低碳和超低硫等高品质洁净钢冶炼技术、新一代控轧控冷技术等取得突破并实现工业应用。在有色金属材料方面，虽然国内超高强铝合金研发与工业发达国家相比起步晚近20年，但经过近十年的努力，7000系铝合金已进入实用化阶段，基本上达到了国外同类材料的水平。针对现代汽车发动机和传动机构的轻合金及加工技术，已成功应用于汽车部件生产，满足了汽车轻量化的需求。利用我国丰富的稀土资源和镁合金资源优势，已研制出具有自主知识产权的高性能低成本的抗高温耐蠕变、高强高韧性和变形的镁合金。

（二）非金属结构材料

我国先进结构陶瓷的粉体原料技术相对落后，高端原料依赖进口，但在制备工艺和产品开发方面近年来取得突破，氧化锆光纤连接器以及氧化铝基片的产量分别占全球一半以上，碳化硅陶瓷导轮和密封环等产品实现了工业化批量生产，大尺寸薄壁碳化硅陶瓷热交换管性能指标达到国际先进水平，大尺寸复杂形状碳化硅陶瓷光学部件在国家重大工程中成功应用，氮化硅轴承球实现批量生产。透明陶瓷作为结构陶瓷的新分支，取得了长足的发展，国内半透明氧化铝管年产量达3000多万支，用于高压钠灯和陶瓷金卤灯，氮氧化铝透明陶瓷的研究解决了粉体的自给问题。我国工程塑料的发展总体上处于初级阶段，与国外相比还有10～20年的差距，但我国工程塑料产业发展前景广阔，即将迎来快速增长期。汽车、电子电器等制造业的快速发展使得工程塑料得以迅猛发展，生产能力不断提高，品种也在增加，但大部分中高档产品仍然采用进口原料。我国工程塑料技术研发主要集中在将通用塑料工程化、工程塑料高性能化和低成本化方面，对于基础树脂合成研究较少，工程塑料树脂的工业化合成生产停滞不前。市场需求量大的中高端产品，如光盘用聚碳酸酯、热塑性聚酯弹性体等产量不能满足需求。在特种工程塑料研发方面，耐高温尼龙，尤其是长碳链半芳香尼龙以及聚苯硫醚（PPS）、聚醚醚酮（PEEK）等，中国走在了世界的前列，也是拥有知识产权最多的特种工程塑料品种，但我国的产业化进程缓慢，亟待加强。在以水泥为代表的建筑材料方面，近年来的研发主要集中在高效节能、节省资源的加工制造技术和提高产品使用寿命方面，包括利用工业废弃物等替代建筑材料生产中的原料、高效节能加工制造技术、调整组成、生产低碳排放水泥，提高材料耐久性等。开发出高性能低热硅酸盐水泥（高贝利特水泥）及其新型干法回转窑稳定生产技术，产品在三峡工程等获得应用。

（三）复合材料

高性能纤维及复合材料是集高分子科学、纺织科学、碳材料科学等多学科于一体的战略新兴结构材料。与传统材料相比，高性能纤维及复合材料具有比强度比模量高、抗疲劳断裂性能好、可设计性强、结构功能一体化等一系列优越性，具有明显的军民两用特征，是支撑国防现代化建设的重要战略材料，也是发展节能经济和低碳经济、带动传统产业优化升级的关键材料。基于高性能纤维及复合材料的战略重要性，从"十五"开始，在党和国家领导人关心下，在有关部门和地方的部署下，"政产学研用"

紧密结合，军用推动，民用促进，使我国高性能纤维及复合材料的研究与应用快速发展。在碳纤维方面，实现了国产CCF-1碳纤维批量制备，开展了CCF-3碳纤维工程化研究，突破了高强中模碳纤维制备关键技术。在有机纤维及特种陶瓷纤维方面，全面突破并掌握了超高分子量聚乙烯纤维产业化技术，建立了产能超万吨、性价比具有国际竞争力的超高分子量聚乙烯纤维产业链；全面突破了芳纶I、苏纶II系列纤维工程化制备关键技术，基本实现了芳纶I纤维国产自主保障，芳纶II 的国产化比例快速提升；初步开展了聚酰亚胺纤维、碳化硅纤维及硼氮化硅纤维等特种材料研制工作并取得了较大突破。在复合材料制备及应用方面，发展了环氧、酚醛、双马等多种树脂基复合材料体系，发展了碳/碳、碳/石英、碳化硅/铝、碳化硅/钛、碳/碳化硅、碳化硅/碳化硅等多种碳基、金属基及陶瓷基复合材料体系，形成了预浸料模压、缠绕成型、液体成型、气相沉积、高效液相浸渍多种工艺手段，以航空航天、兵器、能源以及交通领域相关材料单位为示范建立了一系列技术水平先进的复合材料制备与应用平台，构建了较为完备的复合材料设计、制造、检测一体化体系，实现了高性能纤维及复合材料在航空航天、交通能源和工程建设等领域的规模应用。

（四）材料制备与加工技术

发展材料先进制备与成形加工技术，对新材料的研究开发和产业化具有决定性的作用，对有效地改进和提高传统材料的性能、实现传统材料产业的更新改造，发展先进武器装备、保障国家安全、改善人民生活质量以及促进材料科学与技术自身的进步具有重要作用。十年来，我国对材料制备加工技术给予了高度重视，发展材料制备加工的新原理与新方法，是《国家中长期科学和技术发展规划纲要》十大战略基础研究方向之一。在973计划、863计划、国家自然科学基金、国防基础科研计划等国家科技计划中，都将材料设计、先进制备与成形加工技术、材料服役行为研究列为主要资助方向。

今天，我国已经成为先进结构与复合材料生产大国，钢铁产量达到7亿吨，占世界总产量的45.5%，有色金属中的铝、镁、铜等主要金属及合金的产量也居世界首位，工程塑料产量超过1000万吨，总体上，世界结构材料的生产中心已经转移到中国。但是，我国在先进结构与复合材料技术和高端品种方面还与发达国家存在差距，主要表现在：综合技术水平不高，通用材料供大于求，高附加值的高档产品和深加工产品不足；生产装备水平得到不断改善，但潜力没有充分发挥，劳动生产率偏低；在高品质特殊钢、高温合金、碳纤维及其复合材料等国家重大工程和国防急需的高端材料方面存在较大差距。例如，在聚丙烯腈基碳纤维及原丝技术方面，由于基础研究、技术研究、工艺装备研究薄弱，以及相关工业技术水平、体制机制等原因，其进展一直不能令人满意，技术水平远落后于发达国家，碳纤维的性能和产量远远不能满足航空、航天、国防军工和其他国民经济发展的需要。在纤维增强复合材料方面，制备工艺及自动化水平、材料质量控制和寿命预测等方面，与发达国家相比存在较大差距，国产碳纤维及复合材料基础数据缺乏，对设计应用选材支持能力薄弱；高性能纤维增强复合材料的低成本制备技术等关键技术瓶颈未能突破，国产碳纤维及复合材料的成本制约了工业领域的应用。

第二节　总体布局

　　十年来，先进结构与复合材料一直是国家863计划和科技支撑计划的重点支持内容，在863计划中，"十五"期间设立了"高性能结构材料"主题，"十一五"期间设立了"高性能结构材料"专题，并安排了一批重点项目，"十二五"863计划设立了"先进结构和复合材料"主题，并设立了"高性能纤维及复合材料"、"高品质特殊钢"重点专项，通过不同层次的支持进行了布局。开发国家重大工程和重大装备急需的高品质特殊钢、高温合金材料及其生产流程关键技术；发展以节能降耗、短流程、降低成本、改善环境为核心的高性能钢铁材料；发展先进镁合金材料技术、低成本化钛合金民用技术、高强高韧铝合金技术及其他先进合金材料技术的集成和应用；耐高温大型陶瓷部件和复杂形状部件的烧成制造技术、微细精密陶瓷部件成型加工技术、陶瓷部件内部缺陷的无损检测技术，低环境负担和能源消耗的建筑材料及其生产技术；发展高性能与低成本相结合的材料组成－结构－性能－成形工艺的综合优化技术，实现通用塑料的工程化、工程塑料的高性能化、高性能塑料的实用化；突破复合材料的高性能低成本制备加工技术和应用技术。

一、金属结构材料

　　十年来，在特殊钢方面，针对国家急需的高速铁路车轮钢、百万千瓦核电站主管道、超超临界火电传热管等进行了布局，突破了材料纯净化冶炼、锻造成形、离心铸造等一批关键技术，实现了部分关键材料的国产化。在不锈钢方面，重点开发了低镍铁素体不锈，解决了超低碳、氮冶炼技术和成形技术；在含氮奥氏体不锈钢冶炼控氮方面取得了具有原创性的专利技术，在高氮无镍奥氏体不锈钢方面进行了大量的基础研究，开发了不同类型的无镍不锈钢材料。

针对量大面广的钢铁基础材料，在新一代钢铁材料973项目研究结果的基础上，研究了新一代钢种的冶金生产工艺流程和关键的控制参数，利用形变诱导铁素体相变使显微组织显著细化，从而大幅度提高材料的强韧性，并实现了普碳钢扁平材和长型材批量工业生产。在高性能钢铁材料方面形成了具有自主知识产权的超级钢技术与产品、钢铁在线质量控制技术，加快推进传统钢铁产业技术升级和优化产品结构，提高市场占有率和竞争力。

在有色金属材料和新型合金方面，已突破基于惰性电极的铝电解新工艺技术，解决了大尺寸惰性阳极的制备，预热、转移、更换及其与金属导杆高温导电连接等工程技术难题，开发完成了TiB_2阴极制备与应用系列技术；开发高性能镁、铜、锌及其合金材料，研发核级锆合金材料及锆材加工、制造技术。开发了高纯稀有及贵金属材料制备技术。

"十一五"期间，研制出了高速轨道交通用关键材料、汽车轻量化和单一化关键材料、电力工程与电工装置用关键材料、海洋及岸基工程用关键材料、大型建筑工程用关键材料、流程工业绿色制备关键技术、关键材料与构件质量检测与监控技术，满足高速轨道交通、清洁节能汽车、大型飞机、百万千瓦级核电机组、超超临界发电装置、大型水力发电装置、海洋及海岸工程装备、新一代流程工业成套装备所需的结构材料及相关制造、连接、监测和防护技术，为重大工程建设和重大装备制造提供相关技术保障；研制出了一批具有自主知识产权的关键制备工艺设备，并与现有成套设备融合，促进结构材料产业结构的调整。结合项目实施，培养了一批高水平的新材料研发人才和工程技术骨干人才，稳定和建立了一批综合实力强的新材料研发与产业化基地。

针对我国二代改进型核电站建设，突破了百万千瓦核电站主管道成套制造技术和蒸汽发生器镍基合金传热管生产技术，性能指标完全满足核电站设计规范，新建二代改进型核电站主管道全部实现国产化，传热管也已实现部分替代进口。针对我国高速轨道交通的快速发展，突破了高铁弹性材料及制备技术，大幅度提高了复合弹性结构制品的承载性能、减振降噪效能和使用寿命，高性能弹性材料制品耐疲劳寿命超过美国同类产品2倍，空气弹簧中耐老化性能超过国外同类产品10倍以上，已在株洲电力机车厂高速机车"奥运之星"上进行装车试用。规模生产的高性能弹簧钢的耐疲劳次数已超过500万次，年销量2万吨，应用于高速轨道交通并已规模出口。

　　针对碳素钢采用成分设计和工艺优化得到细晶组织，将200MPa级普碳钢提高到400～500MPa碳素结构钢，在保持成本不增加的前提下实现了强度翻番，已批量化生产数千万吨，促进了钢材品种的更新换代，提升了我国钢铁产业的整体技术水平。钢铁材料连铸－热轧过程组织性能预报及监测系统完备水平和预报精度水平达到国际先进水平，在宝钢2050热轧线、鞍钢1780热连轧线、广州珠钢薄板热轧线、首钢3500mm宽厚板轧机、济南钢铁公司中厚板等生产线上实现离线和在线应用。多项可循环钢铁流程技术取得重要突破，一些自主创新的阶段性成果对解决我国钢铁工业重大关键技术问题发挥重要作用，具有显著的技术示范作用。如：将我国低品质铁矿（褐铁矿、赤铁矿）的最高配比分别提高到大于35%和大于20%，对降低我国钢铁工业对国外矿的依赖程度提供了重要技术保障；在大型焦化炉干熄焦（CDQ）技术上采用高温高压发电，在大型高炉上采用干法除尘、节能，转炉煤气回收量达到100立方米/吨钢；开发出一系列低温余热回收技术，实现了连铸坯2.2m/min高拉速和800℃下热送直装，接近国际先进水平；开发出真空循环脱气精炼用多功能顶枪技术，结束炉外精炼－真空循环脱气(RH)顶枪、预热枪必须依靠国外引进的历史。

　　针对新一代高强高韧铝合金发展的要求，开展了全新的合金成分设计与优化、相关的材料先进制备成形与加工工艺的研究，在这十年改善和完善了合金牌号和产品标准体系，针对典型产品进行应用研究。使我国高强高韧铝合金从国外20世纪70～80年代的性能水平提升跨越到21世纪国际先进水平，促进了传统铝合金产业的升级换代。研制出了具有自主知识产权的高强度、耐热和高塑性变形能力的新型镁合金及其型材或产品制备技术。研究了镁合金成分设计、组织细晶化和均质化、塑性加工与表面处理的新技术，获得了能够直接进行冷冲压成形的板材以及中空薄壁特种型材；开发了耐热镁合金及自动变速箱壳体、高强高韧镁合金及轮毂，以及笔记本电脑外壳等产品的成型工艺与应用。在西部开发了有色金属优势资源的高附加值材料关键技术，如锰、锶资源综合利用及高附加值新材料、高性能钼材料及其深加工制品、锡金属新材料及深加工技术、锌、铟资源的综合利用及高附加值新材料、超高纯铝材料及其靶材制备关键技术、金属锂资源综合利用及高纯锂的制备关键技术。开发了钒钛铌磁铁矿资源优势的材料加工制备及综合利用技术，如含钒钛铌的高性能钢铁材料制备技术、低成本高性能钛材料开发技术。开发了化工资源优势的新材料加工制备关键技术，如石油天然气资源利用高附加值新材料、磷矿优势资源综合利用及高附加值新材料。

二、非金属结构材料

这十年，突破了耐高温、耐磨损、耐腐蚀高强度陶瓷部件的关键制备技术，开发了纳米复合功能薄膜的浮法在线制备技术，开发了无光污染节能镀膜玻璃、彩色阳光控制镀膜玻璃和低辐射节能镀膜玻璃等一系列新型节能镀膜玻璃。突破了高性能水泥的绿色制造技术，开发了节约资源能源的超大超薄型瓷砖等新型建筑材料。开发了万吨级工业规模高分子新材料制备技术，开发了采用茂金属和后过渡金属催化剂制备新型聚烯烃材料工业技术、原位共混聚丁二烯橡胶和稀土顺丁橡胶工业化生产技术，开发具有低生热、低滚动阻力、抗湿滑的轮胎用橡胶材料。

十年来，突破了耐高温、耐磨损、耐腐蚀高强度陶瓷部件的关键制备技术，在钢铁工业、精密机械、煤炭、电力和环境保护等领域得到成功应用。研制出具有优异耐冲蚀磨损性能的煤矿重质选煤机用旋流器陶瓷内衬、潜水渣浆泵用耐磨陶瓷内衬已在黄河治理中得到批量应用；形成了5个万吨级工业规模高分子新材料制备技术。采用茂金属和后过渡金属催化剂制备新型聚烯烃材料、原位共混聚丁二烯橡胶和稀土顺丁橡胶新产品开发等实现了万吨级批量生产，规模进入应用；自主开发建立了2万吨级无机物高填充聚合物材料生产线；利用二氧化碳为原料，实现了千吨级的聚碳酸的批量化生产，该材料具有完全可生物降解性。成功突破了高性能水泥的绿色制造技术，"5000t/d新一代水泥熟料烧成系统配置"节能示范项目成功地在投入生产，使水泥生产节能减排跃上一个新台阶。节约资源能源的超大超薄型瓷砖实现了批量生产。年产10万吨级的玻璃纤维生产线实现了全氧燃烧技术；大规格（40.2m）复合材料叶片已成功用于风力发电。

三、复合材料

十年间，开展了CCF-1级聚丙烯腈基碳纤维中试稳定化研究和百吨级碳纤维生产关键技术、CCF-3级聚丙烯腈基碳纤维原丝关键技术及碳纤维吨级中试化研究，建立了聚丙烯腈基原丝及碳纤维的结构和性能表征与评价的公用平台，形成了具有自主知识产权的原丝技术和关键设备，特别重视了原始创新技术在高性能碳纤维技术开发中的应用；开发了先进复合材料及其低成本制备技术，在树脂基复合材料新型成形及固化工艺技术、复合材料制备工艺优化和控制自动化、智能化、材料有效性能和实用性能科学表征等关键技术获得突破，开发了先进纤维增强树脂基复合材料和陶瓷基、金属基复合材料"设计/工艺与制造/结构/评价"一体化的复合材料制备技术及评价技术，发展了具有自适应能力及智能化的复合型结构材料及其调控技术，建立了复合材料评价体系及数据库。

"十一五"期间，实现了国产聚丙烯腈基碳纤维材料的1～12K规格系列化和规模化，解决了CCF-1和CCF-3制备的工程放大问题，建立了与生产线配套的表面处理技术，开发出了支持更高性能碳纤维的单元技术，建立了聚丙烯腈基原丝/碳纤维关键共性技术及其共享体系，实现了CCF-1级碳纤维及原丝百吨级稳定化制备，开展了国产碳纤维的先进复合材料制备与评价技术研究，使国产碳纤维在航空领域某些关键结构部件应用成熟度达到第五等级水平，实现了单元技术、关键设备研发和公用技术研发系统的集成。我国聚丙烯腈碳纤维科学技术总体水平得到了大幅度提升，缩小了和国际先进水平的差距。

芳纶及其复合材料技术得到了跨越式发展，对位芳纶（芳纶II）形成了年产3000吨的生产能力，性能到达同类国外产品水平，同时开展了国产芳纶II复合材料应用研发；芳纶III制备和性能有了长足的进步，为国防装备建设需求提供了可靠的保障。依靠自主研发的超高分子量聚乙烯纤维制备技术，实现了国产规模生产，复合材料产品已全面进入国际市场并取得市场竞争优势。

低成本高性能复合材料方面，车用树脂基复合材料已用于飞龙重卡散热器面罩、黄河王子商用车面罩、斯太尔重卡高顶、豪沃导风罩等部件，建筑碳纤维复合材料已用于我国第一个斜拉桥拉索、西藏高寒地区桥梁加固修复等基本建设领域，油田用碳纤维抽油杆应用的最大下井深度为2800m，节能35%～50%，提高了采油系统效率。

四、材料制备与加工技术

研究了原子电子、微观组织、宏观（包括制备加工工艺和服役行为）等不同层次的材料设计理论和方法，发展材料设计的新原理和新方法。研究了多层次跨尺度综合设计理论与方法，实现针对不同使用性能和服役环境的材料成分－组织性能－制备加工工艺一体化耦合集成设计，提高新材料的研究开发效率。研究开发了一批材料制备加工新技术，满足高新技术和国防建设对高性能新材料的需求，促进新材料的应用和产业化。发展了一批短流程高效制备加工技术，显著缩短生产工艺流程，提高生产效率，同时达到节能降耗、减轻环境负担的目的，突破传统材料产业升级换代的若干关键技术。研究了各种重大工程关键材料的剩余强度评价和剩余寿命预测方法，开发了材料服役行为的监检测技术和安全预报技术，建立各种失效控制与延寿技术，为国家重大工程和基础设施的长期安全服役提供技术支撑。

"十一五"期间，开展了材料快速成型零件及构件制造新技术、高性能材料精密成形技术、特殊外场下材料制备新技术等方面的研究，突破了材料与部件的短流程近终形制备加工技术等共性关键技术，大幅度降低材料制备技术对发达国家的依存度，满足国家中长期发展战略前沿技术领域的迫切需求。例如，突破了超长、超大、异型金属多孔材料的设计与制备技术，解决了煤粉的流态化输送、高温腐蚀性反应气体气/固分离的技术难题，形成年产100 000多件洁净煤用金属多孔材料的生产能力，实现年产量20 000多件，促进了金属多孔材料制备技术的发展，提高了我国金属多孔材料的行业竞争力。

五、"十二五"期间的总体布局

"十二五"期间，将以重大需求为牵引，围绕高效、节能、环保的社会发展目标，选择具有重大支柱作用的钢铁材料、有色金属、陶瓷材料、工程塑料及复合材料为重点方向，发展高性能和高附加值的先进结构材料。突出新材料研究与发展的战略性、前瞻性和共用性，提高自主创新能力，突破工程化关键技术，实现我国高性能结构材料技术研究与应用的跨越发展。为我国轨道交通、船舶、航空、汽车、工业制造、清洁能源等行业和领域提供坚实的材料技术支撑。培养一批材料研发人才和工程技术骨干人才，建立一批综合实力强的高性能结构材料研发与产业化基地。

在特殊钢方面，面向国家重大战略需求和国际科技前沿，统筹规划、合理布局、重点突破、以点带面、示范先行。以国家重大需求为先，选择最急需、最关键的材料品种，如高温合金、超超临界火电机组用特殊钢、重大装备用轴承钢、新一代核电装备用钢等重点内容，解决我国重大工程中急需的特殊钢材料瓶颈。瞄准特殊钢发展前沿，选择我国具有优势，有望引领技术发展的品种，例如复合耐磨钢、高硅电工钢轧制技术、大截面高速工具钢制备技术等，奠定我国在这些材料研发与应用方面的领先地位。针对特殊钢产业技术进步，选择资源节约型特殊钢、特殊钢生产流程关键技术等示范性强、技术辐射面大的材料和技术，推动特殊钢产业结构调整与升级，大幅提升节能减排技术水平，培养一批特殊钢和高温合金设计、制备、产业化等方面的人才和研发创新团队。

将重点突破高性能纤维规模制备稳定化和低成本制备关键技术，形成高强、高强中模、高模和高模高强碳纤维产品系列和低成本中性能碳纤维的大规模制备技术及其优势产品、工业规模的芳纶（包括Ⅰ、Ⅱ、Ⅲ）产品系列、高强聚乙烯纤维的规模生产，加强基体材料及其复合技术的研发。同时加速发展具有自主知识产权、技术特色的新一代高性能纤维技术，突破聚酰亚胺、碳化硅和硅氮硼为代表的新型高性能纤维制备技术。我国在聚丙烯腈碳纤维、芳纶和高强聚乙烯领域进入世界前列，在高性能纤维及其复合材料方向形成10 000亿元的产业链，实现技术向产品和市场的转化，促进产业的结构调整和技术进步，提升支柱产业的市场竞争能力，为新型号国防装备和国民经济主战场提供直接物质基础。

将整合目前材料研究应用在各尺度上的知识和技术，选择与国民经济与国防建设具有重要意义的材料体系为对象，以跨尺度和突破各尺度间信息传递为突破口和创新点，建立跨尺度材料设计方法与技术基础，发展面向使用性能与制备工艺的拥有自主知识产权的材料多尺度设计、模拟平台并开发相应的可实现按设计要求制备生产新材料的高效制备成形技术，其中2～3项达到产业化应用示范水平。为满足我国高技术产业发展对材料设计、制备与加工新技术的需求，为我国实现从材料大国向材料强国的转变提供技术保障。

第三节　技术路线选择

　　十年来，按照先进结构与复合材料的总体布局，重点选择开发了轻质、高强高韧、耐高温、耐腐蚀、耐磨损、多功能化、低成本化、环境友好、多功能化高性能结构材料，形成一批具有自主知识产权、达到国际先进水平的金属材料、陶瓷材料、高分子材料、低成本复合材料、建筑材料。以事关国民经济可持续发展的能源、资源、环境、制造、交通等支柱产业和重大工程的需求为牵引，根据先进结构材料的国际发展趋势并结合我国国情，通过原始创新，研制出具有自主知识产权的高性能和高附加值的新型结构材料，形成材料工业新的经济增长点；针对量大面广的传统材料，提炼和发展传统产业技术改造和升级换代所需的共性关键技术，强化材料的制备工艺技术和装备的集成。通过集成创新，发展重大工程和重大装备制造所需的高性能结构材料技术；利用高新技术改造传统材料产业，节能降耗，减少环境负荷，推进材料工业现代化。

一、金属结构材料

　　在高品质特殊钢方面，面向清洁能源、现代交通、先进制造、海洋工程等领域的国家重大需求，重点突破耐热钢、耐蚀钢和工模具钢等特殊钢关键材料技术。例如，通过解决纯净化冶炼、大直径管件离心铸造技术、大尺寸铸件缺陷综合控制技术等，形成了核电站一回路主管道成套制造技术；采用超低碳成分设计和铜析出控制技术，攻克了特厚板心部性能下降的难题，开发出耐海洋大气腐蚀高强度海洋工程用钢，及超高强度特厚船板的连铸–控轧控冷（TMCP）生产技术。研究开发了高性能、低成本、不同强度级别的新一代钢铁材料及其先进制备加工技术，通过钢铁的合金成分设计、组织设计、晶粒细化和材料设计–制备加工–组织性能一体化控制技术研究，提高钢铁材料的性能，采用复合强化的技术路线解决了超级钢晶粒细化带来的屈强比高的问题，通过对化学成分的控制，扩大奥氏体未再结晶的温度范围，采取在轧制过程中适当提高精轧开轧温度，通过机架间冷却控制终轧温度的技术路线，解决了超级钢轧制过程中的待温问题以及轧制力超限的问题。建立了若干专业化生产示范线和一批国家级研究与中试基地，形成了一批自主知识产权的关键技术，实现高品质钢铁材料国产化和规模应用，满足国家重大装备和重大工程需求。

这十年，通过研制具有自主知识产权的新一代高强高韧铝合金，突破新型均匀化退火、强韧化热处理等关键技术，实现优异的各项性能平衡，结合材料制备加工新技术、新装备的开发，解决铝合金预拉伸板、精密锻件加工技术；在发展先进镁合金方面充分发挥我国的西部资源优势，形成具有自主知识产权、实用化、高性能的镁合金系列。有色金属为主的新型合金材料以轻质、高强、大规格、耐高温、耐腐蚀为主要研究方向，开发低能耗短流程、高效高精度和近终成形制造加工技术。以提高综合利用率及实现绿色环保开发为目标，研发西部具有资源优势特色的新材料及其制品的产业化关键技术，以促进传统材料产业的结构调整与升级为目标，重点开展高附加值材料深加工产业化关键技术；围绕有色金属材料及其制品等优势领域，在西部地区建立起了一批具有国际竞争力的材料相关制造业基地。

二、非金属结构材料

在高可靠性陶瓷部件批量化成型关键技术方面，攻克批量化陶瓷水基瘠性浆料关键工艺参数的调控技术、高质量浆料的制备和稳定技术、陶瓷坯体的有害缺陷控制技术、陶瓷复杂异形零部件在成型和烧结过程中的质量控制技术、无应力陶瓷坯体的控制技术等关键，实现规模化工业生产。在聚烯烃材料方面，通过开发聚丙烯釜内合金催化剂及其制备与应用技术、聚丙烯釜内合金聚合技术、系列聚丙烯釜内合金树脂的加工和成型技术等关键技术，解决了催化剂预聚合、聚合过程的撤热、气相聚合流态化等工程化问题，开发出适用于汽车材料的聚烯烃材料。聚苯硫醚（PPS）纤维是耐高温滤料和燃煤电厂烟道气袋式除尘的首选滤材，在航空器阻燃隔热、电子工业介电绝缘等领域应用广泛，通过解决高选择性、高活性、易分离复合催化剂技术和气、液穿流及复式搅拌混合技术，实现了聚苯硫醚的全封闭纯化，提高了装备效能及产品纯度，首次在国内实现了纤维级聚苯硫醚树脂生产技术的突破，开发了连续无氧预处理技术、短程冷却纺程控制技术、单步高倍拉伸与超喂定型相结合的纤维结晶控制技术，实现了完全国产化的聚苯硫醚长丝和短纤维工业化关键技术集成。在低环境负荷型水泥及胶凝材料方面，在新型高效分解-预烧炉系统、水泥熟料煅烧循环预烧工艺及装置、新型高效低污染水泥工业用燃烧器等多项技术上取得了突破性进展，形成高性能水泥的绿色制造技术，实现建材生产行业的节能减排。在玻璃窑用耐火材料方面，从玻璃窑炉全保温用关键材料入手，通过程控电弧炉实施强制融化的技术，实现了熔铸材料的生产节能；通过控制熔铸材料结构中晶体发育和均衡散热的阶段变温退火等新工艺的开发，研制出了低导热熔铸耐火材料。相关产品已经具备工业化生产能力，已应用到国内多家轻工玻璃熔窑。

三、复合材料

在高性能纤维方面，以航空航天和交通能源领域的国家重大需求为出发点，重点了突破CCF-1、CCF-3、CCF-4、芳纶I、芳纶II、芳纶III、超高分子量聚乙烯纤维、聚酰亚胺纤维、碳化硅纤维及硅氮鹏纤维等关键材料技术；通过基础研究、前沿技术研究、应用开发与集成示范的全链条协同创新，形成我国的高性能纤维材料体系，形成具有自主特色的高性能纤维工程化和产业化工艺技术体系和产业链条。例如，通过系统研究碳纤维制备–成分–结构–性能关联机制，通过突破PAN树脂设计及可控合成、PAN纺丝原液制备、纺丝凝固成型和后处理、原丝低纤化以及均质化预氧化碳化等技术难题，实现了CCF-1、CCF-3及CCF-4碳纤维国产化制备；通过解决大容量反应釜、宽口径氧化碳化炉以及快速纺丝成纤设备的设计、制造和集成技术，形成了CCF-1碳纤维千吨级和CCF-3碳纤维百吨级装备设计、制造和运行成套技术；通过攻克连续制备过程中的分子链化学结构控制技术、纺丝过程凝聚态结构和微缺陷调控技术、表/界面结构设计及控制技术等技术难题，形成了5000吨级/年的芳纶I、3000吨级/年的芳纶II国产化能力，纤维性能与国外同类产品基本相当；采用分子结构模拟设计技术，开发出新型非茂金属催化剂体系和新型高效Z–N催化剂，开发出超低支化度超高分子量聚乙烯树脂及纤维生产技术；通过解决聚合物与合成、纤维成形及稳定化、环化拉伸和热处理等技术难题，实现了高性能聚酰亚胺纤维百吨级/年的工程化稳定生产；从分子结构设计出发，通过攻克先驱体的批量合成、稳定连续纺丝、纤维无氧不熔化、高温脱碳预烧及连续烧成等技术难题，突破SiC纤维及SiNB等特种纤维材料的制备关键技术。

在复合材料方面，采用热塑性工程塑料增韧及高温相分离控制等方法，开发出高强高韧环氧树脂材料，研究开发出与之相匹配的预浸料模压及液体成型工艺技术，开发出基于大型飞机、战斗机、卫星及大型火箭规模应用的高强高韧碳/环氧结构复合材料；针对战略战术导弹应用需求，通过酚醛树脂结构设计及合成控制技术，开发出高性能烧蚀型碳/酚醛防热复合材料；通过低烧蚀组元引入及控制技术，研究开发出具有特定功能的碳/碳和碳/碳化硅等复合材料；采用低黏度环氧树脂合成和配方复合技术途径，同时辅以真空辅助液体成型工艺，研究开发出基于风电叶片规模应用的高稳定性环氧/玻纤及碳纤复合材料体系；通过压力、温度等多种工艺手段，研究开发出高效液相浸渍、快速碳化等低成本碳/碳复合材料体系，满足了飞机刹车盘和光伏热场材料的需求；通过控制芳纶在橡胶中的分散以及界面作用，研究开发出高耐候耐疲劳的芳纶/橡胶复合材料体系，满足了高性能轮胎、机械传送带及光缆的应用需求；采用水介质分散、浆粕沉析和超低浓斜网等技术手段，控制芳纶纤维均质化分散和芳纶纸的性能控制，研究开发出国产芳纶纸、芳纶蜂窝及夹层复合材料体系，满足了飞机、高速列车及游艇等的内饰构件需求；通过攻克碳化硅纤维在基体中的均匀分散及界面结合等技术难题，研制出高性能碳化硅/铝及碳化硅/钛基复合材料，基本通过了飞机发动机的应用考核；通过调控高温碳化工艺实现了碳/碳化硅、碳化硅/碳化硅等陶瓷基复合材料的制备及性能优化，开发出可满足飞机及火箭发动机应用要求的陶瓷基复合材料体系。

这十年，通过深入研究碳纤维及复合材料共性关键技术、工艺和装备制造问题，打通了集纤维研发、纤维评价表征、纤维工程化和产业化、复合材料制备与应用于一体的战略新兴产业链，形成了以高等院校和研究所为研发主体、以国有大中型企业和民营企业为工程化和产业化主体的产业体系，形成了经济规模过万亿的高性能纤维及复合材料产业集群，有力地支撑了我国国民经济发展和国防建设。

四、材料制备与加工技术

十年来，在材料制备加工技术方面，围绕材料生产的高效率、高性能、高精度、低成本、低负荷（"三高两低"）的总体要求，重点发展材料多尺度综合设计技术，材料近终形、短流程制备加工新技术，全过程组织性能和形状尺寸精确调控技术，材料服役安全综合评价技术，在材料设计、材料制备加工技术上取得一批具有自主知识产权、达到世界先进水平的技术创新成果，解决材料和结构设计、制备和加工若干关键技术，建立我国材料设计与先进制备加工技术创新体系。

在粉末注射成形技术方面，通过新型黏结剂开发、喂料流变行为、注射成形过程计算机模拟以及强化烧结技术等方面的突破，开发系列具有自主知识产权的粉末注射成形新配方、新工艺，解决产业化过程中的一些关键技术和装备问题；在铜包铝材料制备方面，突破了两种金属同时连铸界面反应与质量控制、异种金属轧制成形加工协调变形控制等关键技术，解决了传统包覆焊接和轧制压接法不能生产大断面和异型断面铜包铝复合材料的技术难题，形成了工业化生产能力。

第四节　主要成果

一、满足国家重大工程和国防建设需求

（一）百万千瓦级核电站一回路主管道

压水堆核电站一回路主管道是连接反应堆和蒸汽发生器的大尺寸、大厚壁承压管道，是输出堆芯热能的"大动脉"，属核一级关键部件，其国产化是实现核电设备自主制造的主要环节之一。在863计划支持下，攻克了高精准和高洁净度冶炼、大尺寸直管离心铸造、弯管无缺陷静态铸造和高精度机加工等系列关键技术，形成了完整回路成套生产技术和批量化生产能力，产品性能达到国外同类产品水平。产品通过了国家核安全局的考核认定，生产工艺和产品质量得到了中国核工业集团、中国广东核电集团等业主的认可，国内新建二代改进型百万千瓦核电机组将全部使用国产主管道，已经签订了40个机组的供货合同，合同额18亿元，完全打破了依赖进口的局面。2010年已为红岩河和方家山核电站提供了第一批正式产品供货。

（二）高强高韧铝合金

开发出了新一代高强高韧低淬火敏感性铝合金，自主设计主合金成分，突破了新型均匀化退火、强韧化热处理等关键技术。该材料已被确定为国产大飞机中的大型主承力结构件制造用材，将大量用于制造大型运输机机身前后梁框、对接接头等关键承力结构件的制造。成功突破了高强高韧铝合金大型预拉伸板的关键制造技术，为航空航天业、大型塑料模具制造业等生产了7000系高强高韧铝合金大型预拉伸板近6000吨、创造产值近4亿元、利税近8000万元，利用该材料制造的陀螺仪支架产品已在我国高

新工程某型号导弹中开始实际飞行考核试验。

电磁场快速铸轧制备高性能铝板带材将快速铸轧与电磁场铸轧两种新型的材料制备工艺有机结合，突破了铝合金电磁场快速铸轧条件下组织性能的精确控制技术与工艺优化，研制了包括高强高导热辊套、磁场感应发生器、供电控制系统等一套完整的电磁场快速铸轧设备，并在国内骨干企业实现应用。获得国家技术发明二等奖。

（三）大飞机结构用高性能RTM（树脂传递模塑成型）复合材料

突破了（可增黏增韧的具有双功能表面结构的黏接层）ES-Fabricst^{TM}碳纤维织物增强RTM复合材料的特殊层间结构控制技术，形成了系列化产品标准及商标权，开发出ES-Fabrics^{TM}碳纤维织物生产设备、批量生产技术及相关发明专利、实现以较低成本大幅度提高RTM复合材料的冲击损伤阻抗和容限，覆盖了航空工业目前用到的比较广泛的温度区域，降低了材料成本，突破国外对我国的物资封锁，增强自主供应能力，推动了我国大飞机计划的实施和发展。

（四）重载铁路列车用车轮钢

突破了新型重载货车用车轮钢的成分设计以及组织、性能、残余应力分布等方面额关键技术，研制出了适用于我国货运线路的25～30吨级轴重货车用车轮，实现了重载车轮产业化，并已在国内批量应用和大批量出口，实现销售15万件，推动了我国铁路重载战略的实施和我国铁路行业的跨越发展。

（五）耐海洋大气腐蚀高强度海洋工程用钢

采用连铸-控轧控冷（TMCP）技术生产超高强度特厚造船用钢，采用超低碳成分设计和Cu析出控制技术，攻克了特厚板心部性能下降的难题。开发的高性能造船用钢制造集成技术具有低成本、高性能、节能降耗、短流程的特点。开发出80mm厚420、460、500、550（MPa）超高强度级别系列船板用钢在国内外率先通过九国船级社认证，形成的批量化生产能力能够满足造船行业对特厚、超高强度造船用钢的需求。

（六）碳纤维及其复合材料

在国家863等计划的大力支持下，突破了PAN树脂设计及可控合成、PAN 纺丝原液制备、原丝低纤化、均质化预氧化碳化、成套装备设计、制造及集成等关键技术，实现了CCF-1级碳纤维工业规模生产，CCF-3级碳纤维工程化制备以及CCF-4级和高模碳纤维原理级制备，形成了具有自主特色的国产碳纤维研发和生产技术体系，建立了与国产碳纤维相适应的复合材料树脂、工艺和应用体系，建立了共享公用的检测平台，奠定了碳纤维及其复合材料可持续发展的基础。其中，高强高韧环氧/ CCF-1碳纤维复合材料在部分型号的火箭、战略战术导弹、新一代战斗机及直升机中实现了国产化替代，并通过了新一代大型飞机的全面应用性能考核；作为防热复合材料的酚醛/ CCF-1碳纤维及碳/ CCF-1碳纤维材料已经成为现代化武器装备主体选材；碳纤维复合材料在3MW以上风机叶片、海上石油钻井平台、电动汽车、电力输送和建筑补强等领域的应用也已全面展开。我国聚丙烯腈碳纤维科学技术总体水平得到了大幅度提升。

（七）芳纶纤维及其复合材料

芳纶II和芳纶III实现了大规模国产化，分别形成了3500吨/年和3000吨/年的产业化能力；同时芳纶III的制备和性能取得长足进步，形成了芳纶国产化研制、工程化及产业化成套技术体系，形成了与国产芳纶相适应的复合材料制备及应用技术体系，实现了跨越式发展；建立技术水平先进的超高分子量聚乙烯纤维产业链，形成了万吨/年的产业化能力，产品性能稳定，目前已打入国际市场并取得了市场竞争优势。其中，国产芳纶帘子线、芳纶/橡胶复合材料已经在汽车轮胎、矿山工程用传送带、光缆以及防弹装备上的得到规模应用；芳纶/酚醛阻燃复合材料在大型飞机、高速列车和高档游艇内装饰上的应用正快速推进，相关产品已通过全面性能考核并得到认可；超高分子量聚乙烯纤维及其复合材料已成为制造高强缆绳和防护头盔的主体材料，实现了大规模应用，目前，国内相关材料的国产化率达到90%以上。

（八）特种工程塑料制备及应用技术

通过对新型复合材料用高性能树脂基体的分子设计，完成了一系列可控交联聚芳醚酮的扩试放大实验。建成了500吨/年含杂萘联苯结构系列高性能树脂的工业生产装置，开发成功成本更低的杂萘联苯聚醚双酮(PPEKK)及其共聚物PPESKK，以及可功能化和可交联的杂萘联苯聚醚腈砜酮(PPENSK)和杂萘联苯聚醚腈酮酮(PPENKK)。PPESK及其制备法获得国家技术发明二等奖。成功制得系列新单体，研制成功含二氮杂萘酮联苯结构

这十年

材料领域科技发展报告

的新型聚芳酰胺(PPEA)、聚酰亚胺(PPEI)、聚酰胺酰亚胺(PPEAI)、聚芳酯(PPE)等几个系列的耐高温可溶解的综合性能均优良的新型高性能树脂，部分产品在军工装备上得到应用。

二、带动传统产业优化升级

（一）超细晶碳素钢

以现有量大面广200MPa级的C-Mn碳素钢为基础，通过化学成分微调和控轧控冷工艺，在保证良好的塑韧性和工艺性能的前提下，使钢材的屈服强度提高到400～500MPa级，实现强度翻一番，开发出400～500MPa级系列超级钢产品，并在汽车、建筑、工程机械等领域推广应用。400MPa和500MPa级带钢，在宝钢、武钢、攀钢、本钢、鞍钢和珠钢分别实现了批量生产，应用于生产卡车、轿车、农用车等的车轮、底盘纵梁、横梁、车桥等。400～500MPa级碳素钢筋实现工业化生产，首钢生产的500MPa细晶碳素钢钢筋1000吨用于国家大剧院工程。超细晶铁素体/贝氏体桥梁钢用于国家重点工程东海大桥，节约钢材1000吨。碳素钢中厚板相继在首钢、酒钢、鞍钢、南钢等开发成功，实现了批量生产。应用本先进技术生产的300～500MPa级碳素钢每吨平均可降低成本100多元，已产生的直接经济效益3.5亿元，产品的产值达到了100亿元。

该技术为我国钢材品种的高性能低成本化和更新换代奠定了基础，降低了钢铁产业资源消耗，合金元素使用量减少，实现了钢材使用的减量化，降低能源消耗，增强了我国钢铁产业高附加值产品的生产能力，全面提升了钢铁基础材料产业的技术水平，对我国向钢铁强国迈进起到了积极的推动作用，成为我国钢铁行业广泛关注的重大科技成果。研究成果"低碳铁素体/珠光体钢的超细晶强韧化与控制技术"获国家科技进步一等奖。

（二）高性能镁合金

设计、研制和开发了适合于我国国情的汽车用高性能稀土耐热镁合金，用于汽车动力和传动系统等的关键零部件制造，建立了低成本耐热镁合金中试基地，形成1000吨镁稀土中间合金及3000吨/年耐高温镁合金生产能力，材料高温性能满足自动变速箱等汽车发动机系统零部件使用要求，在通用汽车公司获得应用；通过对镁合金热变形模拟、挤压工艺过程模拟和温热矫直等手段，解决了变形镁合金存在的难挤压和矫直困难等问题，建立了变形镁合金挤压中试线并形成年产镁合金挤压型材1000吨的生产能力，成功试制出十几种管材和异形材、0.3～0.5mm等不同厚度规格的板材，开发垂直式连铸轧设备解决了镁合金板材加工，得到晶粒度在3μm以下的镁合金板坯，材料塑性变形能力显著提高；通过对稀土镁合金时效析出相的有效控制，结合形变热处理强化工艺，开发出了高强度镁合金。铸造镁合金室温拉伸强度360MPa、变形镁合金室温拉伸强度458MPa和300℃高温拉伸强度200MPa，比强度达到高强度铝合金的水平，采用中压精密成型的桑塔纳2000型镁合金轮毂通过了日本轻金属协会VIA轮毂标准台架检测。

（三）新一代烯烃聚合催化剂和新型高性能聚烯烃材料

茂金属加合物催化剂在中石化齐鲁分公司气相流化床工艺聚乙烯装置（6万吨/年）上进行工业应用试验一次性获得成功，实现了对现有聚合工艺的"drop-in"技术，包括齐格勒催化剂及茂金属催化剂间的切换及开、停车专有技术，生产了100多吨薄膜牌号的线性低密度聚乙烯产品，完成了在塑料成型加工中的应用研究。采用新型分子筛催化剂，研究丙烯的催化氧化，实现一步法制备环氧丙烷；研究一步法制备己内酰胺的中间体－环己酮肟；采用固体酸催化剂制备烷基苯。解决上述产品生产过程中带来的严重污染问题。开展聚烯烃纳米复合材料及热固性纳米复合材料和尼龙纳米复合材料的研究。促进形成的高性能聚烯烃新产品，资源利用率高、低污染的万吨级环氧丙烷、烷基苯或己内酰胺的清洁生产示范线。

汽车用聚烯烃材料方面，开发了聚丙烯釜内合金催化剂及其制备与应用技术、聚丙烯釜内合金中试聚合技术、系列聚丙烯釜内合金树脂的加工和成型技术，建成了国内领先的聚丙烯中试装置，解决了中试中催化剂预聚合、聚合过程的撤热、气相聚合流态化等工程化问题，开发出适用于汽车材料的聚丙烯釜内合金树脂3个牌号，为10万吨/年以上级装置的工业化生产奠定了基础，建立了保险杠和仪表板等汽车典型制件的应用规范，攻克各环节工程化及汽车部件的应用技术。汽车用聚烯烃材料单一化技术的应用，可实现汽车制件的大幅度轻量化，并能提高汽车制件的回收利用率，延长制件的全生命周期，对我国建设低碳社会做出重要贡献。

（四）液化天然气船用高分子绝热保温材料

开发出大型液化天然气船用高分子绝热保温材料，突破了通用聚氨酯泡沫塑料各向异性的技术壁垒，实现了新型聚氨酯泡沫塑料制备生产的工业化，具有核心技术的专利，实现大型LNG船用高分子绝热保温材料的工业化和国产化。刚性绝热保温材料产品性能全面达到No96型大型LNG船专利权——法国GTT公司的技术指标，并获GTT认证书，对全面提升我国大型LNG船制造的整体技术水平，参与国际造船市场的竞争起到重要的作用。

（五）玻璃窑用耐火材料

我国是世界最大的玻璃生产国，但与国外相比还存在玻璃生产能耗高、优质玻璃比例少、玻璃窑寿命短。为此，从玻璃窑炉全保温用关键材料入手，研制一批关键性的新型耐火材料，以满足节能减排、降低开支及提高产品质量的需求。通过程控电弧炉实施强制熔化的技术开发，实现了熔铸材料的生产节能，节电效果达到40%以上；通过控制熔铸材料结构中晶体发育和均衡散热的阶段变温退火等新工艺的开发，成功研制出了低导热熔铸耐火材料。研制的低导热熔铸耐火材料及其复合制品用于玻璃窑上部结构，降低窑墙散热，可有效防止外层隔热耐火材料的蜕化变质可以获得最大的节能效果。该成果在玻璃熔窑工程上配套砌筑应用，可获得减少玻璃缺陷15%、节能10%、提高优质玻璃合格率10%以上的应用效果，取得耐火材料行业自身生产节能降耗及质量提高带来的直接经济效益每年将达5亿元以上，建材行业相关高温窑炉能耗及玻璃质量提高带来的经济效益每年将达100亿元以上。相关产品已经具备工业化生产能力，低导热熔铸耐火材料及其复合制品已应用到国内多家轻工玻璃熔窑上部结构，目前正在组织应用大型浮法玻璃熔窑。

三、实现资源、能源高效利用

（一）新型低合金化耐磨钢

在复合结构耐磨钢研制方面，提出了通过多孔陶瓷与普通钢复合发展资源节约型耐磨钢设想，研究出多孔陶瓷与钢的可控复合技术，开发出耐磨性能较传统耐磨钢提高1倍、无需使用稀缺金属元素的新型资源节约型复合耐磨材料，拥有了核心专利技术。在显著提高合金综合性能的同时，明显降低了铬等稀缺元素用量。

（二）资源节约型不锈钢

低镍铁素体不锈钢板带材关键技术取得了显著成果，开发出了低、中、高铬系列化铁素体不锈钢产品，解决了超低碳、氮冶炼技术和成形技术；在含氮奥氏体不锈钢冶炼控氮方面取得了具有原创性的专利技术，开发出了冶炼过程氮的控制模型并在生产中得到应用；在高氮无镍奥氏体不锈钢方面进行了大量的基础研究，在常压下利用现有冶金工艺流程冶炼并连铸出了氮含量达0.64%的高氮钢；在节镍型双相不锈钢方面也开展了一定的前期工作，并进行了工业试验和小批量生产。

（三）优势金属资源高效利用技术

钒钛资源的高效提取与应用、高附加值钼深加工等共性技术取得突破。研发了新的高钙钒渣处理工艺使提钒工艺的回收率提高3%；通过对大型电炉钛渣冶炼关键工艺及装备技术的改进，使TiO_2回收率>90%；研发了高纯碳氮化钛与纳米碳（氮）化钒及其应用制品的关键技术，促进了钒、钛的高附加值应用。研发了具有自主知识产权的纳米掺杂高性能钼合金材料，在高附加值的钼合金板材、丝材及钼舟等深加工产品方面取得了长足进展，通过实现优质钼丝、钼舟和钼电极的进口替代，促进我国钼经济发展从资源型优势向产品型优势转化。

（四）洁净煤用金属多孔材料关键技术

突破了超长、超大、异型金属多孔材料的设计与制备技术，解决了煤粉的流态化输送、高温腐蚀性反应气体气/固分离的技术难题，形成年产100 000多件洁净煤用金属多孔材料的生产能力，实现年产量20 000多件，促进了金属多孔材料制备技术的发展，提高了我国金属多孔材料的行业竞争力，能够满足我国现阶段洁净煤技术及相关领域的需求,对促进二氧化碳低排放有及其重要的社会意义效益。

（五）低环境负荷型水泥及胶凝材料

针对我国水泥行业能耗大污染严重的问题，开发了低环境负荷型水泥及胶凝材料关键制备技术，按吨水泥计，与42.5等级普通硅酸盐水泥对比，低环境负荷型水泥的石灰石用量减少20%～38%，煤耗减少20%～35%，CO_2排放减少30%～36%，相关的技术指标达到国际先进水平，在新型高效分解-预烧炉系统、水泥熟料煅烧循环预烧工艺及装置、新型高效低污染水泥工业用燃烧器等多项技术上取得了突破性进展，该技术已在4条生产线上得到应用，可使水泥的生产成本降低80元/吨左右，成果转化共创产值5亿元人民币。

四、突破材料制备加工关键技术

（一）粉末注射成形产业化关键技术及装备

在新型黏结剂开发、喂料流变行为、注射成形过程计算机模拟以及强化烧结理论与技术等方面取得了多项创新性研究成果，开发了一系列具有自主知识产权的粉末注射成形新配方、新工艺，解决产业化过程中的一些关键技术和装备问题，建成了具有国际先进水平粉末注射成形技术研究开发中心和多条生产线，建设粉末注射成形相关数据库、技术标准和技术规范。在此基础上，开发了各向异性钕铁硼磁粉及其注射成形技术、铁镍钴Kovar合金注射成形工艺、W-Cu合金粉末注射成形工艺、钛合金粉末注射成形工艺、碳化硅颗粒增强铝基复合材料制备新技术，产品已成功地应用于我国国防军工和民用领域。开发了50吨新型电磁动态粉末注射成形机、金属粉末注射成形新材料、新工艺和新产品。建成中试生产线，形成规模化的生产能力，生产规模为700万～900万件/月；解决了长久以来困扰我国加工行业的精密复杂零件的难加工问题，获得国家科技进步二等奖。

（二）高可靠性陶瓷部件批量化成型关键技术及装备

攻克了高可靠性陶瓷部件批量化制备的多项关键技术，如批量化陶瓷水基瘠性浆料关键工艺参数的调控技术、高质量浆料的制备和稳定技术、陶瓷坯体的有害缺陷控制技术、陶瓷复杂异形零部件在成型和烧结过程中的质量控制技术、无应力陶瓷坯体的控制技术、高精度陶瓷无滚珠轴承和笔珠专用加工设备的研制等，实现了规模化工业生产，建立了年产5000吨陶瓷微珠的生产线，完成了8种型号、60余台工业化装备的制造，形成大规模批量生产能力，产品在60余家生产企业得到应用，出口至日本、韩国、中国台湾等国家和地区。与世界500强法国圣戈班集团合作并完成交割，在邯郸建立世界最大、最强的陶瓷微珠及上下游产品生产基地。获得国家技术发明二等奖。

（三）铜包铝电力扁排连铸直接复合－轧制成形

开发了成套工艺与装备，突破了两种金属同时连铸界面反应与质量控制、异种金属轧制成形加工协调变形控制等关键技术，建设了年产1000吨高性能铜包铝电力扁排工业中试生产线。解决了传统包覆焊接和轧制压接法不能生产大断面和异型断面铜包铝复合材料的技术难题，具有流程短、生产效率高、成材率高、成本低，复合界面质量好等优点，可实现节铜70%以上，对于有效缓解我国铜资源短缺具有重要意义。

（四）高性能金属材料控制凝固短流程制备加工技术

攻克了凝固与成形加工一体化精确控制、制备加工全过程强化和组织性能精确控制等关键技术，发展了基于凝固精确控制的短流程新原理和新方法，开发了高硅电工钢等难加工材料的高效短流程制备加工、粉末冶金高效精确成形、金属材料智能化高效制备成形等材料先进短流程制备与成形加工技术，研制了相应的关键设备。与传统加工技术相比，短流程制备加工工艺流程缩短40%～60%。建成了高硅电工钢薄带短流程高效中试生产线，实现了难熔金属球形粉末制备产业化。

（五）精密铜管短流程高效制备加工技术

发明了将加热铸型和水冷铸型组合成为一体，实现铜及铜合金管材精密水平连铸，获得内外表面光洁、具有强轴向取向柱状晶组织，不需任何表面处理，连铸管材可直接用于后续冷加工，生产流程缩短30%～40%，成材率提高25%～30%，对于节约能耗资源、降低生产成本具有重要意义。

第四章
新型电子材料与器件

第一节 背景

这十年，半导体照明、新型显示、光通信、光存储、光传感和全固态激光技术在全球获得了迅速而广泛的发展和应用。LED(发光二极管)和OLED（有机发光二极管）光源具有节能、环保、寿命长、体积小等特点，被称为新一代绿色光源；传统厚重的阴极射线管（CRT）电视机已经被更轻、更薄、更节能、无闪烁、无辐射的各种新型平板显示器所取代；光通讯已经逐步而悄然地缩短了使用电脑获得和刷新海量信息的时间，使人们足不出户即可感知天下；激光技术的发展极大地提高了工业精密加工、医疗、测量和军用装备等的水平。这些变化缘于相关新材料和器件技术、工艺所发生的深刻变革，因此，极大地提高了人们的生活质量和水平。

一、半导体照明

这十年，半导体照明(LED)技术及应用快速发展，产业爆发式增长，且正向更高光效和更优良的光品质、更低成本、更可靠、更多功能和更多应用等方向发展。目前，国际上大功率白光LED产业化的光效水平已经达到130 lm/W，实验室光效已达254 lm/W；小功率白光LED实验室光效已达249 lm/W，全球产业年均增长率超过20%。虽然LED的技术创新和应用创新速度远远超过预期，但与400 lm/W的理论光效相比，仍有巨大的发展空间。半导体照明在技术快速发展的同时不断催生出新的应用，竞争焦点主要集中在GaN (氮化镓)基LED外延材料与芯片，高效、高亮度的大功率LED器件，LED功能性照明产品、智能化照明系统及解决方案，创新照明应用及MOCVD(金属有机物化学气相沉积设备)等重大装备开发等方面。许多发达国家/地区政府均安排了专项资金，设立了专项计划，制定了严格的白炽灯淘汰计划，大力扶持本国和本地区半导体照明技术创新与产业发展。全球产业呈现出美、日、欧三足鼎立，韩国、中国大陆与台湾地区奋起直追的竞争格局。半导体照明产业已成为国际大企业战略转移的方向，产业整合速度加快，商业模式不断创新。瞄准新兴应用市场，国际大型消费类电子企业开始从产业链后端向前端发展；以中国台湾地区为代表的集成电路厂商也加快了在半导体照明领域的布局；专利、标准、人才的竞争达到白热化，已经到了抢占产业制高点的关键时刻。

这十年，在国家研发投入的持续支持和市场需求的拉动下，我国半导体照明技术创新能力得到了迅速提升，产业链上游技术创新与国际水平差距逐步缩小，下游照明应用有望通过系统集成技术创新实现跨越式发展。部分产业化技术接近国际先进水平，功率型白光LED封装后光效超过130 lm/W，接近国际先进水平，应用技术走在国际前列。这十年，产业年均增长率30%以上，预计2015年产业规模达到5000亿元。指示、显示和中大尺寸背光源产业初具规模，产业链日趋完整，功能性照明节能效果已经显现。标准制定及检测能力有了长足进步，已制定并公布了22项国家标准和行业标准。

半导体照明产业具有资源能耗低、带动系数大、创造就业能力强、综合效益好的特点。随着人们对更高照明品质、更加节能环保的追求，以及半导体照明应用市场的快速发展，仍有很多技术问题亟待解决，迫切需要开展针对不同应用领域的高可靠、低成本的产业化关键技术研发，抢占下一代核心技术制高点。随着城市化进程加快，对照明产品的消费将进一步增加，节能减排的压力日益增大，急需规模应用半导体照明节能产品。伴随着信息显示、数字家电、汽车、装备、原材料等传统产业转型升级的压力，迫切需要应用新的半导体照明技术和产品。此外，随着我国就业压力日益严峻，迫切需要发挥半导体照明产业的技术、劳动双密集型特征，创造更多的就业岗位。

二、新型显示

这十年，是新型显示(FPD)技术大放异彩的十年，它终结了传统CRT一枝独秀的历史，开创了以TFT-LCD(薄膜晶体管液晶显示)为代表的新型显示技术新纪元，促进了科技创新与应用创新巧妙融合，不断给人以焕然一新的视觉震撼。这十年，TFT-LCD、LD(激光显示)、PDP(等离子体显示)、OLED(有机发光显示)、E-PAPER(电子纸)、3D(三维显示)相继走进并融入我们的生活，应用扩展至MP3、手机、数码相机、数码相框、电子书、掌上电脑、平板电脑、笔记本电脑、台式电脑、监视器、电视机、信息显示中心、指挥中心和户外大屏幕显示屏，以及移动互联网终端显示等领域，覆盖经济社会发展的方方面面。2011年全球显示产业产值已达1300亿美元，是信息时代的先导性支柱产业，更是战略性新兴产业。

这十年，技术创新成为新型显示发展的原动力。触摸技术、LED背光和透明窗显示等新技术的涌现夯实了TFT-LCD的主流地位，配合场序彩色显示的蓝相液晶材料的研究，以及应对高分辨率和3D显示要求的LTPS(低温多晶硅)和氧化物半导体TFT技术仍是目前TFT-LCD的研发热点。而对PDP而言，提高光效是其永恒的追求，PDP目前的光效略超2lm/W，最新的技术研究表明：PDP光效原理上可以突破40lm/W。PDP发光效率的提升可促进模组成本和能耗的显著下降。AMOLED(有源有机发光显示)是目前最受关注的显示技术，韩国三星公司占有全球95%以上的AMOLED市场份额，其I9000系列手机配备自己的AMOLED显示屏，完美演绎AMOLED高画质方面无与伦比的优势。OLED的器件研究主要集中在增加亮度、器件的寿命和稳定性上。目前OLED显示器的实际亮度远未达到其理论值，尽管OLED寿命已达到近3万小时，但与CRT(阴极射线管)、LCD相比仍有较大的差距，因此，提高器件的发光效率，减少发热对器件寿命的影响，同时改进制备工艺，加强对基底材料的超净处理并减少氧、水汽对器件的侵蚀，以提高器件寿命和稳定性是OLED技术发展需解决的重要问题。

这十年，在自主创新引领、强大市场需求拉动以及国家计划的支持下，我国新型显示技术及产业得蓬勃发展：我国LPD（激光显示）技术保持与国际同步发展水平，突破了小型化高效能激光模组、散斑消除、光源集成以及系统设计等关键技术，在关键材料、激光光源、光学组件、数字图像处理、整机制造和知识产权方面有较完整的基础，正在建设1个激光显示产业基地；我国TFT-LCD和PDP产业扩张迅猛，已建成的TFT-LCD量产线包括2条8.5代线，2条6代线，4条5代线和4条4.5代线，具备了相当的TFT-LCD产业基础。PDP方面，已建成1条8面取PDP量产线和1条4面取PDP生产线，在低功耗技术、高画质技术和3D显示技术方面仍有赶超跨越机会；我国OLED技术和产业到了高速发展时期，完成1项国际标准的制订，部分关键材料实现批量生产和应用，建成3条PMOLED（被动式有机电激发光二极管）量产线，多条大尺寸AMOLED生产线正在筹建，我国柔性显示屏技术和低成本全印刷显示屏制备技术形成了一定优势和特色，具备了产业化基础。E-PAPER和FED（场发射显示）也取得了显著进步，电泳显示材料及微胶囊制造技术研究取得进展，电子书实现商品化，印刷型和一维纳米线FED实现技术突破。

这十年，在显示技术产业化道路上，由开始的先锋日本，演变成为日本、韩国和中国台湾三强鼎立。如今，随着中国大陆新型显示产业的崛起，三强鼎立正在逐步演变成三国四地争雄的新格局。

三、光通信、光传感材料与器件

这十年，光通信网络的数据量以年增50%的速度急剧增加，骨干城域网、光纤接入网以及宽带无线接入网的高速发展对信息技术提出了严峻的挑战。

这十年，光纤作为通信传输最重要的载体，光纤光缆在通信发展中发挥着不可替代的作用。全球光纤市场需求连续强势增长，2011年全球光纤出货量到达到2.17亿千米，2012年需求依然保持强劲，出货量和需求呈现基本平衡状态。中国在光纤生产方面也继续取得了重大进展，2012年中国光纤市场需求量将达1.1亿千米，预制棒需求量约2500吨。目前，我国光纤产销量超过美国，跃居全球首位，国产光纤占国内市场份额的90%以上，并有部分出口。到2011年，我国光纤宽带端口超过8000万个，城市用户接入能力平均达到8Mbit/s以上，农村用户接入能力平均达到2Mbit/s以上，商业楼宇用户基本实现100Mbit/s以上的接入能力。

在国家研发投入的持续支持和市场需求的拉动下，我国光纤技术创新能力得到了迅速提升，产业链上游技术创新与国际水平差距逐步缩小，部分产业化技术接近国际先进水平。国产光纤质量已达到世界先进水平。标准制定及检测能力有了长足进步，已制、修订并公布了42项国家标准和行业标准。

目前，由分立光电子器件构建的光网络设备面临速率低、能耗高两大难题，难以适应下一代互联网飞速发展的需要。PIC(光子集成)是解决上述问题的有效途径。并行多波长激光器阵列集成芯片是颇具代表性的光子集成芯片，已成为高速率数据传输的核心芯片。根据PIC领域国际知名企业美国Infinera公司的预测，PIC芯片的速率将每3年翻一番，预计到2018年，芯片的通信速率将达到4Tb/s(万亿字节/秒)以上。超级并行计算系统运算速度的年复合增长率接近100%。数据信息量的爆炸性增长造成了信息系统的能耗持续上升，预计到2025年信息设备的用电量将占全球总用电量的15%，降低能耗是信息技术可持续发展的根本保证之一。随着数据传输量的剧增，芯片内的电互连通信技术在性能、成本和功耗等方面将受到基本物理极限的限制，已成为信息技术发展的基本障碍。光互连特别是硅基片上的光互连是解决电互连数据传输瓶颈的最好技术途径，考虑到与微电子芯片的单片集成，开展硅基微纳光子结构中非线性光学效应，以及基于CMOS（互补金属氧化物半导体）工艺的新型高性能硅基激光器、调制器、探测器、光开关及其集成技术研究是至关重要的。波长选择开关是实现多端口联网功能ROADM(可重构型光分插复用设备)和OXC(光交叉连接)的关键器件，基于MOEMS（微光电机械系统）技术的WSS(波长选择开关)，具有端口可扩展性强、隔离度高等优势，得到了越来越广泛的应用。目前国内的WSS由国外器件商所垄断，非常不利于国内光通信行业的深度发展。研制出具有完全自主知识产权的基于MEMS(微电机械系统)的WSS，对于打破国际垄断，推动我国在高端光通信器件领域的发展，提升我国光电器件行业的国际竞争力具有重要意义。随着智能全光网络的发展，静态的光信号功率控制和均衡已经不能满足需求，需要对不同波长的通道光信号进行连续的监控和快速调整，因此，光功率的均衡控制技术成为光网络的关键技术之一。

MEMS技术的发展成为解决动态可调谐光衰减器制备工艺的有效手段。基于可调谐半导体激光二极管发展的激光吸收光谱技术，与传统的气体检测技术相比，灵敏度高，测量下限低，选择性好，其他气体干扰小，目前，国际上已经把激光气体传感用于天然气泄漏检测，我国发展了天然气等气体的激光检测技术，将改变我国天然气管道依靠人工巡检的现状，实现天然气管道实时在线监测，具有广阔的经济效益和社会效益。

四、人工晶体及全固态激光器

这十年，全固态激光器伴随着LD(半导体激光二极管)的日渐成熟而获得了广泛应用和快速发展。相比其他类型激光器，全固态激光器具有光电转换效率高、光束质量好、体积小、可靠性高等优点，成为这十年、乃至今后十年激光器发展的主流。全固态激光技术的发展趋势是：高功率(能量)、高光束质量、高电光转换效率、窄线宽、新波段等的轨迹发展；在性能上沿着追求高稳定性、高可靠性、精确的激光参数控制等的轨迹发展。国际上发达国家均对激光技术研发给予很大重视，将激光技术作为战略高技术列入国家计划，建立国家级激光研发中心，广泛开展激光工程应用研究。例如，美国建立的政府-工业-学术界间的联合体——精密激光加工协会、德国的"激光2000"计划、日本的"大加工计划"等，德国建成了9个国家级激光中心，韩国政府建立了激光工程研究所。与此同时，国际知名公司也都将先进激光技术作为研发的重点并投入巨资，力求在技术上掌握全球竞争的主动权。目前，美国、日本、德国等是激光技术研发和应用领跑国家。在先进精密制造领域，如电子、医疗、汽车、航空和航天等已基本完成对传统以机械方式为主工艺的更新换代，进入以全固态激光为加工手段的"光加工"时代。国际上高光束质量高功率的全固态激光器产品已达到5千瓦，光纤激光器则有数万瓦的产品，已经成为工业加工用装备，大量用于汽车、飞机、船舶等金属板材的切割和焊接，正是由于高功率全固态激光器的出现，使得数十毫米金属板焊接和切割呈现出高精度、低损耗、小变形、精密美观等传统机械加工方法无法比拟的优点，使产品更加美观、精密和节能，有力地推动了传统制造业的升级；高光束质量几十瓦级功率激光器和紫外激光器用于微加工，则是发展精密、小型电子/光电子和其他产品不可替代的手段，如各种太阳能电池板加工、毫米以下厚度电子线路金属板和复合板的切割和焊接、打孔，电子线路中硅和陶瓷薄片的加工，数字电阻调阻，生产印刷线路模板和血管支架等等；激光参数精密可控的稳频激光器、可调谐激光器、超短脉冲激光器、短波段激光器等是现代精密(几何量)测量、物品(气体)成分测量、新材料结构探索必不可少的手段；在医疗方面，以全固态激光器为核心的设备出现极大地提高了诊疗水平，如流式细胞仪、激光美容仪、激光前列腺治疗仪、基因测序装置、激光眼科手术设备等等；在军用方面，除了较为传统的辅助用途如激光测距、制导、激光雷达等继续优化发展外，直接使用万瓦以上激光作为打击武器已经成为美国先进武器发展的重点。2008年，国际上全固态激光器产业年销售额接近800亿元，带动相关产业数千亿元，过去的五年全球全固态激光器加工系统年增长率超过20%，激光器及其应用设备正逐步发展成为新兴产业。

这十年，在863计划的支持下，全固态激光技术已成为我国高技术领域中为数不多的、具有从光学材料到激光系统集成都拥有自主知识产权和一定技术优势的少数学科方向之一。在激光晶体和非线性光学晶体材料方面，我国多种激光和非线性光学晶体的生长技术居国际先进水平，国际上已有的所有晶体生长方法我国全部掌握，一些重要晶体已用于国家重大工程，一批高技术晶体已成为商品，在国际上享有盛誉。Nd:YVO$_4$(掺钕钒酸钇)激光晶体已占据国际市场75%以上的份额，所发明的3个中国品牌的非线性光学晶体—BBO(偏硼酸钡)、LBO(三硼酸锂)和KBBF(氟硼铍酸钾)的生长和器件制备技术不断进步，2011年的《自然》杂志载文认为，"其他国家在晶体生长方面的研究，目前看来还无法缩小与中国的差距"；单片透明激光陶瓷目前最高水平实现3300W连续输出；激光光纤材料已经可实现稳定的百瓦级输出；全固态激光器已实现了10kW的高功率连续激光输出；采用国外激光光纤和器件的光纤激光器已经实现了千瓦的稳定输出；355紫外激光器输出功率达到45W，皮秒超短脉冲已实现10mJ/kHz输出，连续单频532nm激光器和1.5 μm单频光纤激光器已实现10W输出，深紫外激光器的波长已经短至177nm；中、小功率绿光全固态激光器已经形成批量生产能力，正向高功率、低成本、高性能和标准化的方向发展；广泛开展了激光应用技术研究，国产的多种全固态激光器已集成到激光加工装备中进行试验，获得与国外激光器相当的加工效果，在系统集成和加工工艺方面积累了一定的经验；在激光先进制造、激光医疗、激光全色显示等领域发展尤为迅速；对国防尖端技术的支撑作用日益显著。

这十年，全固态激光技术在我国得到了日益广泛的应用，激光加工占据了我国全球最大微电子加工能力中的很大份额；在我国高功率激光切割和焊接已经成为通用设备被大量装备；采用高功率激光加工工艺的汽车、航空航天和高速列车制造设备正处于升级换代过程；国家正在实施的重大激光工程，对大型激光器系统及其相关元器件的国产化也提出了巨大的需求。据统计，2010年激光加工设备国内市场市值200多亿元，我国激光科研和产业界面临着前所未有的发展机遇，我国已是全球瞩目的最具潜力的市场。

五、高密度存储材料与器件

这十年，信息量的爆炸性增长加速了信息技术产业的发展，物联网、云计算、移动智能终端等新信息技术正在影响和改变着人们的生活方式和社会形态。在这个阶段，多渠道、多视角获得的海量信息的存储需求对于集成电路(IC)技术的发展提出了更高的要求，超高密度、超大容量非挥发性半导体存储技术的研究成为实现海量信息存储的关键。半导体存储器是占据最大市场份额的IC产品，是所有电子器件的最基本部件，是微电子技术水平的重要指标。2010年世界半导体存储器市场规模达730亿美元，占世界集成电路市场的23%，其中非挥发性存储器产品市场规模达到500亿美金，占据世界IC市场的16%；半导体存储器在我国也有巨大的消费市场，具有不可替代的地位。2010年中国半导体存储器市场规模达到1756.5亿元，占据中国市场规模达7349.5亿元的集成电路市场的最大市场份额(23.9%)。目前，我国继成为全球消耗IC产品最大市场之后，正在向IC产品的制造大国转变。然而，关键核心技术方面缺乏自主知识产权一直是制约我国半导体工业增强国际竞争力的一大瓶颈。高密度非挥发性半导体存储器关键技术的研究就成为了我国突破制约、掌握核心技术，从而实现我国从集成电路消费大国到生产大国、技术强国的关键。

目前传统的FLASH(闪存)技术拓展时遭遇到严重的技术难点，从而在国际上引发了极为激烈的非挥发存储技术研发的竞争。主要体现为两个趋势，一个是针对继FLASH之后的下一代非挥发存储主流技术的研发，以

PCRAM(相变存储器)和RRAM(电阻存储器)为代表，另一个是努力推进现有的FLASH技术，以Nano FG (纳米晶浮栅存储器)为代表。PCRAM是基于相变材料的可逆相变，利用其非晶态时的半导体高阻特性与多晶态时的半金属低阻特性实现存储。目前，英特尔、美光、三星等国际知名半导体公司均在PCRAM研究方面取得进展，特别是三星半导体公司已研制出最大容量为512Mb的PCRAM试验芯片，在手机存储卡中演示应用。但是，目前采用的GeSbTe（锗锑碲）相变材料存在操作电流过大、数据保持力不高、稳定性和冗余性不好的问题，因此，PCRAM的当务之急是寻求一种性能稳定的新型的相变存储材料。国内从2003年开始开展PCRAM的研究，在有关部门的大力支持下，我国的PCRAM技术研究取得了较大的进展，开展了相变存储器材料、工艺、器件和阵列方面的研究工作。RRAM利用功能材料在高阻和低阻之间的可逆转换来实现信息存储。目前RRAM技术的研究还处在百家争鸣的阶段，在存储器材料、工作机理、器件结构和工艺关键技术开发等研究方面还存在很多挑战，国际上主要的存储器公司关注的材料体系也各不相同，但总体来看，过渡金属氧化物因组分可控、存储性能良好、与CMOS（互补金属氧化物半导体）工艺兼容等优点将成为未来阻变材料的主要选择。高密度非挥发性半导体存储器技术是支撑我国网络通信、高性能计算和数字应用等电子信息产业发展的核心技术,是制约我国微电子产业全面平衡发展的关键瓶颈之一。高密度半导体存储器在我国市场需求巨大，开发具有自主知识产权的高密度存储器技术对国内半导体企业提升国际竞争力，支持我国半导体工业参与国际竞争意义重大，而发展新型存储材料与技术是高密度非挥发半导体存储技术研发的核心和关键。

第二节　总体布局

一、半导体照明

这十年，根据半导体照明技术和产业发展面临的主要问题及需要着力突破的关键点，通过基础研究、前沿技术研究、应用研究、示范应用全创新链等统筹部署，推进半导体照明产业技术进步和产业可持续发展。

基础研究方面，开展基于宽禁带衬底的材料基础研究，突破目前以蓝宝石衬底为主的技术路线存在的关键科学问题。

前沿技术方面，以解决产业发展的战略性、前沿性关键技术问题为目标，重点支持白光核心技术，突破Si基等白光LED核心专利，缩小与国际产品差距，产业化功率型芯片光效达到了国际同期先进水平；加强对单芯片白光、UV-LED(紫外发光二级管)、OLED等新的技术路线研究，提高产业的持续创新能力；同时，努力实现MOCVD等核心装备和关键配套原材料国产化，突破高光效、高可靠的核心器件产业化技术，降低LED器件成本，提升上游企业制造水平与盈利能力。

应用技术方面，以抢占创新应用制高点为目标，以创新体制机制与商业模式为手段，以技术、工艺创新、系统集成技术为重点，开发低成本、替代型和多功能创新型半导体照明产品及系统，实现规模化生产；开发出性价比具有比较优势的半导体照明产品，替代低效照明产品；开发多功能半导体照明产品与系统，建立办公、商业、工业、农业、医疗及智能信息网络等领域主题创新应用。

共性技术研发平台及产业环境建设方面，建设开放性的、创新体制机制的共性关键技术研发平台，如国家重点实验室、国家工程技术研究中心，集中有限的人力和研发投入，解决我国现阶段企业规模小，单一企业或研究机构无法与国际照明巨头抗衡的局面，从而缩小与国际先进水平差距。加强产业技术创新战略联盟建设，开展构建技术创新链的体制机制探索。从国家层面统筹规划标准检测认证工作，加快研究制定标准和技术规范，支撑"十城万盏"示范应用；会同国家相关主管部门，加强分工合作，在产业链空白环节筹建标准化技术委员会，支撑相关标委会在不同环节标准的制订、修订工作。

二、新型显示

这十年，新型显示以"引进、消化、吸收"为手段，以培养"再创新"能力为目标，通过基础研究、前沿技术研究、示范应用等全创新链的设计和部署，以掌握产业发展急需的关键技术及工艺，带动配套材料开发与应用，建立相对完整的本土产业链为宗旨。

在基础研究方面，开展了新材料、新器件结构、新显示模式、新显示方法的研究，掌握了LPD中的半导体激光与晶体材料、有机/高分子发光显示发光材料、场发射电子束源等材料合成方法，探索激光全息显示、场发射气体激发显示、无彩色滤光膜的彩色场序显示机理，全面优化设计了TFT(薄膜场效应晶体管)基板、AMOLED和场发射显示器件结构。

在前沿技术攻关方面，掌握了宽视角TFT–LCD、半透半反等高性能中小尺寸TFT–LCD、多面取PDP和低成本OLED批量生产技术及集成工艺，开发出TFT–LCD用TN模式液晶材料、玻璃基板、偏光片、增亮膜、大尺寸彩膜、彩膜用材料光阻胶、各向异性导电膜ACF材料等7类TFT–LCD核心材料；研制成功了PDP用无铅玻璃粉、无铅光敏电极浆料、高性能PDP荧光粉、PDP用MgO晶体材料、等离子彩电有机基底防反射滤光保护屏等5种PDP核心材料；以及OLED用蒸镀掩模板、新型高效有机电致磷光材料、导电基板、屏封装玻盖等4种OLED核心材料，获得了重要的知识产权。

在应用研究方面，研发新型显示产业配套材料、低成本技术、低功耗技术和产品设计技术。开发新型显示产业链上游配套材料，实现配套材料的在线测试、企业认证与产品应用，提高主辅材料的国产化率。加强集成创新和引进消化吸收再创新，着力攻克产业化关键技术，突破瓶颈制约，提升新型显示产业竞争力，为我国新型显示可持续发展提供支撑。

在产业化示范方面，开发新型显示量产集成制造技术，建设并完善产业链，实现产业化。建设LPD、3D显示、有源有机发光显示、电子纸显示、高世代薄膜晶体管液晶显示、多面取等离子体显示、移动互联网终端显示生产线，建立国家级或地方政府资助的技术平台。以市场为导向，促进新型显示技术成果商品化、商品产业化和产业国际化。建设产业化示范基地，带动我国新型显示产业的跨越式发展。

三、光通信、光传感材料与器件

这十年，突出了光通信中光纤材料和光纤光缆的产业化目标。同时，对光通信和光传感的若干关键器件制备技术做了研究部署。

根据光纤技术和产业发展面临的主要问题及需要着力突破的关键点，通过基础研究、工艺技术研究、示范应用等统筹部署，推进光纤产业技术进步和产业可持续发展。

基础研究方面，开展基于低水峰光纤、弯曲不敏感光纤和宽带多模光纤的基础理论研究，解决目前新型光纤的技术路线存在的关键科学问题。

工艺技术方面，以解决产业发展的关键技术问题为目标，重点支持采用不同工艺方法光纤预制棒的核心技术及产业化技术；同时实现光纤拉丝塔、OVD(外部气相沉积法)和VAD(汽相轴向沉积法)生产工艺的核心装备和关键配套原材料国产化，降低生产成本，提升企业制造水平与盈利能力。

共性技术研发平台及产业环境建设方面，建设开放性的、创新体制机制的共性关键技术研发平台，如国家重点实验室、国家工程技术研究中心、国家高新技术研究发展计划成果产业化基地、与高校建立博士后工作站，集中有限的人力和研发投入，推动企业间的合作，从而提升行业整体技术水平，缩小与国际先进水平差距。加快研究制定标准和技术规范，推动光纤产业发展。建立和推进光纤产业技术创新战略联盟的发展，汇集成员单位的科技资源，加强产学研的紧密合作，共同致力于解决产业发展中面临的重大关键技术问题，提升自主创新能力。

光通信与光传感器件方面，发展宽禁带半导体发光及激光材料和器件、高速与密集波分复用系统关键光电子器件技术、集成光电子芯片及模块关键技术、片式集成电子元器件及其关键制备技术、气体传感用激光芯片制备技术等。以突破光电信息材料的共性关键技术为核心，发展光电子与微电子关键材料与器件的先进制备技术。如宽带隙半导体材料与器件、新型光电子材料与器件、光通信、光网络用光电子材料与器件、光传感材料与器件及其应用等，以满足国内信息产业高速发展的迫切需要。

四、人工晶体及全固态激光器

这十年，人工晶体及全固态激光器继续保持我国在人工晶体领域的技术领先优势，初步打造人工晶体–全固态激光器–激光应用系统等相对完整的产业链，满足了国内重点需求，为后续发展奠定了坚实的基础。

以产业应用带动技术发展，利用"产业应用与技术发展"的良性互动实现全固态激光器及其应用技术的全面突破，构建了从人工晶体材料设计/制备与加工、大功率半导体激光材料与器件、大功率全固态激光器到整机应用设备的完整技术链条，初步形成以全固态激光器为纽带的产业链。

以继续保持我国在人工晶体领域的国际领先地位为目标，重点研究和开发了新型紫外/深紫外非线性光学晶体、面向光子/声子应用的人工微结构晶体与器件；以拓展人工晶体产品的市场为目标，部署了人工晶体产业化关键技术以及Yb(镱)系列激光晶体等项目，建立研发及产业化基地，有效地保持了我国在此领域的国际领先地位，并提高了我国人工晶体产品在国际市场的占有率。

以实现激光先进制造、激光显示与激光医疗等3个领域产业化应用为突破口，以满足国家重大激光工程应用为目标，重点部署研究了高功率红外全固态激光器、大功率可见波段全固态激光器、紫外/深紫外波段全固态激光器、单频全固态激光器和大型激光放大系统等；为解决全固态激光器的工程化和产业化关键技术问题，部署研究了高损伤阈值光学镀膜关键技术、大功率半导体激光阵列光纤耦合模块产业化技术、瓦级红/蓝全固态激光器产业化技术和应用技术等；强化全固态激光器的应用，特别是激光加工、激光全色显示和生物/医疗应用技术研究。

五、高密度存储材料与器件

微电子材料与器件方面重点部署了新型高密度半导体存储材料与技术的研发，基于我国新型存储材料与技术方面的研究基础和前期技术积累，结合我国存储产业的发展需求，并考虑到企业、科研院所与高校的不同资源优势，制定了产学研相结合，集中公关的组织形式。实现了联合优势研究单位进行前沿创新性研究、与产业发展的未来战略定位紧密结合的发展思路。以新型存储材料研发为先导，以考证存储材料在芯片研制中的可行性为龙头，以实现企业的可制造性为目标，突破核心与关键技术，构建面向实用的技术数据库和IP库，形成系列自主知识产权，并在企业工艺线上进行应用可行性验证，将技术发展与企业产品应用目标紧密结合，加快产业化进程，推动我国存储产业的快速发展。

这十年，对新存储技术的研究取得了较大的进展，进行了包括知识产权在内的前瞻性战略部署。我国在纳米材料方面的研究与国际同步，这为我国在基于新材料、新器件的新型高密度存储技术的研究提供了很好的支撑。通过这些新材料、新存储技术的前瞻性研究，目前我国已经形成了多支新存储技术的技术团队，培养了大批存储技术的研究骨干。这些为我们面向高密度海量存储应用的新型存储器研究提供了坚实的研究基础。

第三节 技术路线选择

一、半导体照明工程

这十年，针对半导体照明全产业链进行了系统研究。开展第三代宽禁带半导体外延材料生长及器件技术研究；MOCVD装备核心技术及金属有机源及高纯氨气等关键原材料产业化技术研究；针对三条主要白光LED技术路线蓝光激发黄色荧光粉、紫外光激发三基色荧光粉和RGB(红绿蓝)三基色LED混合白光进行了部署，在蓝光激发黄色荧光粉技术路线中，除了蓝宝石和碳化硅衬底技术外，还重点支持具有自主知识产权的Si衬底GaN LED外延技术研究。除以上主流产业化技术路线外，针对有发展潜力的GaN、ZnO等新型衬底为基础的相关技术，以及OLED白光照明，也开展了前瞻性研究工作。开展了GaN基LED量子效率及相关技术研究，开发大电流驱动材料生长与芯片技术。开展了高效半导体照明封装技术及封装材料开发；研发高效半导体照明光源及灯具技术，开发照明控制系统并开展半导体照明重大示范应用。

围绕目前半导体照明应用产品高效率、高可靠和低成本需求，重点通过技术集成和创新，开发规格化、标准化室内外高效长寿命半导体照明应用产品，及植物照明、医疗等创新应用。开发智能化照明控制系统及照明解决方案，研究制定照明系统与住宅、建筑、办公楼宇、交通等控制系统结合、集成的方法及技术，提高照明系统可靠性，降低系统成本；开展标准研究制定及测试方法研究，建设检测与认证平台；建设国家重点实验室、国家工程技术研究中心等公共研发平台，成为产业的技术创新中心、人才培养中心、标准研制中心和产业化辐射中心，支撑技术规范和标准制定，引领产业发展。

二、新型显示

这十年，新型显示以促进我国彩电工业转型为契机，突破新型显示产业发展和瓶颈，以显示屏生产为重点建立新型显示产业体系。以TFT-LCD、PDP、LPD和OLED关键技术的突破、技术的应用推广为重点，兼顾E-Paper、FED和3D显示技术的协调发展，通过自主创新，掌握核心技术，突破国际上的技术壁垒，打破垄断，实现新型显示技术的整体突破。

分层次、分重点发展不同的显示技术：第一层次是重点发展TFT-LCD、PDP、LPD、OLED技术及其产业，形成有自己特色的、有国际竞争力的产业；第二层次是在掌握E-Paper、3D关键显示材料和元器件制备技术的基础上，推进产品的开发和产业的发展；第三层次是研究并掌握尚未形成产业的FED关键技术，努力获取相关知识产权。

关键技术的突破与技术集成兼顾：在突破半导体激光材料、晶体材料以及多晶硅薄膜、有机发光材料和大面积成膜工艺等核心技术的同时，发展并推进激光显示、OLED技术的集成开发、产品制造以及产品应用。

优先发展新型显示器的共性技术和配套材料技术，发展低成本技术和低能耗技术；建立起比较完备的显示技术创新体系，推动我国显示产业实现从"大"到"强"的转变。

三、光通信、光传感材料与器件

这十年，针对光纤预制棒核心工艺进行了系统研究。开展了RIC(新式套管工艺)大尺寸光纤预制棒和高速连续拉丝工艺产业化技术研究；全合成大尺寸低水峰光纤预制棒生产工艺及装备产业化技术研究；全火焰水解发光纤预制棒工艺及装备开发；宽带多模光纤技术研究及产业化研究；FTTH(光纤到户)用G.657A光纤(弯曲不敏感单模光纤)的产业化研究。除以上主要工艺技术路线外，还针对光纤生产的配套关键原材料技术及产业化进行了研究。对预制棒用四氯化硅、四氯化锗、石英管等进行产业化技术研究并形成国产化应用。围绕光纤预制棒生产工艺和原材料进行了国家标准和专利体系建设。研究和分析了国内外光纤产业及上下游的发展现状和技术趋势，完成了光纤专利分析平台建设及专利体系研究，为政府、行业和企业决策提供了依据。

光通信、光传感材料与器件方面，突破了微结构材料与器件的关键制备技术，通过自主创新，在半导体微结构材料与新型高性能器件技术等方面取得重要突破，占领光电信息领域发展的制高点；发展了新型有机光电子材料及器件关键技术，开展了光子晶体材料与器件等方面的前沿研究；针对干线高速通信系统和密集波分复用系统、全光网络系统的需要，开展大规模光子集成收发芯片以及基于高非线性光学材料及器件的光子信息处理技术的研究，掌握了具有自主知识产权的相关关键器件技术并开发出相应目标产品；解决了若干关键器件和模块的规模化生产技术；重点开发了一批超高速光传输用光收发器件与模块、光放大和色散补偿器件、密集波分复用/解复用器件和全光网节点器件等，突破并掌握了相关关键技术，促进上述器件形成规模化生产；开发了波长从1.6～2.0 μm的系列DFB(分布反馈激光器)，能够检测CH_4、H_2S、H_2O、SO_2、HCL、NH_3、HF、CO和CO_2等多种气体。在材料生长、芯片制备、气体检测仪器形成了自主知识产权，并批量生产。

四、人工晶体及全固态激光器

以全固态激光技术的重大需求为牵引，实现激光先进制造、激光显示与激光医疗等3个领域产业化应用为目标，突破人工晶体、大功率半导体量子阱材料与器件、全固态激光器与系统的批量生产和应用。形成从关键晶体材料、激光技术、系统集成与产业应用的完整创新价值链上垂直整合与集成效应。持续保持和发展我国在人工晶体与全固态激光技术领先的整体优势，促进具有自主知识产权的高技术产业群的形成，坚持标准战略，建立系列化的人工晶体、全固态激光器及其延伸产品和应用的技术标准。部署了新型紫外和深紫外非线性光学晶体材料、Yb系列激光晶体、5千瓦级高功率全固态激光器、高功率紫外激光技术产业化和应用技术、瓦级红/蓝全固态激光器产业化和应用技术、大型激光放大系统工程化技术、高重频大能量全固态皮秒激光器产业化及应用技术、高损伤阈值光学镀膜关键技术、基于全固态激光器的全色显示技术、大功率半导体激光器阵列光纤耦合模块产业化技术等一批项目。

通过项目牵引，建立了以企业为主体、政产学研结合的技术创新体系；建立了以国家光电子晶体材料工程技术研究中心和国家半导体泵浦激光工程技术研究中心等公用技术研发平台，完善了评价体系建设。

五、高密度存储材料与器件

针对迅速发展的信息系统对存储技术在大容量、高速、多样性和高可靠性等方面不断扩展的需求，结合我国在先进集成电路工艺技术方面的进展，紧密围绕新一代高密度存储技术在新材料和新器件中的关键技术问题，以解决国家重大战略需求，将关键新材料、器件机理、模型研究、兼容芯片制造工艺的高密度集成、新结构多值存储设计等有机地结合起来，解决新存储技术研究中的诸多挑战，这十年部署发展了国际上主流发展趋势中有代表性的三类高密度半导体非挥发存储技术，即RRAM、PCRAM、Nano FG，新型高密度半导体存储材料在优化材料体系与组份的基础上，在企业8英寸生产线上实现了可制造性验证，从存储器芯片应用角度解决了新型存储材料的结构设计、性能优化、关键纳米加工技术及其与CMOS工艺的集成。在新型存储材料、新型器件结构、纳米加工、可集成制造、配合存储材料特性及验证要求的电路及测试方法等方面，建立起我国半导体存储技术自主知识产权开发的平台，为我国实现高密度半导体存储产业化奠定了技术与人才基础。

第四节　主要成果

一、半导体照明工程

这十年，通过半导体照明专项的实施，我国LED外延材料、芯片制造、器件封装、荧光粉等方面均已显现具有自主技术产权的单元技术，部分核心技术具有原创性，初步形成了从上游材料、中游芯片制备、下游器件封装及集成应用的比较完整的研发与产业体系，半导体照明产业联盟在协同创新和产学研合作模式的探索也取得了丰硕成绩，为我国LED产业做大做强在一定程度上奠定了基础。

（一）技术不断突破，建立了完整的创新链

探索性、前沿性材料生长和器件研究出现了部分原创性技术。国内已研制出280nm紫外LED器件，20mA输出功率达到毫瓦量级，处于国际先进水平；非极性氮化镓的外延生长，X射线衍射半峰宽由原来的780弧秒下降至559弧秒，这一数值是目前国际上报道的最好结果之一；首次实现大面积纳米和薄膜型光子晶格LED，20mA室温连续驱动小芯片输出功率由4.3mW提升至8mW；全磷光型叠层白光OLED发光效率已达到45 lm/W。

产业化关键技术取得较大突破。以企业为主体的100 lm/W LED制造技术进展较快，生产线上完成的功率型芯片封装后光效超过110 lm/W。功率型白光LED封装达到国际先进水平。具有自主知识产权的功率型硅衬底LED芯片封装后光效达到100 lm/W，处于国际先进水平。

MOCVD装备核心技术开发进展顺利。2009年我国已开发出7片型MOCVD系统，并进行了工艺验证。在MOCVD工程化样机的基础上，后续又开展了48片2英寸MOCVD设备的研制，目前已完成了MOCVD设备的总体装配并对设备开展了整机调试，单片片内波长均匀性偏差达到0.6%，全炉片间波长均匀性偏差达到1%以下，初步制作LED小芯片发光功率达到14mW，封装后效率达到每瓦70 lm。已成功研制出HVPE生长系统，并已在立式HVPE系统上开发出一种HVPE GaN自支撑衬底的生长技术。

规模化系统集成技术研究和重大应用效果显著。应用产品种类与规模处于国际前列，我国目前已成为全球LED全彩显示屏、太阳能LED、景观

照明等应用产品最大的生产和出口国。已开发出动态背光LED模组，建成年产大尺寸TFT-LCD背光模组10万片的示范线，采用LED背光模组的国产电视机市场销售情况良好；已开发出LED汽车前照灯，并完成了产品的国检报告和3C认证，开始了小批量的供货；已研发出LED植物组培专用光源样灯。

初步建成公共技术研发平台，初步建成了采用产业化设备，可开展产业化技术开发的"柔性"工艺线，正在建立与产业研发基金互动、企业化运作的管理模式。自主开发的图形衬底和相关的外延技术成功地转移到企业，为企业100 lm/W产业化制造技术提供了有力支撑，为实现130 lm/W课题目标奠定了坚实基础。

(二) 人才、标准专利、基地建设、示范应用取得显著成效

人才标准专利战略成效显著。结合重大项目的实施，通过国内培养和海外引进等方式，已经初步建立了全产业链的完整的技术创新团队，为半导体照明新兴产业的发展提供了持续的动力和保障。专利战略成效显著，目前863项目承担单位已申请专利1176项(其中发明专利747项)，授权专利400项，国外发明专利36项。项目带动课题单位牵头和参与制定国家标准10项，行业标准10项，地方及企业标准75项。通过项目管理单位协调推进，项目部门已发布了12项半导体照明国家标准和9项行业标准。联盟还组织相关标准化组织、检测机构、企业和专家，及时编写了《整体式LED路灯测量方法》、《LED道路照明产品》、《LED隧道灯》等13项技术规范，对引导行业的技术创新和产品应用，发挥了较好的作用。

产业化与基地建设稳步推进。截止2011年年底，带动了国内半导体照明行业总产值达到1560亿元，其中上游外延芯片产值65亿元，中游封装产值285亿元，下游应用产值1210亿元。目前我国已初步形成珠三角、长三角、北方地区、江西及福建地区四大半导体照明产业聚集区域，每一区域都初步形成了比较完整的产业链，全国85%以上的半导体照明企业分布在这些地区。科技部在厦门、上海、大连、南昌、深圳、扬州和石家庄等地区，已先后批准建立了14个产业化基地和37个"十城万盏"半导体照明应用试点示范城市。

"十城万盏"试点示范初显成效。2009年，为深入贯彻《国务院关于加快培育和发展战略性新兴产业的决定》精神，发挥科技对经济的支撑作

用，启动了"十城万盏"工作。项目的启动对应对金融危机、拉动内需、解决就业、推动产品出口发挥了重要作用。随着半导体照明市场的快速发展，通过光学设计、散热、驱动等技术集成，解决了功能性照明产品的部分关键技术，并已在部分支干道路照明和室内照明上得到应用。隧道、道路、地铁等室内外功能性照明灯具光效已超过90 lm/W，节能效果已经显现。与传统灯具相比，景观照明节电70%以上，道路照明节电30%以上，室内照明节电50%以上。目前37个试点城市已实施超过2000项示范工程，超过420万盏的LED灯具得到示范应用，年节电超过4亿度。

(三)联盟协同创新

国家半导体照明工程研发及产业联盟(CSA)不断为政府提供决策支撑，推动技术规范与标准制定，加强行业信息交流，已形成了产业发展思路，推动了技术创新，构建了国际合作网络，缩短了与发达国家的距离，得到了全球同行认可，成为推进半导体照明产业健康发展的重要力量。

组建公共技术创新平台，构建技术创新链。为加快半导体照明战略性新兴产业的培育和发展，加快技术创新链的构建，2009年在CSA常务理事单位的基础上组建了半导体照明产业技术创新战略联盟，在创新的体制机制下于2011年8月组建开放的、国际化的研发实体—半导体照明联合创新国家重点实验室。实验室围绕产业技术创新链构建，通过契约式手段、资源所有权与使用权相结合以及产业界"自带干粮"联合参与的投入方式，集中与分布相结合的建设方式，充分联合国内外的优势资源，以增量激活存量，攻克引领性技术和产业共性关键技术，探索国家、研究机构及企业共同参与的持续性投入与人才激励机制，逐步形成共同投入、利益共享、风险共担的可持续发展的开放性的、国际化的非营利研究实体。到目前为止，实验室共有22家企业签约参与建设，第一期计划总投入2.2亿元，目前已投入研发经费5100万元。经过各方共同商讨，已确定4个共性技术研发项目，涉及标准、规格、接口和系统集成技术。

开展战略研究、研究编制产业发展规划等为有关主管部门提供决策支撑。这十年联盟一直参与国家有关部门关于半导体照明科技发展和产业发展相关规划、政策的研究编制。为配合"十城万盏"试点工作，联盟组织成员单位积极参与，召开专家评审会，开展检测平台调研，研究制订检测技术和规范，跟踪和调研试点工作的进展。2010年半导体照明被国务院台湾事务办公室列为两岸产业合作3个试点项目之一，联盟为半导体照明项目工作小组召集人，通过组织示范工程、联合编撰《半导体照明产业发展年鉴》、开展标准检测合作与交流、产业互访和考察等，有力地推进了两岸技术与产业的合作。2011年还协助财政部开展调研和财政补贴方案的研究制定。作为产业技术创新战略联盟试点之一，目前联盟正在协助科技部实施"十二五"863计划，并牵头组织实施科技支撑计划。

参与和组织重大示范，以应用推动发展。联盟通过组织半导体照明试点示范工程，组织成员单位联合研发，提升了技术创新的效率和水平。2011年3月，联盟组织优势成员单位，顺利完成人民大会堂半导体照明应用节能示范项目第一阶段万人礼堂主席台照明改造，将主席台原来的160盏1kW卤钨灯替换为160W LED灯，使会议照明和环境温度明显改善，该项工作受到中央有关领导的一致肯定和好评。

建设科技服务平台，完善产业发展环境。联盟组织编写并发布13项技术规范，其中2项上升为4项国家标准，路灯、隧道灯规范等被有关部委招标采纳。成立专利池工作组，加强国内外专利现状、发展趋势、未来竞争焦点等研究，提高我国半导体照明专利分析和预警能力。联盟成功举办8届"国际半导体照明展览会暨论坛"，目前已成为全球半导体照明行业规模最大(1570人)、级别最高、影响最广的盛会；举办4届"半导体照明创新大赛"，联盟网站中国半导体照明网（www.china-led.net）、《半导体照明》、《半导体照明商评》杂志已经成为引导产业健康发展的重要宣传载体；联盟还出版了3部《中国半导体照明产业发展年鉴》，成为记录我国半导体照明产业发展历程的重要工具书。

牵头国际联盟，赢得发展话语权。为了把我国半导体照明产业巨大的市场潜力变为产业优势，以联盟为主要发起者，联合美国、澳大利亚、新西兰、荷兰、韩国、印度及我国台湾地区的半导体照明产业组织，于2010年10月16日成立了"国际半导体照明联盟(ISA)"。目前，在ISA 54家成员中，有8家协会或学会、15家学术研究机构、31家企业，涉及二级会员3500个，其地域分布覆盖了亚洲、欧洲、北美地区、澳大利亚及新西兰，技术及业务范围则覆盖了半导体照明产业链的所有环节。ISA已取得初步的工作进展，设立了"国际标准技术委员会"，制定并发布了"全球半导体照明产业发展规划蓝图"。2011年11月9日，ISA首届成员大会在广州举行。通过并发布了《国际半导体照明战略研究规划》第一稿，发布了第一个《全球各地区半导体照明灯具最低性能规范(MPS)汇编》。通过了ISA《广州承诺》，会员们承诺，未来将联合全球半导体照明领域的企业、学会、协会、学术研究机构等，建立起更广泛的全球合作伙伴关系，共同培育和加速全球半导体照明产业发展。

二、新型显示

这十年，从2002年"高清晰度平板显示"专项起步，到2008年"新型平板显示技术"重大项目、2011年"新型显示关键技术与系统集成"重大项目启动实施，新型显示从无到有，从小到大，从弱到强，走过了十年不平凡的艰辛成长路。

LPD以人工晶体材料与器件、半导体激光材料与器件等基础材料为先导，带动激光模组、散斑测量与控制、色彩管理以及超广角光学镜头等共性技术的创新发展，突破了大尺寸LBO晶体快速生长、高功率半导体激光器件、高性能激光模组、高功率激光组束、散斑测量以及整机集成的多项关键技术，获得160余项专利，2008年研制出世界首台激光数字电影放映机，领先美国柯达公司2年时间；研制的高亮度激光投影机成功应用于2008年奥运会、2010年世博会，凭借激光显示的长寿命、高可靠性获得了科技奥运和世博科技的表彰。目前已经研制出1万lm、2万lm、3万lm系列化高亮度激光投影产品，并进入指挥系统、仿真平台、数字影院等高端应用领域，形成销售并出口欧洲；研制成功国际首台1000lm全激光投影仪产品，产品性能已达到国际先进水平，并已经完成小规模量产销售；研制出系列化大屏幕激光电视等产品，使我国激光显示技术处于国际先进水平。

OLED技术取得突破并成功走向产业化。印刷型高分子OLED技术取得突破，完成了全彩色发光显示屏研制。小分子OLED产业技术取得巨大进展，通过对OLED生产过程中的Cr/ITO图形制备技术、隔离柱制备技术、蒸镀、封装、测试等关键技术进行了系统地研究开发，完成了OLED关键技术的突破和生产技术的集成，在中试生产线上实现了小批量生产和销售，并为军队提供特殊定制产品。目前已开发出96×64多色显示屏、96×64彩色显示屏、128×160彩色显示屏等多款用于手机及MP3用OLED产品，产品性能已达到或接近国际先进水平。2008年，OLED显示屏在"神七"舱外航天服上得到应用，开创了国际先例。2008年我国建成了第一条370mm×470mm PMOLED生产线，综合良率达到90.2%，月投片能力达到

8000片。面板的量产带动了上游产业的发展，有机发光材料、相关化学品的国产化率提升到40%以上。PMOLED产品已被康佳、联想等国内知名厂家广泛使用，同时已经进入德国、日本、韩国等国外市场。"有机发光显示材料、器件与工艺集成技术和应用"项目获得2011年度国家技术发明一等奖。2011年12月，完成国内首款12英寸AMOLED显示样机的研制工作，采用底发光模式，分辨率1280×RGB×800，色彩深度为16.7M，屏体厚度仅为1.8mm，NSTC色域达到73.4%，优于目前主流的TFT-LCD显示器。

PDP技术方向，通过对多面取障壁式PDP大生产的产品设计技术、材料技术、设备技术的开发，掌握了透明电极制备、金属电极制备、双层障壁涂敷和介质涂敷、双层障壁刻蚀、荧光粉喷涂等六大核心量产技术，制定了国内产品及相关配套材料认证标准，形成了自主的多面取等离子显示器件的全套量产技术，建设了产能216万片(以42英寸计算)的生产线。提出的荫罩型专利技术方案，完成专利申请242项，专利授权136项，其中1项美国专利，形成自主知识产权的体系，解决了大尺寸荫罩式结构的设计、封接和定位技术，解决了高分辨荫罩式结构PDP的驱动、高精细电极制备，封接和定位，建立了一条具有世界先进水平的PDP研制线。开发出新型拼接式彩色PDP模块及拼接技术，在X、Y两维方向上任意拼接成数百英寸、乃至上千英寸的彩色PDP大屏幕，解决了具有高真空气密性的0.6mm窄边封装工艺技术，可方便地实现拼接式PDP大屏幕的无缝感显示效果，整屏画面浑然一体，满足市场急需的大面积PDP显示屏幕(对角线大于120英寸以上)的应用。

TFT-LCD技术方向，产业开启了追赶之旅，摒弃了"市场换技术"的老模式，走上了"海外收购、国内建设、带动配套"的新型发展道路。通过工艺改进和设计、材料优化，提高显示对比度和品质；通过低电阻金属引线技术开发、电路及关键部品开发，实现大尺寸全高清显示屏120Hz驱动，改善动态画面特性；通过薄型、高效LED背光的开发，实现产品的轻、薄和低功耗；已完成多款样机的制作，所开发的宽视角技术已为我国6代线和8.5代线的产品规划和生产线设计提供了重要的技术依据，并将直接应用于8.5代线的多款大尺寸TFT-LCD产品的批量生产。

电子纸技术方向，已初步完成了电泳显示纳米材料制造、电泳显示液微胶囊化、电子墨水配方及精密涂布、电泳显示驱动控制、电泳显示专用TFT及显示模组制造、显示操作系统和内容开发、电子书设计等关键技术研发，建立了环节比较完整的上、中和下游产业链。开发成功10英寸以下、灰阶8级、对比度10∶1以上的黑白和彩色电子书。

FED技术方向，突破了印刷型低逸出功FED阴极制备与激活技术、一维纳米线冷阴极FED材料原位制备等关键技术，研制成功34英寸1024×768印刷型低逸出功彩色视频FED显示器、21英寸640×480一维纳米线冷阴极FED显示器，为FED今后工程化研究和产业化开发做好人才和技术储备。

三、光通信、光传感材料与器件

这十年，我国光纤产业取得了极大的进展，光纤的品种结构日趋完善。这些成果为今后光纤预制棒技术与装备的产业化推广、进一步提高预制棒产能、降低光纤成本奠定了坚实的基础。

光纤预制棒自主知识产权生产工艺进展成果显著。我国成功开发了120mm大直径低水峰光纤预制棒产业化的全套工艺并拥有完全自主知识产权(申请发明专利11项，其中8项已获得授权)。目前外径为150mm的RIC低水峰预制棒制造和拉丝技术已用于批量生产，RIC预制棒单根拉丝长度为6000km，该工艺已实现规模化生产。

管外沉积工艺芯棒沉积速度达到了12g/min，包层沉积速度达到了80g/min，预制棒尺寸达到了φ140×1500mm以上，与此同时，该技术领域内全套装备的国产化研制技术水平与进口装备相当，成本则仅仅为进口装备的30%。

全火焰水解制棒技术突破国外技术壁垒封锁，并成功地掌握了大尺寸光纤预制棒的量产化技术，制造出直径85mm、长度800mm的大尺寸芯棒，成棒后拉丝达到2500km以上光纤，这种光纤具有几何尺寸稳定，对原料气体纯度要求较低等优点，有效地控制了预制棒生产成本，大大增强了产品市场竞争力。

光纤预制棒制造装备取得重大突破。我国主开发的国产大型高速拉丝塔在天津通过验收，正式投入使用，结束了我国从1992—2008年生产光纤均来自昂贵的进口拉丝塔的局面，走出光纤制造设备国产化的重要一步。

光纤制造配套原材料产品质量及国产化率极大地提高。光纤用四氯化锗产品质量已达到国际领先水平，十种金属杂质总量小于3ng/g，三种含氢杂质总量稳定在0.5μg/g以下，国产化率由原来的50%提高到90%，并占领25%的国际市场份额。光纤用衬套管已实现年产30吨的生产规模，产品品质达到国际先进水平。

光纤的产品结构日趋完善。成功研制了新一代全能通信光纤，兼容性强、可靠性高，可适于各种应用场合。其中，新一代弯曲不敏感单模光纤(G.657)的抗弯曲性能优于标准G.652.D光纤100倍，可更好地适应不同的光缆结构设计及应用环境。在同样的光缆结构下使用，可以降低施工难度，提高光缆的温度性能和使用寿命，可确保未来L波段乃至U波段的使用。新一代弯曲不敏感单模光纤光纤与普通单模光纤全面兼容和具有高的性价比，可为长途干线、城域网和接入网提供最可靠的解决方案，可大大简化网络设计，降低网络建设和维护成本，有利于未来的网络升级。弯曲不敏感多模光纤(BI-OM3/OM4)具有与普通OM3/OM4光纤兼容和宏弯附加衰减低的特点，可大幅降低基于10G系统乃至更高速率的以太网的建设和维护成本，适用于基于数据传递、基于IP的语音传输和视频传输的用户驻地网和企业网络建设，且满足密集综合布线的要求。尤其适用于绿色数据中心的建设，最高传输速率可达到40G乃至 100G，有利于推动云计算的普遍使用。

特种光纤技术指标接近国际先进水平。高非线性光纤的超连续谱产生的研究已经达到展宽400～2200nm，相应平均输出功率可达数十瓦。无截止单模光子晶体光纤的衰耗水平是在1550nm波长小于0.5dB/km，接近欧洲报道的光子晶体光纤的衰耗水平。全固光子带隙光纤上的世界低损耗记录是在1550nm波长处为0.47dB/km，该结果的相关情况在ECOC2009(2009年欧洲光纤通讯展)上做了专题报道。大模场无源PCF的模场达到约900 μm^2，制造工艺稳定，拉丝盘长可以达到千米级。

这十年，我国在光通信与光传感器件方面取得了一系列重大成果。MOEMS VOA(可变光衰减器)已完成了全部的可靠性实验和产品线建设，实现了批量生产和销售，年生产能力达到5万只。在光路结构上采用双光纤准直器耦合+金属陶瓷封装的技术方案。双芯耦合的实现方式减小了器件体积；提出了优化光斑形状的技术，实现波长相关损耗的降低；金属陶瓷封装方式大大增强了器件的可靠性，使得VOA器件能够长期稳定的工作，所有技术具有完全的自主知识产权。本成果已成功获得国内外客户的认可，目前已形成批量生产，并累计实现销售金额突破5千万元人民币。

研制出了MOEMS可调谐光通信器件，完成了在国产ROADM系统中的示范应用。在光路设计上，采用光栅两次通过技术，降低了对光栅色散能力的要求，减小了体积，提高了器件性能，设计的波长补偿装置，可根据环境温度调节波长补偿量，保证ITU-T(国际电信联盟远程通信标准化组织)波长对准，降低了器件的温度敏感性。波长选择开关实现多家客户送样测试并获得积极评价，为后续的批量生产和销售打下了坚实的基础，目前已启动中试，逐步转向批量生产。

通过材料、结构和工艺的创新，成功研制用于ROADM技术的集成解复用接收器件–具有波长处理机制的平面光集成解复用接收器件。用于ROADM具有波长处理机制的平面光集成解复用接收器件，是兼具低成本和高性能的集成光接收器件，大力推进了用于ROADM具有波长处理机制的平面光集成解复用接收器件的实用化，该器件可以广泛适用于包括WDM光纤通信系统、智能光网络核心节点设备、无源光网络宽带接入、高性能光传感等光信息技术领域，拥有广阔的市场前景。对于推进我国光通信系统的集成化和智能化，以及企业占领光通信技术和产业未来发展的战略制高点将起到重要的推动作用。

开发了以选择区域外延生长、量子阱混杂、双有源区叠层外延等单片集成技术，研制出了电吸收调制分布反馈激光器、宽带可调谐激光器、多段自脉动激光器等多种光子集成器件，建立了光通信用集成光子器件的研究与开发技术平台，为我国开展大规模光子集成回路的研究奠定了良好基础。

四、人工晶体及全固态激光器

这十年，我国的人工晶体继续保持了国际领先优势。在国际上首次成功地生长出具有实用价值的器件级KBBF单晶体，并基于此产生了一系列国际领先的成果：实现了177.3nm、3.5mW的有效功率输出，实现了193nm的瓦级激光输出，实现了钛宝石激光的四倍频激光输出(175～232.5nm)，研制出国际上首台、利用KBBF晶体输出的177.3nm激光作为光源的超高能量分辨率真空紫外激光角分辨光电子能谱仪；生长的大尺寸LBO晶体超过2千克，二倍频器件口径到达$50mm \times 50mm$，三倍频器件口径达到$100mm \times 100mm$。产业化Nd:YVO$_4$激光晶体产品品质进一步提升，已占据国际市场超过75%的份额；在我国建成了Nd:YVO$_4$、LBO、BIBO、BBO、蓝绿光胶合组件、非线性晶体镀膜等6个全球最大生产基地，国际影响力持续提升。

红/绿/蓝三元色QPM(准相位匹配)激光器、单频绿光激光器和深紫外激光器等研究方面继续保持国际领先地位，并拥有完整知识产权。50W级微细加工用全固态激光器的稳定性、可靠性和使用寿命已经完全满足工业使用要求，可以替代进口产品，被国际激光加工制造企业采购。

激光显示技术突破了激光显示小型化光源、匀场消散斑、非相干组束等关键技术，解决了相干散斑检测，高功率组束光学损伤以及大色域空间映射算法等一系列技术难题，研制成功3万lm高亮度激光投影机、65/71英寸激光电视等产品，色域覆盖率达166%NTSC(美国国家电视标准委员会)，建成国际首家激光数字影院，并应用于奥运会、世博会等重大活动。

自主研制出6kW高功率全固态激光器，功率不稳定度优于±0.77%，关键器件国产化，主要指标接近美日等发达国家的研究水平。该激光器的成功研制对打破国外的禁运，提升我国工业加工和国防装备具有重要意义。

研制出具有自主知识产权的输出功率达20W的全固态连续单频绿光和红外激光器及输出功率达10W的1.5μm单频光纤激光器，主要技术指标达到国际同类激光器的水平，已形成工程化和小批量生产能力。该类激光器具有光束质量接近衍射极限、线宽窄、噪声低、可长期稳定运转等优良特性，在科学研究、精密测量等领域有着重要的应用前景和市场潜力。大型激光器系统形成工程化和批量化生产能力，面向国家重大激光工程对大型激光放大系统批量需求，突破了多程放大、光束质量控制、整机系统工程化和产业化等关键技术，研制的大型激光放大系统，能够把前端系统输入的nJ级的激光脉冲放大到J量级，实现了10^9量级的能量放大能力，已经批量装备于国家重大激光工程。

掌握了重复频率千赫兹的高能量全固态皮秒激光器工程化关键技术，在锁模振荡技术、大功率泵浦技术、薄片多程放大技术、复杂激光系统光学设计技术、电源及控制技术、大型激光器系统装调技术等方面获得突破。工程化1064nm波长皮秒激光器脉宽小于20ps，输出单脉冲能量达到30mJ@1kHz，光束质量接近衍射极限，功率不稳定度均方根值每小时≤3%，成功地打破国外的技术垄断，已用于我国自行研制的远程卫星测距系统，2011年11月起在国家天文台长春人造卫星观测站进行了试验。经过3个月的运行，共获得观测数据将近3500圈，数据单次测距精度为10mm左右，观测数据量位列国际第二名。

研制出国产医用全固态激光光动力治疗血管瘤设备，实现了532nm全固态激光高质量大光斑(直径8cm)均匀稳定输出及高可靠性长时间稳定工作，设备操作系统具有简便快捷的特点，经3000例临床试验证明，该设备显著提高了治疗的有效性和安全性，具有广阔的市场前景。

五、高密度存储材料与器件

电阻随机存储器(RRAM)发展出涵盖了材料、结构、集成、电路、测试的成套关键技术，采用这套技术，已在中芯国际标准逻辑工艺线上制造出全世界第一颗采用标准逻辑和铜互连工艺制作的1Mb阻变存储器测试芯片，展示出同时适合大容量和嵌入式应用、优越的可制造性、可靠性以及成本竞争力，并证明可随逻辑工艺快速微缩到22nm技术代。并进一步研制出8Mb以及从16kb到64kb不同容量的IP核。IP核已在信息安全和RFID等系统芯片上展示出其在嵌入式应用中的优越性。

相变存储器(PCRAM)已开发出多种新型如SiSbTe、SbTe等相变材料和TiO_2等加热电极材料，提出了快速发现新型相变材料的判定理论，筛选出自主的SiSbTe材料并优化出最佳组份进入工程化验证；建立了8英寸PCRAM专用平台，实现了与标准180～130nm CMOS工艺的无缝对接，具备了开发与小批量生产64Mb相变存储器的能力。成功研制出我国第一款8MbPCRAM试验芯片，器件单元重复擦写次数达到107次以上，数据保持在105℃下可达10年，8英寸晶圆的所有芯片的存储单元成品率已达99%以上，经语音演示，证实该芯片可实现读、写、擦等存储器全部功能。

纳米晶浮栅存储器立足纳米晶基础材料研发，着眼于嵌入式应用，发挥体制优势构建了高效的产学研联盟，积极探索产业应用前景。对新型纳米晶存储技术解决方案进行了全面系统的研究，攻克了多项技术难关，经过3年的集中攻关，取得了从材料筛选制备到器件研发、集成、芯片系统设计等一系列关键技术的突破，获得了系统的纳米晶存储器技术解决方案，在高密度、高均匀性纳米晶材料制备、纳米晶核心器件单元设计与集成工艺开发，大容量嵌入式存储芯片关键设计技术方面取得了一系列面向应用的技术成果，实现了高可靠的兆位级嵌入式存储芯片，并围绕该技术的开发进行了核心知识产权的合理布局。

立足于与新材料研究紧密相关的高密度半导体非挥发存储技术，面向国际上主流发展趋势中有代表性的三类存储技术，即RRAM(电阻存储器)、PCRAM、Nano FG(纳米晶浮栅存储器)，针对目前传统主流FLASH技术遇到的技术难点，以产学研结合的方式，进行自主知识创新和集成创新研发。解决了RRAM/PCRAM/纳米晶这三种新型存储器材料在集成和应用中的技术难点，结合半导体企业生产线分别研制了RRAM/PCRAM/纳米晶的存储单元器件原型，验证材料关键技术在实际中应用的可行性，获取和验证三种存储器实用化的系列解决方案，发展出涵盖了材料、结构、集成、电路、测试的成套关键技术，获得自主知识产权近140项，有效提升了我国在存储器领域的核心竞争力，提升了我国半导体企业自主研发产品的能力，促进了我国高校院所与半导体企业紧密合作和有机结合，为国内微电子人才培养提供了良好的平台。

第一节　背景

　　纳米技术是研究结构尺寸在100nm范围内物质的性质和应用的一种前沿技术。纳米材料是指利用纳米技术获得结构特征尺度小于100nm且具有特异纳米效应（如：小尺寸效应、量子效应、表面效应等）的一类新材料。纳米材料与器件涉及多学科交叉，其研究内容覆盖现代科技和产业的广阔领域。利用从微观到宏观的"自下而上"和从宏观到微观的"自上而下"方法，可以构建和制造具有纳米效应和功能的新材料与新器件。

一、国际现状与发展趋势

　　纳米技术对经济、社会发展及国防安全日益产生重大影响。在美国、欧盟和日本等发达国家的推动下，已有50多个国家发布了本国纳米科技发展规划、计划或纲要，使纳米技术（NT）迅速发展成为继信息技术（IT）和生命技术（BT）之后又一前沿核心技术。美国在2000年颁布国家纳米计划后，又制定了《21世纪纳米研究与发展法》，已持续投入研发经费超过140亿美元。欧盟以利用纳米技术解决"全球变暖，能源、水和食物短缺，老龄化和公共医疗与安全"问题为目标进行了战略布局，以支持欧洲生态高效型的经济、民生发展。日本在2010年国家战略报告中，将"提高人们生活质量、提高工业综合竞争力、处理全球性问题"作为未来纳米技术发展的优先战略。

纵观美国、欧盟和日本等发达国家近十年来的纳米科技研究现状，可以看出，国际纳米科技的发展已呈现出"研究目标凝聚、内容重点突出、资源投入集中、产业培育强化、社会高度关注"的态势。其中，涉及应用于电子信息、可再生能源、工业绿色制造和人类健康的纳米技术是其重点发展领域。作为纳米技术核心内容之一的纳米材料与器件技术，已经成为引领科技前沿、提升传统产业和实现经济社会可持续发展的重要手段，成为各国战略性高技术竞争的一个重要领域。

二、我国现状与发展态势

我国是国际上率先开展纳米科技研究的国家之一。在2000年成立了国家纳米科技指导与协调委员会，启动了从基础研究、高技术研究到产业化技术开发的国家级纳米科技研究计划。目前，我国纳米技术研究水平已处于国际前沿行列；我国纳米科技论文发表数量、引用频次和专利申请、授权数量已位居世界前茅，其中SCI论文总数已超过美国位居世界第一位。

我国在世界上率先发明了具有亲（疏）水、亲（疏）油特性的纳米材料绿色印刷制版技术，已实现直接制版印刷，从根本上解决了印刷制版行业的环境污染问题并降低了生产成本，为印刷产业实现绿色化、数字化做出了重要贡献。纳米痕量爆炸物检测技术和器件、纳米晶磁性材料和非晶带材、超重力法制备纳米材料技术、二元协同纳米界面分离材料、纳米环境友好材料、纳米催化材料、纳米碳管及其阵列等，都已具备了参与国际科技和产业竞争的技术实力。我国纳米材料与器件技术研究已逐步从分散走向集成，从跟踪走向创新，并正在推动从论文走向原创专利、从专利走向技术群、从技术群走向产品群的3个转变。这十年，强化了纳米技术公共平台和纳米材料标准体系建设，通过产学研协同创新研发机制，有效推动了纳米材料技术研究成果的转化和产业化，促进了我国战略性新兴产业发展和传统支柱产业的技术升级。

这十年，也是我国建设小康社会、大力实施由中国制造向中国创造的经济转型阶段，对纳米材料与器件研发的重视程度和需求也是前所未有的。

微电子技术发展进入了纳米尺度，加工手段实现了质的飞跃，45nm的集成电路芯片已经开始批量生产，加工尺寸正向更小尺度延伸。在半导体材料、纳米加工工艺和系统集成等方面取得了一些技术突破，为今后信息纳米技术飞速发展奠定了基础。

纳米材料技术已对生物技术和医药产业产生重大影响。开发了用于癌症、乙型肝炎等重大疾病快速检测的纳米材料芯片或试剂盒，用于血液筛查、蛋白分离的纳米材料和技术，以及研发了针对药物缓释和靶向治疗的纳米载体集成技术，并在纳米分子马达和机器人研究方面进行了探索。

对新型纳米催化材料、新型储能和节能纳米材料、新型光伏电池、环境保护和治理的纳米材料与技术、传统产业升级换代纳米技术等研发也进行了重点投入。研究表明，纳米材料技术的引入，可以明显提高催化效率，降低制造过程能耗，提高建筑和汽车玻璃的保温、隔热、防紫外辐射和自清洁功能，可增强汽车轮胎的耐磨性能和寿命，使纺织纤维具备抗菌等多功能性，可处理污水中重金属和有机有毒污染物，以及有望解决能量储存和转化中的技术瓶颈。

发展纳米材料与器件技术具有重要的战略意义。在"十五"、"十一五"期间已奠定了良好的基础，使我国纳米材料与器件技术成为与国外水平相差最小的技术领域之一，也是我国最有可能赶超国际先进水平的前沿技术方向。

第二节　总体布局

尽管我国纳米材料技术方面总体上与美国等发达国家同步，同时也取得了显著成效，但与美国、日本等国外发达国家相比，在某些领域还存在一定的差距，主要表现在：

（1）在部分战略产业方面，存在差距，如：围绕人类健康的纳米材料技术方面，国外在典型和重大疾病治疗智能给药系统用的纳米技术方面

（如纳米载体或控释材料技术），已经进入临床试验阶段和部分产业化阶段，并有商品化示范产品，我国主要还处在研发阶段。

（2）在面向工业制造领域方面，国外发达国家企业全面参与或主导纳米材料技术的研发，而我国企业参与度较低，导致纳米材料技术成果转化周期长、应用转化率相对较低。

（3）国外发达国家在纳米制造领域的检测仪器和装备技术方面明显领先于我国。为此，我国需要强化战略规划和布局，凝练优势方向，强化纳米技术工业研发、转化与应用，发展实用化纳米材料与器件技术，实现重点突破，为国民经济和民生发展做出重要贡献。

这十年，国家863计划新材料技术领域分别设立"十五"纳米材料技术专项和"十一五"纳米材料与器件专题，对纳米材料与器件技术在以下三大方向进行了布局。

一、 面向前沿纳米材料与器件技术，培育新的经济增长点

围绕培育经济新增长点和发展战略新兴产业，重点支持纳米信息材料、纳米生物医用材料与重大疾病检测和治疗技术、新能源纳米材料和环境友好型纳米材料等领域应用的纳米材料前沿技术，研发一批纳米新材料与器件，获得创新及原创性发明专利技术，突破关键技术，实现应用示范。

二、 面向制造产业纳米材料与器件技术，促进传统产业优化提升

面向轻工、化工、冶金、纺织、建材等传统制造产业，重点支持过程高效节能和清洁生产用纳米材料与实用技术，支持若干产业重大技术研发，以期提升传统产业技术和产品品质，降低成本并实现节能减排。

三、面向纳米材料产业培育，发展纳米材料与器件规模化制备、表征与评价技术

开发纳米材料与器件规模化工业制备技术与装备，研究纳米尺度检测、表征、标准规范与安全性评价等共性技术，引导形成具有我国自主知识产权和特色的纳米材料高新技术，推动纳米技术的产业化，逐步形成我国纳米材料新产业。

这十年，纳米材料与器件技术总体目标是：建立和发展我国纳米材料技术新领域的高水平专业科技研究队伍，组建3～5个国家级纳米材料研究

开发基地；围绕国际纳米材料技术前沿和国家需求，培育和发展我国纳米材料高技术和产业，抢占战略制高点，在纳米材料技术领域取得具有自主知识产权的原创性成果和技术储备，为我国新材料领域未来的发展奠定良好的基础。

这十年，围绕解决我国国民经济发展与民生健康重大问题，瞄准国内外纳米材料与器件技术的发展热点，集中优势力量进行研究攻关，在纳米光电子材料与器件、纳米催化材料、纳米生物医用材料、纳米能源材料和纳米环境材料等方面形成了世界最大规模的高水平研发队伍，取得了一批国际上有影响的创新成果，纳米材料产业初具规模并产生了重要影响。

第三节　技术路线选择

这十年，瞄准国际纳米材料与器件技术发展的前沿、热点和最有可能实现技术突破及产业应用的领域，从面向国际高技术竞争的制高点、国家战略技术储备需求和解决国民经济发展重大技术瓶颈着手，围绕战略布局三大方向，重点选择支持了一批探索研究、目标导向研究课题和支撑（攻关）计划项目，包括纳米电子材料与器件、纳米光电材料与器件、纳米生物医用材料与重大疾病检测技术、新能源纳米材料、纳米催化材料与纳米环境材料、纳米功能材料、纳米制造与系统集成、纳米检测表征技术、纳米安全性评价与标准等。以突破纳米材料和器件制备与应用关键技术为目标，支持建设一批具有研发创新能力的高技术团队和产业化转化基地，实现纳米材料与器件技术日益广泛应用并带动纳米材料产业发展，逐步开创我国纳米材料产业技术发展新局面。

在面向前沿纳米材料与器件技术方面，重点选择了高性能实用型纳米晶材料，纳米敏感材料与检测器件，新型纳米电子和光电子器件用材料及其组装技术，高密度与超高密度信息存储与处理技术；重大疾病早期诊断与筛查用纳米材料技术，仿生组织修复和药物靶向治疗及药物缓释的纳米材料技术；节能、储能与新型能源的纳米材料与技术；用于绿色制造和环保产业的纳米材料与技术等，展开了研究。

在面向制造产业促进传统产业优化提升用的纳米材料与器件技术方面，重点选择了纳米材料绿色印刷制版技术，建筑玻璃节能用纳米膜材料，纳米催化材料，纳米润滑材料，油水分离纳米界面材料与分离设备，高分子纳米复合纺织材料，轻质、高强、高耐磨、耐蚀纳米材料等，展开了研究。

在纳米材料与器件规模化制备、表征与评价技术方面，重点选择了纳米颗粒（粉体）材料大规模低成本制备技术与装备，纳米电子陶瓷材料及其器件制备技术，纳米碳管/纳米碳纤维的规模化制备和分散技术，纳米尺度检测和表征技术，纳米材料安全性评价技术等，展开了研究。

这十年，我国纳米材料与器件技术，通过从研发到产业创建到产品商业化应用的创新链技术路线的实施，取得了纳米材料绿色印刷制版技术等一批原创性成果，突破了荧光聚合物纳米痕量爆炸物探测器等一大批核心关键技术，初步建立了国家纳米检测与标准化体系，一批科技成果已成功实现了产业化和商品化，重要纳米材料与器件新产品在国民经济重点领域、神舟飞船和奥运工程等国家重大工程以及医疗健康领域得到了实际应用，为培育战略性新兴产业、提升传统产业和科技惠及民生提供了重要的技术支撑。

例如，印刷行业是对我国国民经济有重要影响的传统行业之一，2010年行业产值超过6300亿人民币。20世纪80年代，汉字激光照排的开发和产业化让中国印刷业"告别铅与火，迎来光与电"。激光照排制版技术的原理是基于感光成像，存在因感光冲洗工序带来的严重污染和资源浪费。选择基于纳米材料的直接打印制版技术，摒弃了感光成像的技术思路，利用纳米材料亲（疏）水、亲（疏）油的特性成像，完全避免了化学冲洗过程，如同数码照相代替胶卷照相一样，具有"无污染、低成本、资源节约、简便快捷"的显著优势，有望从根本上解决印刷制版行业的环境污染问题。

爆炸物探测是维护社会和工业安全的重要工作，多年来人们一直希望用人造"狗鼻子"代替警犬。我国选择纳米技术路线，基于性能优良的聚合物荧光传感材料，创新性利用TiO_2纳米球、ZnO纳米棒对聚合物荧光进行调制，实现了敏感元件中聚合物的受激辐射，将传感器的灵敏度提高近30倍；拟研制的荧光传感痕量炸药探测仪的检测下限达到0.1ppt，比警犬的嗅觉还灵敏1个数量级，人造"狗鼻子"研制成功，它可以像警犬一样，嗅出多种隐藏爆炸物挥发的气味，有助于及时发现和解除安全隐患。

纳米颗粒材料大规模低成本工业制备技术是纳米技术发展的关键基础之一。传统的制备方法普遍难以实现规模化和低成本化，我国提出了超重力法等具有自主知识产权的制备技术新路线，利用超重力环境下分子混合速度比常规条件下快百倍的特征规律，进行结晶过程调控，在超重力反应结晶、反溶剂结晶和成核相转移等系列新技术及其装备技术开展研究，以实现无机、有机药物和纳米金属氧化物分散体等三大类纳米颗粒材料的规模化制备；在国际上无先例可循的情况下，拟攻克超重力装备放大等工程化关键技术，实现大规模、低成本产业化。

随着生产生活中含油污水的大量排放和海上原油泄漏事故的频频发生，对于油水分离材料的探索与研究已经成为关系人民生活、经济发展与环境安全的重要课题。在油水分离材料开发方面，传统的方法包括重力法、离心法、超声法、气浮法、凝固法等，这些方法存在的普遍问题是分离效果和效率较低，沉淀后的杂质对材料的腐蚀和清洗也都有非常大的影响，会产生二次污染。利用材料的浸润性质，通过对油和水的不同界面作用来实现油水分离成为该领域的研究热点之一，受到越来越多的关注。利用纳米材料的特殊浸润性，制备具有超疏水及超亲油性的油水分离界面网膜材料，用于非乳化柴油和水的分离，为开发新型油水分离材料开辟了新的方向。通过改进纳米材料对不同油品分离的适应性，解决特殊浸润性油水分离材料的化学组成与结构设计对油水分离效果以及材料抗油污染的影响问题，完善特殊浸润性复合材料最优化的组分选择、结构设计及复合技术，使开发的纳米网膜材料既具有油水分离的功能，同时又能满足大流量的需求。

第四节　主要成果

在国家科技计划的重点资助和积极引导下，十年来我国纳米材料与器件技术研究，取得了令人瞩目的长足进展和一批重要科技成果，获得国家自然科学奖25项，国家技术发明奖7项和国家科学技术进步奖5项。在面向国际重大前沿技术方面，获得了一批重要科学发现和重大技术突破，使我国纳米科技SCI论文总数和专利数均位居世界前列，在前瞻性战略技术竞争中处于相对优势地位；在面向工业重大需求方面，产生了一批可实用化的纳米材料与器件创新技术与集成创新技术以及原型器件，满足了钢铁冶金、化工纺织、轻工建材等相关传统产业的提质升级和战略新兴产业的培育与发展的需求；在科技惠及民生方面，研发了一批重大疾病快速诊断检测技术和公共安全检测技术及其产品，产生了积极的社会影响。

这十年，在纳米材料与器件方向取得的主要成果如下：

一、面向前沿培育新的经济增长点方面的纳米材料与器件技术

围绕面向战略前沿纳米材料与器件技术，通过关键技术的研究，实现了产业化核心技术的突破，在非晶和纳米晶材料、荧光聚合物纳米膜痕量爆炸物探测器、重大疾病早期诊断和筛查技术、纳米光电子材料、高密度半导体存储和环境友好型纳米复合材料等方面取得了重要成果。

（一）非晶、纳米晶材料与制品技术

非晶合金又称为金属玻璃，是一种无晶体结构的合金，原子排列长程无序。非晶合金是一种集过程节能和应用节能于一身的高科技"双绿色"节能材料，作为铁芯材料制造的变压器比传统硅钢变压器空载节能60%～80%。纳米晶合金材料与带材是在非晶带材的基础上研发而来，通过加入某些元素在快速凝固后通过退火在非晶基体上形成部分纳米级（晶粒尺寸＜100nm）细小颗粒的纳米晶合金组织。这种材料在高频应用领域性能优势明显，主要用于电子领域，包括：逆变电源变压器用环形铁芯、小型电流互感器用环形铁芯、A型漏电铁芯、AC型漏电铁芯、电力互感器铁芯、共模铁芯制作。这十年，我国围绕非晶、纳米晶材料与制品技术，进行了产业化工艺技术的攻关，实现了核心关键技术突破，形成了万吨级非晶带材的生产能力，打破了发达国家在该材料领域技术和市场垄断，使我国成为继日本日立金属公司之后第二家具有万吨级非晶带材生产能力的国家，为我国非晶合金配电变压器和电力系统节能技术的总体发展提供了可靠的原材料保障。此外，第二代纳米晶合金超薄带生产线的顺利投产，使我国纳米晶产业的整体产能位居世界第一，整体技术水平位列国际前三位。

我国非晶、纳米晶带材的生产技术取得了8个方面突破：一是优质低成本非晶专用铁原料技术；二是高温高速高精度极端条件下的辊嘴间距精密测控技术；三是高速旋转冷却辊附面层控制技术；四是非晶宽带平整板形的技术，建立了非晶宽带快速凝固过程的传热和热应力模型，并由此开发出控制非晶宽带冷却速率不均匀性的特殊技术，完全消除了非晶宽带的横向翘曲；五是非晶宽带生产工艺技术，已开发出世界上最宽的非晶带

材，宽度达到了284mm，超过了日立金属非晶带材的最宽宽度水平；六是纳米晶超薄带生产工艺技术，开发了新一代22微米级纳米晶超薄带材；七是工艺装备技术，开发出了母合金非真空冶炼工艺装备、大容量专用中间包、快速更换喷嘴包等一系列具有极高技术含量的高新技术，母合金冶炼与制带之间实现了柔性衔接，形成了连续化大生产的模式；八是成套生产线技术，形成了百吨级、千吨级以及万吨级非晶带材生产线建设，其中非晶带材的年产能达到4万吨，纳米晶超薄带的年产能达到1000吨。"千吨级非晶带材及铁芯生产线"和"纳米晶软磁合金及制品应用开发"先后获得了国家科技进步二等奖。

（二）荧光聚合物纳米膜痕量爆炸物探测器

创新地利用TiO_2纳米球、ZnO纳米棒对聚合物荧光进行调制，发明了荧光聚合物纳米膜传感技术，研制出荧光聚合物纳米膜痕量爆炸物探测器，爆炸物探测器检测下限达到0.1ppt，分析时间为6.5s，误报率小于1%，聚合物纳米膜可检测TNT〔2，4，6-三硝基甲苯〕、RDX〔1，3，5-三硝基-1，3，5-氮杂环己烷〕、HMX〔1，3，5，7-四硝基-1，3，5，7-氮杂环辛烷〕、PENT（季戊四醇四硝酸酯）、硝铵和黑火药6种常见重要炸药。通过了公安部安全与警用电子产品质量检测中心测试，获得市场准入并实现销售。产品已在北京奥运会天津赛区和上海赛区、上海地铁世博线路主要站点、西藏自治区政府机关大楼和民航、铁路、金融系统等重大活动和重要部门获得应用。

（三）艾滋病、乙肝等重大疾病诊断用新型纳米快速检测技术

采用自主创新的无有机膦 "绿色"合成法、"逐层生长"技术及可控制备新方法，突破了系列荧光量子点纳米材料制备、包覆、表面基团修饰与生物分子定向偶联及批量生产等核心关键技术，研制形成的自主创新的荧光量子点标记艾滋病快速检测试纸其最低检出量可达0.1NCU，准确率达99%，检测时间10分钟，达到大型仪器检测水平，可以实现对艾滋病病毒的更早期检测，适用于需要准确、快速检验的各种场所，具有广阔应用前景。量子点应用于生物医药检测将带来全球范围生物医药检测技术的升级换代变革，对于促进我国生物医药新兴检测产业、调整传统产业结构、培育新经济增长点具有重大战略意义和巨大社会经济效益。

纳米免疫层析检测材料与器件技术。利用纳米技术，研制成功了基

于纳米晶生物探针的免疫层析检测技术，在保证免疫层析检测准确性的同时，灵敏度比酶联免疫检测法提高1000倍，检测时间为10分钟，并实现检测的定量化。目前，已经建成年产800万条免疫试纸的包装生产线，该技术满足了关系我国国计民生的重大传染性疾病如乙肝迫切需求的免疫检测产品，将对我国乙肝的检测、预防等方面产生了推动作用。开发的血糖检测仪使用方便，成本低，可以同时对糖尿病患者和训练中运动员的血糖、乳酸水平进行检测。

（四）血液筛查用纳米材料与仪器

研发出具有完全自主知识产权的纳米超顺磁性微球，在完全国产化的核酸提取与分析平台上，同时实现了对乙肝、丙肝、艾滋病病毒高灵敏的检测，最高检测灵敏度分别达到或小于40拷贝/ml（目前FDA的标准为100拷贝），批间误差约小于10%。已开发出单分散系列超顺磁性氧化硅纳米微球、单分散超顺磁性氧化硅纳米羧基微球、超顺磁性聚合物纳米羧基微球三个系列产品；研发的全自动艾滋病毒核酸血筛试剂已获得国家食品药品监督管理局新药证书（国药证字S20100005）；自动化高通量核酸血筛体系相应仪器已获得医疗器械注册证(沪食药监械（准）字2009第1401248号)，研制产品已经在昆明市血液中心、成都市血液中心、江苏血液中心、上海血液中心等18家采供血机构获得应用，截至2012年3月，共完成了602 644例供血（浆）者样本的筛查，有力地保障了我国临床用血及血液制品的安全和国人健康。

（五）ZnO单晶膜上GaN基纳米光电子材料生长及LED器件

发明了一种厚度1nm的特殊过渡层和特定的硅表面加工技术，克服了外延层和衬底之间巨大的晶格失配和热失配，在第一代半导体硅材料上，成功地制备了高质量的具有纳米量子阱结构的第三代半导体GaN材料。突破了焊接转移技术，用此新材料，研制成功成本低廉和可靠性高的光输出功率1～9mW的垂直结构的 GaN紫光、蓝光LED。研制出一台自动控制的用于制备ZnO单晶膜的金属有机化学气相沉积（MOCVD）系统。研究成果打破了目前日本日亚公司垄断蓝宝石衬底和科税（CREE）公司垄断碳化硅衬底半导体照明技术的局面，形成了蓝宝石、碳化硅、硅衬底半导体照明技术方案三足鼎立的局面。

（六）新型高密度半导体存储材料与技术

半导体存储器是半导体产业的重要组成部分，采用高密度半导体非挥发存储技术，面向国际上主流发展趋势中有代表性的三类存储技术，即RRAM（电阻存储器）、PCRAM（相变存储器）、Nano FG（纳米晶浮栅存储器），针对传统主流FLASH技术遇到的技术难点，进行自主知识创新和集成创新研发。解决了RRAM/PCRAM/纳米晶三种新型存储器材料在集成和应用中的技术难点，结合半导体企业生产线分别研制了RRAM/PCRAM/纳米晶的存储单元器件原型，验证了材料关键技术在实际中应用的可行性，获取和验证三种存储器实用化的系列解决方案，获得专利近130项，有效提升了我国在存储器领域的核心竞争力，促进了我国半导体产业的发展。

（七）高性能环境友好型水性纳米结构漆与水性木器纳米涂料

水性纳米结构漆技术。利用先进的分子自组装技术和特殊的分子修饰方法，围绕着提高纳米漆机械强度、改善装饰效果和增强防腐功能等核心问题，开发出一系列新型软硬多嵌段、多组分、功能型分子自组装纳米聚合物乳液作为高档工业漆的主要成膜物质，提高了漆膜材料的机械、防腐、黏着和装饰性能，解决了普通工业漆存在的各种问题，主要性能指标优于国家标准，达到国际先进水平。建成了年产1000吨的水分散环境友好型纳米结构工业漆生产线2条、年产1000吨的水分散环境友好型纳米结构汽车漆生产线1条和年产1万吨水分散环境友好型纳米结构建筑漆生产线1条。产品具有高性能、功能化、环保型、低成本的特点，在包括一汽集团在内的多家企业得到了应用。入选2010年"十一五"国家重大科技成就展。

水性木器纳米涂料技术。发明了含有三层核壳结构的纳米化聚丙烯酸酯水性乳液合成技术和高性能水性木器涂料面漆制备技术，实现了水性木器涂料的高性能化；发明了由水性木器涂料面漆、水性木器涂料底漆、水性封闭漆和水性着色体系组成的完善的水性木器涂装技术及其配套系统，实现了从涂料生产到使用过程的全程绿色化。建成了年产5000吨水性木器涂料专用丙烯酸酯乳液生产线和十多条千吨级的水性涂料生产线。2006年，作为唯一符合要求的产品而被应用于国家大剧院的木器音板涂饰。2008年又被用于奥运工程的媒体村与运动员村的全部室内装饰中。产品已在上百家大型家具厂、几百个大中型宾馆和许多家庭装修中得到广泛应用，生产的家具远销欧美日韩等地，有效促进了我国环境友好型高分子材料新产业的发展。

二、面向制造产业，提升传统产业优化升级的纳米材料与器件技术

面向钢铁冶金、化工纺织、轻工建材等相关传统产业的提质升级的需要，重点在纳米材料绿色印刷制版技术、纳米薄膜润滑技术、纳米复合纺织材料、油水分离纳米界面材料和建筑玻璃节能用纳米复合高分子贴膜材料技术等领域进行攻关研究，取得了一批突出成果，产生了显著的节能降耗减排效果。

（一）纳米材料绿色印刷制版技术

在国际上率先研究并利用双亲双疏的纳米界面材料的特殊浸润性原理，提出了原创性的纳米材料绿色印刷制版技术。突破了纳米粒子和稳定分散、超亲水版材纳微米结构构造、浸润性精确调控、高速高精度打印等系列关键技术，建成了包括30万升级纳米复合转印材料、百万平方米级超亲水版材、墨盒生产及印刷的系统示范线，形成了从材料到设备到软件的具有自主知识产权的系统成套技术，在报业、书刊等印刷企业示范应用20余家。申请和授权发明专利40项，其中国际PCT专利9项。技术入选2010年上海世博会和"十一五"国家重大科技成就展，受到温家宝总理等国家领导人的高度关注，为我国轻工印刷行业的技术进步和产业升级提供了新一代绿色制版技术，有力推动我国印刷行业的数字化和绿色化进程。获得国家自然科学二等奖和印刷行业十佳创新设备奖、全国印刷行业百佳科技创新成果奖等。

（二）纳米薄膜润滑技术

纳米薄膜润滑技术在微系统中的润滑节能与防护具有重要作用。开发出了一种有机纳米薄膜，已经应用于我国航天某型号工程高速动压轴承的润滑，满足了30 000次启动–停止润滑的要求。设计制备的硫化钼–金–铼/金（MoS_2–Au–RE /Au）复合纳米薄膜应用于卫星及神舟飞船一轴承部件的润滑，为国家安全和空间计划提供了先进润滑技术的支持。与中石油联合开发的高级润滑油实现了产业化，有效降低了机械传动的能耗。

（三）高聚物基纳米特种功能纤维及制品

利用纳米技术提升传统纺织化纤产业，将功能性无机和有机纳米颗粒材料与有机高分子复合制备纳米复合功能纤维，攻克了成纤用无机功能相设计、树脂复合与成纤过程无机相的均匀稳定分散等难题。发明了一系列关键制备工艺，解决了纳米分散技术难题。通过表面"锚固接枝"和物理复合获得了紫外线屏蔽率达98.4%、远红外辐射率达87%、抗菌率达93%的聚酰胺（尼龙6）复合功能纤维；通过有机/无机原位复合，成功开发了纤度 < 1.2dtex，24小时抗菌率达99.3%，水洗50次24小时抗菌率仍达97.9%的复合抗菌细旦聚丙烯（PP）纤维。在聚酯合成过程中原位生成纳米钛系化合物，制备了紫外线屏蔽率达99.7%、抗晒指数大于50、体电阻率降至 $3 \times 10^8 \Omega \cdot cm$ 的纳米复合聚酯纤维。建成了一条3000吨/年功能性纳米复合树脂的加工生产线，建成了年产10 000吨/年功能性纳米特种纤维加工能力的研发生产基地，导湿功能PP纤维及其制品、抗菌功能聚丙烯和聚酯纤维等已在实现产业化，取得了显著的经济社会效益，带动了以功能纤维为核心的产业链中上下游相关企业的发展。2006年获得国家科技进步二等奖。

（四）油水分离纳米界面材料与分离器

利用纳米材料的特殊浸润性，提出并发明了具有超疏水及超亲油性的油水分离界面网膜材料技术，用于非乳化柴油和水的分离。通过调控特殊浸润性油水分离材料的化学组成与结构，解决了水和油两种液体在纳米材料表面的不同浸润性质，即超疏水和超亲油对油水分离效果以及材料抗油污染的影响问题，突破了特殊浸润性复合材料最优化的组分选择、结构设计及复合技术，使开发的纳米网膜材料既具有油水分离的功能，同时又能满足大流量的需求。该项成果已经实现了工业化的应用，包括用于600TEU多用途集装箱船及山东"荣大洋"号渔船、海上石油钻井平台柴油发动机和中船重工河柴柴油机602型柴油机的配套应用等。"具有特殊浸润性的二元协同纳米界面材料的构筑"获得2005年国家自然科学奖二等奖。

（五）建筑玻璃节能用高透明纳米复合高分子贴膜材料技术

采用无机光功能纳米颗粒与有机树脂复合技术，突破了高透明纳米颗粒液相分散体制备、高透明纳米复合涂层材料和纳米涂层制膜工艺等三大核心技术，攻克了工程化关键技术，建成了100吨/年纳米颗粒液相分散体生产线和500万平方米/年的纳米复合高分子贴膜制品示范生产线，生产出了具有高透明性（可见光透过率大于80%）、紫外线和红外线阻隔率分别大于99%和90%的玻璃用纳米复合节能膜材料及节能玻璃产品，产品性能优于美国进口同类产品。保持了玻璃的高透明和高采光性又能阻隔热量传递，冬暖夏凉，可降低建筑能耗10%以上。与现有的磁控溅射或是气相沉积膜材料制备技术相比，具有生产成本低、生产规模大、产品性价比高等优势，适用于我国现有430亿平方米建筑的节能改造，以及新建建筑、交通工具等领域的节能，可有力提升我国建筑节能产品的升级改造。

三、纳米材料与器件规模化制备、表征与评价技术

围绕纳米材料与器件规模化制备以及纳米表征与安全性评价技术，在纳米颗粒材料大规模低成本制备技术及装备、纳米金刚石复合涂层的产业化和应用、纳米电子陶瓷材料及其器件工业性制备、扫描探针显微集成系统等方面取得了重点突破，使我国纳米材料产业初具规模。

（一）超重力法制备纳米颗粒材料及其应用技术

基于分子混合结晶理论研究，发现了超重力环境百倍级强化分子混合速率的科学规律，国际上率先提出并发明了超重力法制备纳米颗粒材料技术，成功应用于无机粉体、有机药物和金属氧化物透明分散体等三大类百余种纳米颗粒材料的制备中。突破了超重力可控结晶和装备放大等工程化关键技术和成套技术，建立了年产万吨级纳米粉体材料生产线。在新加坡、巴西和中国等国内外10余家公司中实现了技术转让、大规模工业生产及应用，生产出了平均粒度15～30nm碳酸钙等产品，产品远销欧美、东南亚等国，具有分布均匀、形貌可控、生产成本低、质量稳定等优势。技术被美国著名专家Dudukovic教授和Dupont公司Miller博士等在其公开发表的综述论文中评价为"国际首创（First）"，技术出口新加坡和巴西，被认为当时我国863技术出口国外的典范案例，产生了良好的国际影响性。获得2002年度国家技术发明奖二等奖。

在纳米粉体实现工业化规模生产后，在实际应用中发现纳米颗粒分散难，制约了其大规模工业应用和商品化进程，成为纳米粉体应用的瓶颈问题。为此，进一步提出了纳米颗粒/无机/有机多层"核壳结构"低表面能化的设计思想和方法，发明了纳米母料共混法制备纳米复合材料的新工艺，成功解决了纳米粒子在聚合物基体中纳米级分散的难题，创制出了塑料、橡胶、涂层纸三大类纳米钙系无机/有机纳米复合材料及其制品工业化

技术，如PVC纳米复合材料冲击强度较原材料提高了4.5倍；设计发明了关键生产装置，解决了纳米粉体输送难和加工难的工程问题，建成了多条千吨至万吨/年纳米母料和制品工业示范线，在国内外进行了技术推广，成功应用于塑料、橡胶、纸、胶黏剂、密封胶、涂料等纳米复合材料产品的生产中，如德国阿迪达斯（Adidas）公司鞋等，显著提高了原制品的产品质量，解决了纳米粉体的工业应用问题，有力促进了轻工行业产品的升级。获得2007年度国家科技进步奖二等奖。

（二）纳米金刚石复合涂层的应用与产业化

采用化学气相沉积法（CVD），在硬质合金拉拔模具内孔和其他耐磨器件表面涂覆纳米金刚石复合涂层，解决了涂层附着力、均匀涂覆和涂层表面光洁度等关键技术问题，获得了纳米金刚石复合涂层拉拔模具，属国际首创。产品技术性能达到了国际先进水平。纳米金刚石复合涂层拉拔模具不仅大幅度延长了传统模具的使用寿命（比硬质合金模具提高10倍以上），显著提高线缆产品质量和档次，有效节约铜等原材料，减少国家战略资源钨的消耗，提高相关行业的生产效率；而且可以使模具行业本身逐步实现从劳动密集、资源浪费型向高新技术、资源节约型转变，提高我国拉拔模具和耐磨器件产品水平以及在国际市场上的竞争力，是采用纳米技术改造传统产业的一个成功范例。开发的纳米金刚石复合涂层拉拔模具产品实现产业化，已在70多家生产企业应用，为应用企业带来了显著的经济效益。

（三）纳米电子陶瓷材料及其器件工业性制备新技术

采用可控反应沉淀法合成出粒度分布可控的高纯微波介质陶瓷粉体，解决了常规反应沉淀法难以工业化的技术难题；采用溶胶–凝胶法引入添加剂改性微波介质陶瓷粉体表面特征，突破微量添加剂不易均匀分布于基体的技术难题，开发出系列高品质低温烧结微波介质陶瓷（烧结温度 ≤ 900℃，品质因子Qf ≥ 10 000 GHz，$\tau f \sim 0$ ppm/℃）；突破了片式多层器件设计及制造工艺技术，开发出中心频率1907–5800MHz系列片式多层微波器件。并建立了年产1亿只产能规模的片式多层微波器件生产线。

（四）高分辨扫描探针热学–声学显微系统

提出并实现了将低频声学技术、宏观三倍频热物性检测技术和原子力显微镜成像技术相结合的纳米热学–声学成像设计思想，突破了纳米热学–声学信号激励、弱信号采集和处理、高灵敏力–电转换材料和宽带收发两用型传感器结构设计及系统工作参数最佳匹配等关键技术难点，建立了低频高分辨率纳米声学显微成像技术、三倍频非线性热学检测技术，研制成功了纳米热学–声学显微系统。此装备已被北京大学、清华大学等国内多家高校和科研院所应用，并成功出口至德国、日本等科技强国，成为我国为数不多的、向发达国家出口先进纳米技术的成功范例，提升了我国纳米技术研发声誉。该项成果被遴选为"十一五"国家重大科技成就展成果。2005年获得国家技术发明二等奖。

综上所述，这十年，我国纳米材料与器件技术研发成效显著，纳米材料与器件高技术成果转化、产业培育和发展与国际先进水平基本同步。可以相信，随着国家"十二五"纳米科技战略的全面实施，我国纳米材料与器件技术的发展将迎来第二个新的快速发展时期，我国纳米材料与器件产业将获得又好又快的发展，为国家经济建设和社会发展做出更大的贡献。

第六章　行业发展

第一节　钢铁行业

一、背景

这十年，是钢铁工业为国民经济发展做出重大贡献的十年，是我国钢铁工业推进结构调整、促进行业发展最快的十年，是钢铁工业实现由大到强转变奠定坚实基础的十年，也是科技支撑产业发展成效显著的十年。

这十年，钢铁工业满足了我国国民经济发展的需要，粗钢产量连续跨越 5 个台阶："十五"时期，2003年粗钢产量突破2亿吨台阶，2005年跨越3亿吨台阶；"十一五"时期，在强劲市场需求的拉动下，2006年粗钢产量跨越4亿吨台阶；2008年跨越5亿吨台阶；2010年又跨越6亿吨台阶。这十年，钢铁工业有力地支撑了国民经济持续健康发展，为保增长做出了巨大的贡献。

这十年，钢铁工业装备大型化、现代化取得重大进展。1000m^3以上大型高炉由2002年的50座，增加到2010年底的260座，已占全国炼铁总产能的52%。其中宝钢4966m^3、首钢京唐5500 m^3和沙钢5800 m^3高炉进入世界特大型高炉之列。100公称吨位以上转炉由2002年的32座，增加到2010年底的228座，50吨级以上电炉由2002年的36座，增加到2010年底的77座，占全国炼钢总产能的比重上升到51%。

这十年，我国钢铁行业稳步发展，产品市场占有率不断提高，竞争力明显增强。在目前统计的22大类钢材品种中，2005年有9类钢材品种国内市场占有率达到95%，2010年则有18类钢材达到这一比例。其中冷轧薄板、镀锌板、硅钢等高附加值产品种的市场占有率分别由2005年的80.3%、64.8%和66.5%提高到2010年的97.2%、87.3%和85.1%。

这十年，钢铁工业紧随下游行业快速发展和优化升级的步伐，通过产品结构调整和新产品开发，满足了奥运工程、西气东输二线、三峡水电站、高铁及核电站建设，以及上海世博会、广州亚运会等重点领域和重大工程的要求，高质量汽车板、家电面板广泛用于汽车和各类家电产品，用于大飞机项目的模锻压机制造所需特厚板填补了国内空白。

这十年，我国钢铁工业自主创新能力提升，创新体系逐步完善。十年来，钢铁工业在工艺技术与装备、新产品开发等方面涌现出一批具有自主知识产权的高水平成果。通过超级钢基础研究成果产业化，以及新一代可循环钢铁流程工艺技术、高品质特殊钢产品的研发，提升了行业的研发生产水平，培养了人才，壮大了科研队伍。

这十年，钢铁行业突破了一批关键核心技术。大力推广的高效低成本冶炼、新一代控轧控冷、性能预测与控制及一贯制生产管理等关键工艺技术，促进了钢铁工业资源能源的利用效率，降低了生产成本。真空精炼、大方坯连铸、宽带钢冷连轧机组以及取向硅钢工程自主集成建设等装备技术的国产化，标志着我国钢铁工业已具备主要工序核心装备与关键工艺的自主集成能力。鞍钢鲅鱼圈、首钢京唐工程标志着我国钢铁工业具备了自主设计、制造、建设世界一流水平的千万吨级钢厂的能力。

这十年，伴随着钢铁工业产量的快速增加，节能减排工作进步显著，"三干三利用"〔干法熄焦，高炉煤气干式除尘，转炉煤气干式除尘的

这十年

材料领域科技发展报告

"三干"技术；水的综合利用，以副产煤气（焦炉、高炉、转炉）为代表的二次能源利用，以高炉渣、转炉渣为代表的固体废弃物综合利用的"三利用"措施〕、综合治理与梯级利用、工艺优化、能源中心等技术的研究开发与应用推广助推了钢铁工业吨钢综合能耗指标大幅度下降。从2002—2011年，吨钢综合能耗由803千克标准煤/吨降至601.72千克标准煤/吨。2005年以前我国建成投产的干熄焦装置仅有20套，2010年投产运行的干熄焦装置已达104套，生产能力占我国炼焦总产能的22.5%；在已实施余压发电TRT节能改造的655座高炉中，2005年以前仅有49座高炉配套了干式除尘高炉煤气余压透平发电装置（TRT），到2010年底则达到了550座。

经过努力，钢铁行业主要节能减排指标已达到或高于《钢铁产业发展政策》的目标要求，与世界先进水平的差距大幅缩小，其中部分指标已达到世界先进水平；涌现出宝钢、武钢青山厂区、济钢等一批具有国际先进水平的行业清洁生产环境友好型企业，以及唐钢、太钢等一批绿色环保的示范型钢铁企业。

这十年，钢铁行业稳步发展，钢铁产量快速增长，产品结构调整成效明显。2002—2011年，钢铁工业实现了粗钢产量由18224万吨增长至68327万吨，增长了274.9%。 2002年我国人均钢产量达到了141kg/人，首次超过138kg/人的世界平均水平，2005年我国坯材合计首次由净进口国转变为净出口国，全年出口坯材合计4300.7万吨，进口坯材合计2582万吨。

这十年，钢铁工业有力地支撑了国民经济持续健康发展。但这十年也是新问题和新矛盾不断出现的十年，就材料领域而言，主要表现在：

（一）关键材料自给仍有差距，实物质量不高

"十五"初期，我国每年进口钢材平均在1500万吨左右，其中由于生产能力不足或产品质量达不到用户要求必须进口的约700万吨，主要品种有热轧薄板、冷轧薄板、不锈钢板带材、轿车用板、家电用板、镀锌板、镀锡板、冷轧硅钢片、优质高碳盘条、石油管、优质合金钢长材等。长期以来，我国引进的、趋同的钢铁生产装备特色不明显，原创技术少，中低档产品生产比例大，高端产品生产能力大而不强，部分高技术、高附加值产品仍需进口。高速重载铁路、核（火、水）电、西气东输等国家重大工程以及国民经济重要行业需要的钢铁材料，如高铁轮对用钢、百万千瓦超超临界火电机组用钢、新一代核电用钢、高牌号取向电工钢等关键钢铁材

料自给仍有不足，成为我国重大工程任务及国民经济建设的瓶颈。特别是新兴产业用高品质钢铁材料，国内生产还难以满足需求，需要进一步研究开发。

（二）关键工艺与装备核心技术自主创新不足

"十五"之前，我国钢铁产业关键技术和核心装备处于引进、消化和吸收阶段，国内基本不具备自主设计、制造和建设高水平生产线的能力。这十年，虽然钢铁行业技术开发、生产、制造能力有了很大的提高，但在一些关键领域还缺少原创性核心技术。部分国产化装备的制造质量、控制水平和精度等还存在差距，特别是国产的自动化系统硬件平台和系统软件平台水平还不高。

（三）资源与能源供给、环境承载能力难以支撑钢铁产业的扩张发展

钢铁工业是资源、能源消耗高和环境影响大的产业。我国铁矿石资源依赖进口，合金元素资源也依靠进口。与此同时，钢铁生产吨钢合金元素用量、吨钢能耗、吨钢新水消耗、废水排放量、吨钢工业粉尘排放量均高于先进国家。还需要进一步开发新的节能减排、综合利用的工艺和产品，实现国家节能减排战略目标。

二、技术路线选择

十年间，钢铁工业根据我国钢铁流程工艺技术和材料技术发展现状，坚持结构调整和自主创新能力提升，从需求入手，通过技术开发与技术创新、改造的结合，打造可循环的绿色科技钢铁产业，为国民经济和国防建设提供钢铁材料支撑。

（一）从国家重大工程和下游产业需求出发，实现重点钢铁材料的突破

以满足国家重大工程和下游产业需要为出发点，通过关键钢材产品的研发，开展相关基础理论研究、关键工艺技术开发并形成产业化示范，将成果辐射、应用于其他品种开发中，整体提高我国钢材品种的研发、生产水平，加速钢铁产业品种结构调整步伐。同时，深化应用技术研究和环境协调化钢铁材料制备技术研究。

（二）优化钢铁制造流程，实现关键工艺技术与装备国产化

在引进、消化、吸收的基础上，通过自主创新和系统集成，逐步实现各主要生产工序主体装备的国产化，形成自主知识产权。依托现代化钢铁厂的建设形成可循环钢铁流程工程示范，进一步实现各先进技术的集成与系统优化，构建集钢铁产品制造功能、能源转换功能、消纳废弃物功能于一身的现代化钢铁厂。

（三）开发节能减排工艺

从提高能源一次使用效率和二次能源回收率、节水、环境友好、资源循环利用入手，通过开发、推广以"三干三利用"为代表的节能减排技术，实现钢铁产品的绿色制造，促进企业与社会、环境协调发展相和谐。

三、总体布局

十年间，钢铁行业认真落实科技创新战略、提升传统产业战略、促进成果转化战略、培育经济新增长点战略、保障国家重点工程战略和"人才、专利、标准"战略。从提升工艺技术装备水平和产品品种质量等方面入手，取得了一批自主创新的重大成果，形成了自主知识产权体系，支撑了国民经济和国家重点工程建设需求；建立了一批技术平台和产业化基地，培养了一批杰出的创新人才，对提升钢铁产业技术水平和原始创新能力，促进产业结构的调整，提高产业技术竞争力产生了重要的作用；突破了一批重大关键技术，实现了成果产业化，培育了新的经济增长点，推动了我国钢铁产业的可持续发展。

（一）立足国家重大工程和下游产业需求，研究开发一批关键钢材产品，促进钢铁产业品种结构优化

依靠企业自主创新和国家科技支撑计划"高品质特殊钢技术开发"、"高效节约型建筑用钢产品开发及应用研究"等项目支持和带动，重点开发高压油气输送用管线钢、百米高速重轨、高级汽车板、高等级电工钢、工程机械用高品质中厚板、高品质船板、核电用钢、LNG用低温钢、高强度高性能建筑用钢板等品种，实现钢铁高端品种国产化，为国家重大工程建设和下游行业发展提供支撑。同时，加强建筑用钢等量大面广品种的升级换代研发，推动钢铁产业品种结构优化。

（二）加强关键工艺技术与装备国产化研究，实现工艺流程的系统优化，提升产业自主创新能力

通过"重大装备国产化"科研攻关实现了热连轧、冷连轧、薄板坯连铸连轧等生产线冶金装备国产化。自主研发、推广使用高效低成本冶炼技术、新一代控轧控冷技术、性能预测与控制及一贯制生产管理技术等关键工艺技术，促进钢铁工业资源与能源的节约、生产效率提高和成本降低；真空精炼装备技术、大方坯与大圆坯连铸装备技术、薄板坯连铸连轧装备技术、冷轧机组以及取向硅钢生产线自主集成等装备技术的国产化，使我国钢铁工业具备主要工序核心装备与关键工艺的自主集成能力；通过鞍钢鲅鱼圈、首钢京唐、宝钢梅钢宽带钢冷连轧机组等项目，实现自主集成、自主建造世界一流水平的千万吨级钢厂的能力；通过国家科技支撑计划"新一代可循环钢铁流程工艺技术"项目在曹妃甸首钢京唐厂形成产业化示范，向国内钢铁企业辐射和推广新一代钢铁流程工艺技术。

（三）开发、推广一批节能减排工艺技术

普及球团和球团烧结、高炉长寿、热风炉余热利用、焦炉煤气脱硫脱氰、高炉富氧喷煤、连铸坯热装热送、电炉综合节能以及冶金过程自动化控制等技术，重点推广以"三干三利用"为代表的重点领域节能减排措施，进一步促进节能减排。

"十二五"期间，我国钢铁材料技术发展将围绕《国家中长期科学和技术发展规划纲要（2006—2020年）》，紧密结合《钢铁产业调整和振兴规划》、《关于发挥科技支撑作用促进经济平稳较快发展的意见》的实施，根据我国钢铁行业流程工艺技术和材料技术的发展现状，自主创新、重点跨越、支撑发展、引领未来，打造可循环的绿色科技钢铁产业，为国民经济和国防建设提供钢铁材料支撑，推动我国钢铁产业振兴和结构调整，实现我国钢铁工业的可持续发展。

四、主要成果

（一）支持了国家重大工程建设和下游产业发展，品种结构优化取得成效

经过近十年发展，我国钢材自给率和占有率不断提高，自给率从2001年的88.9%提高到2010年的104.5%（由部分进口变为净出口）；占有率从

84.3%提高到2010年的97.0%。钢铁工业在解决经济发展对品种数量需要的同时，钢材品种结构不断优化，产品质量得到了明显改善，不仅彻底改变了我国扁平材品种数量供需矛盾突出的局面，而且基本满足了下游行业对材料质量性能不断提升的要求，有力地支持了国家重大工程、重点建设项目的需要，促进了钢铁品种结构优化。

钢铁工业紧随下游行业快速发展和优化升级的步伐，通过产品结构调整和新产品开发，满足了奥运工程、西气东输、三峡水电站、高铁及核电站建设，以及上海世博会、广州亚运会等重点领域和重大工程的要求。

——铁路。时速350km高速钢轨全部实现国产化。

——电力。实现了具有自主知识产权的高档取向硅钢批量生产并已替代进口用于50万伏以上等级的超高压大型变压器，标志着我国已掌握了高端取向硅钢技术，成为世界上少数能生产这一级别产品的国家之一；水电用钢方面，开发出水轮机组蜗壳用钢，突破了国外技术壁垒，填补了国内空白，为三峡右岸工程的顺利完成提供了保障；核电用钢方面，开发的核电蒸汽发生器用690U型管、核反应堆安全壳、核电常规岛主设备及其配套系列用钢，已在核电建设中得到应用。

——石油化工。实现了大型原油储罐用调质高强度钢国产化研发，保障了国家石油战略储备库重点工程建设；依托西气东输工程，我国管线钢研发生产水平取得重大突破，其中X80级管线钢已实现国产化，并成功试制生产出X120级管线钢；低温用钢研发取得重大突破，一些企业相继开发出LNG工程用低温钢板并已通过相关部门的认证，并用于建造大型低温储罐和低温压力容器。

——汽车。宝钢高强度钢板专用生产线建成投产，开发品种最高强度级别已达到1470MPa；鞍钢开发的低碳低硅无铝（低铝）钢板已应用于一汽马自达、奔腾系列，实现了轻量化；72A、82A帘线钢通过世界著名钢帘线生产厂家的质量认证。性能优越的汽车板满足了汽车工业超常增长的需要，2010年汽车产量比上年增加500多万辆，几乎都是依靠国产汽车板满足的。

——桥梁。武钢生产的第五代桥梁钢已经在芜湖长江大桥、京沪高铁南京大胜关铁路桥、杭州湾大桥等60余座大型及特大型铁路、公路及跨海钢结构桥梁上应用。

——冶金工程。首钢京唐5500m^{3}高炉以及宝钢、鞍钢、沙钢、太钢、马钢等20多家钢厂的大型高炉建设，全部采用了国产高炉炉壳钢板，累计用量达数十万吨。

——大型钢结构建筑工程。北京奥运会、上海世博会、广州亚运会等重大工程建设所需的各类钢材，基本实现了国产化，其中我国自主开发的Q460E-Z35高层建筑用特厚板（厚度110mm）成功应用于奥运场馆鸟巢的建设。

与此同时，在国家科技支撑计划"高品质特殊钢技术开发"、"高效节约型建筑用钢产品开发及应用研究"等项目支持和带动下，新产品开发工作取得了突出进展，特别是在重点领域所需关键钢材品种开发有了重大突破。

"高品质特殊钢技术开发"项目针对我国特殊钢相对普钢研发生产水平落后，尤其是高精尖品种不能国产化，关键技术受制于人的情况，重点突破了低镍铁素体不锈钢板带材、超超临界火电机组用关键锅炉管材、节能微合金非调质钢棒材、高品质模具钢锻材和粉末冶金高速钢复杂型材、液化天然气(LNG)工程用低温钢板、煤机用高强度中厚板、薄板坯连铸连轧(ASP)冷轧流程生产汽车薄板、超高强度高疲劳性能丝材制品等品种及生产工艺成套关键技术，在我国建立了高品质特殊钢管材、板带材、中板、棒材、锻材、复杂型材和钢丝制品等9个专业化示范生产基地，19条生产线，有效提升现有产品的工艺技术和生产装备，通过成果产业化和技术辐射，以点带面推动企业及行业综合竞争力迅速登上新台阶。

建筑用钢是占我国钢产量比例最高的品种，其升级换代对于我国钢铁产业品种结构调整意义重大，为此"高效节约型建筑用钢产品开发及应用研究"项目针对高强度多功能建筑用H型钢、低成本节约型热轧带肋钢筋、钢结构连接件用低成本高强度非调质冷镦钢等产品，开展了冶炼、轧制及应用技术研究，形成了具有自主知识产权的高效节约型建筑用钢低成本生产成套核心技术，建成了热轧钢筋、热轧H型钢、高速线材3条示范生产线；成功开发出三大系列13项高效节约型建筑用钢产品，并实现了工业化批量生产和应用。同时，促进了我国建筑用钢的升级换代。

（二）关键工艺技术与装备国产化迅速

十年来，在"十五"期间的"重大装备国产化"科研攻关带动下，我国中小型冶金装备可全部实现国产化，大型冶金装备国产化率可达到90%

以上，吨钢投资明显下降，满足和推动了钢铁工业快速发展的需要。

以一重和鞍钢联手研发的鞍钢西区500万吨精品钢材基地中2150mm热连轧机组为例。鞍钢2150mm热连轧机项目包括粗轧区、剪切区、精轧区、卷取运输区、检查线等上百台套设备，产品重量达1万多吨。在项目设计的全过程中，企业始终以国际最高水平为标杆，在消化吸收的基础上，对总体方案、重要设备进行了多项再创新。粗轧机前后均设立辊轧机，切头飞剪剪刀更换采用新结构、增加夹送辊传动轴的快拆装置等。鞍钢2150mm热连轧机第一卷钢卷的顺利下线，结束了我国不能自主设计和制造现代化大型热连轧机的历史，同时标志着我国在大型热连轧机组上具备了成套能力，实现了大型冶金成套设备具有自主知识产权的目标。掌握大型热连轧机组的设计制造技术，对参与国内国际竞争、赢得市场，具有重大的现实意义。据了解，当时由国外技术总成，合作制造一套2150mm热连轧机生产线，约需人民币60亿元，而独立自主设计制造该热连轧机生产线仅需人民币28亿元。

"十一五"期间，我国钢铁工业工艺技术装备水平不断提升。钢铁生产主体工艺技术装备具备了自主集成和创新的能力，主要先进技术已较多的推广应用到生产上，主要技术经济指标不断改善，生产效率明显提高。

我国大型高炉的技术经济指标达到甚至部分超过世界水平；转炉钢铁料消耗进一步降低，以终点控制为核心的转炉自动化控制水平不断提高；钢铁企业普遍重视二次精炼技术，满足了不同类型产品的批量生产要求，达到超低氧、超低碳和超低硫等高品质洁净钢生产水平；部分关键品种的生产工艺技术水平已在世界处于领先地位。

据统计，到2010年底，我国共有1000m³级以上高炉260多座，占全国炼铁总产能的比重约52%。宝钢4966m³高炉、首钢京唐5500m³高炉和沙钢5800m³高炉的投产更使得我国特大型高炉在世界上占有一席之地。总体来看，1000m³级以上高炉的利用系数、燃料比、高炉风温等技术指标与国外相当，部分指标处于领先水平。宝钢等重点企业一些先进高炉的燃料比已经达到480千克/吨左右；首钢京唐5500m³高炉热风炉实现国内最高的1300℃风温；一批先进高炉的煤气利用率也达到了50%以上，其中宝钢为51.6%～51.9%，首钢京唐为51.7%。高炉自动化操作水平普遍提升，高炉过程计算机的采用率已达到约80%，数学模型及专家系统等过程优化系统的采用率已达到29.7%。

"十一五"期间，我国建成投产了首钢京唐300吨、鞍钢鲅鱼圈260吨、邯郸西区300吨和马钢300吨等当代世界最先进的大型炼钢转炉。我国100吨以上转炉和50吨以上超高功率电炉基本达到国外同类装备的先进水平，已成为我国炼钢生产的主体设备，并基本实现了炼钢-精炼-连铸-热轧一对一最佳经济规模的工艺装备配置。鞍钢、首钢、马钢、邯钢等企业新建的大型化装备、工艺配备已实现了现代化、高效化、自动化炼钢生产模式。炼钢系统普遍采用了铁水预处理技术、新型的转炉顶底复吹技术、计算机和副枪自动化炼钢技术、完善的二次精炼技术及转炉烟气干法除尘技术，电炉超高功率高阻抗技术、电炉铁水热装技术，并研究应用了铁水直运技术、转炉双联冶炼技术、转炉蒸汽回收再利用技术等。

"十一五"期间，我国轧钢工艺技术装备实现了跨越式发展，建成投产了一批现代化轧钢生产线。到2010年底，我国已拥有热轧宽带钢轧机72套；中厚板轧机71套；冷连轧宽带钢轧机（含酸洗轧机联合机组）50余条；热轧无缝钢管生产装置126套。

（三）新一代可循环钢铁流程进入产业化阶段

国家科技支撑计划"新一代可循环钢铁流程工艺技术"项目，以循环经济为理念，旨在将钢铁厂从单一生产钢铁产品功能拓展到生产钢铁产品、能源转换和社会废弃物消纳的3个功能。经过近5年的攻关，项目已取得重要进展，相关成果已经在曹妃甸首钢京唐钢厂得到应用。一些关键技术，例如超大型高炉工序系统工艺技术、高炉炉顶余压发电配干法除尘技术、转炉煤气干法除尘及回收技术、焦炉高温高压干熄焦技术、烧结机烧结工序余热余能利用技术、一包到底式钢包快速周转技术、铸轧一体化节能技术和综合能源管理技术等多项可循环钢铁流程技术的研发均取得重要突破。在国内实现5500m³超大型高炉、300吨转炉分步炼钢、钢水快速精炼、高速连铸、全干法除尘、炉渣和粉尘再资源化、海水淡化等相关技术相结合的全新工艺路线，将在吨钢能耗、吨钢新水消耗、水循环利用率、吨钢粉尘排放、吨钢SO_2排放、吨钢CO_2排放和余热余能自发电比例等技术经济指标方面达到预定目标。

（四）节能减排成效显著

我国钢铁工业在节能、环境保护、污染治理及废弃物综合利用等方面的投资逐步加大，重点推广应用了以"三干三利用"为代表的重点节能技术，产生了较好的节能减排效果。尤其是在"十一五"期间，钢铁行业节能减排技术研发进制突飞猛进，实施成效明显。

干法熄焦：2005年以前我国建成投产的干熄焦装置仅有20套。至2010年底，我国投产运行的干熄焦装置已达104套，仅"十一五"期间就投产了84套，10 117万吨/年干熄焦能力，占我国炼焦总产能4.5亿吨的22.5%，重点统计钢铁企业焦化干熄焦率由31%提高到73%。除已投产的干熄焦，在建还有近50套，按干熄焦套数和干熄焦能力，居世界第一。

高炉煤气干式除尘TRT：据调研，在已实施余压发电TRT节能改造的655座高炉中，2005年以前仅约49座高炉配套了干式除尘TRT，仅"十一五"期间就有约550座配套建设了干式除尘TRT，目前全行业共有约597座高炉配套有干式除尘TRT，约占配套TRT高炉的90%左右，TRT数量及能力居世界第一。

转炉煤气干法除尘：据调研，2005年以前有8座转炉烟气采用干法除尘。"十一五"期间共新建41套，约有49台转炉干法除尘装备，对应的炼钢生产能力约4455万吨/年。按转炉烟气干法除尘节水约0.1吨/吨钢、节电3.7千瓦时/吨钢计算,目前投运的转炉烟气干法除尘每年节水约446万吨、节电约1.65亿千瓦时。

水循环综合利用：钢铁企业不断加大污水资源化利用力度，通过采取分质供水、串级供水、污水综合处理及回用技术，吨钢取新水逐年降低。与2005年相比，2009年吨钢取水减少新水用量4.1吨，按2009年钢产量5.68亿吨计算，年节约新水23.2亿吨。

以高炉渣、转炉渣为代表的固体废弃物的综合利用：钢铁工业生产过程中产生大量的高炉渣、转炉渣，过去曾长期堆放占用土地、污染环境、浪费资源。近年来，冶金渣利用率明显提高，与2005年相比，2009年重点统计钢铁企业高炉渣利用率由91.8%提高到97.4%，提高5.6个百分点；转炉钢渣利用率由90.4%提高到93.1%，提高2.7个百分点。

以副产煤气（焦炉、高炉、转炉）为代表的二次能源利用：钢铁企业二次能源回收利用率不断提高。与2005年相比，2009年钢铁重点统计企业焦炉煤气回收利用率由95.5%提高到98.2%，高炉煤气回收利用率由90.7%提高到95.0%；吨钢转炉煤气回收量由47.5m³提高到76.5m³。副产煤气放散率明显降低，与2005年相比，2009年焦炉煤气放散率由4.5%下降到1.8%；高炉煤气放散率由9.3%下降到5.0%。企业利用二次能源自发电比例由27.4%提高到32.9%，新建钢铁企业鞍钢鲅鱼圈达50%，首钢京唐达45%以上。

烧结烟气脱硫：我国烧结烟气脱硫起步较晚，但发展迅速。据调研，目前钢铁企业已有近百家、约180多台烧结机实施了烧结机头烟气脱硫，采用的脱硫工艺技术有石灰石–石膏湿法、双碱法、氧化镁法、氨–硫铵法、离子液法、钢渣法、循环流化床法、密相干塔法、旋转喷雾法、活性炭吸附法、高性能烧结废气净化法（MEROS法）、脱硫除尘一体化法（NID法）、气固循环半干法(GSCA法)、半干法除氟脱硫法(ENS法)等十多种，产生了一定的脱硫效果。

钢铁生产主要工序能耗稳步下降:与2005年相比，2009年重点统计钢铁企业焦化工序能耗由139.64千克标煤/吨焦降至121.48千克标煤/吨焦，烧结工序能耗由60.13千克标煤/吨矿降至55.47千克标煤/吨矿，炼铁工序能耗由445.71千克标煤/吨铁降至417.02千克标煤/吨铁，转炉工序能耗由18.65千克标煤/吨钢降至4.84千克标煤/吨钢，电炉工序能耗由96.93千克标煤/吨钢降至75.99千克标煤/吨钢。

吨钢耗新水及主要污染物排放量明显降低:与2005年相比，2009年重点统计钢铁企业吨钢耗新水由8.6吨下降到4.5吨，下降47.7%；水重复利用率由94.0%提高到97.0%；吨钢外排废水量由4.89吨下降到2.06吨，下降57.9%；吨钢化学耗氧量由0.254千克下降到0.090千克，下降64.6%；吨钢二氧化硫排放量由2.83kg下降到2.01kg，下降29.0%；吨钢烟粉尘排放量由2.18千克下降到1.35kg，下降38.1%。

在"十一五"节能减排工作推动下，钢铁工业主要节能减排指标与世界先进水平的差距大幅缩小。与2002年相比，重点统计的钢铁企业2011年吨钢综合能耗由803千克标准煤/吨降至601.72千克标准煤/吨（表6-1）。

表6-1　2002—2011年重点统计钢铁企业平均吨钢综合能耗　　　　单位：千克标准煤/吨

年份	2002	2003	2004	2005	2006	2007	2008	2009	2010	2011
吨钢综合能耗	803	792	761	715	645	628	627	615	599	602

十年间，钢铁行业建设了一批行业清洁生产环境友好型企业，其中，宝钢、济钢被授予了"国家环境友好企业"称号。鞍本钢铁集团、攀钢、包钢、济钢、莱钢、宝钢、太钢、马钢、福建三钢、重钢10个企业被确立为"国家循环经济试点单位"。首钢京唐、天津钢管、唐钢、宝钢、山东钢铁、华菱湘钢、安钢、沙钢、马钢、兴澄特钢、酒钢、太钢、武

钢、鞍钢14家企业被国家确立为"创建资源节约型环境友好型企业（第一批）"。宝钢、济钢、首钢(北京地区)、太钢（太原尖草坪厂区）、武钢（武汉青山区厂区）5家企业被中国钢铁工业协会授予"钢铁行业清洁生产环境友好企业"称号。

第二节　有色金属行业

一、背景

新世纪以来，我国有色金属产业迅速发展，生产和消费规模不断扩大，已成为全球最大的有色金属生产和消费国，也是少数几个具备64种有色金属资源条件的国家之一。目前已发现矿产163种，探明有储量的矿产149种。在全国现有的124个产业中，有113个行业使用有色金属。

这十年，有色金属产品产量大幅度增长。进入新世纪后我国有色金属产量持续快速增长。自2002年起，我国有色金属产量已连续10年居世界第一。我国10种常用有色金属产量1978年为99.6万吨，2000年为783.8万吨，2008年达到2519.2万吨，年均递增11.4%，2011年达到3438万吨，增长9.8%，连续10年居世界第一位。其中，精炼铜产量1978年为29.9万吨，2008年达到377.9万吨，年均递增8.8%，2011年达到519.69万吨，连续6年居世界第一位；原铝(电解铝)产量1978年的29.6万吨，2008年达到1317.7万吨，年均递增13.5%，2011年达到1806.17万吨，连续11年居世界第一位；铅产量1978年为14.5万吨，2008年达到320.6万吨，年均递增10.9%，2011年达到464.27万吨，连续11年居世界第一位；锌产量1978年为20万吨，2008年达到391.3万吨，年均递增10.4%，2011年达到522.19万吨，连续15年居世界第一位。

2008年我国铜材产量达到748.6万吨，2011年达到1026万吨，同比增长17.8%；铝材产量达到1427.4万吨，2011年达到2346万吨，同比增长11%，均居世界前列。

有色金属产品技术经济指标进步显著。我国有色金属工业销售（主营业务）收入1978年为84.3亿元，2000年为2183亿元，2007年达到18 972亿元，平均递增20.5%；实现利税1978年为17.7亿元，2007年达到2289亿元，平均递增18.3%，2011年销售收入3.9万亿元，增长35%。2011年，规模以上有色企业完成工业增加值占当期全国GDP的比重由2005年的1.19%增长到2.15%。

我国铝锭综合交流电耗从1980年17 146kWh/t，下降到2008年为14 323kWh/t，下降了2823kWh/t。我国铝锭综合交流电耗的总体水平已提前达到国际原铝协会制定的2010年世界原铝的节能目标14600kWh/t。粗铜冶炼焦耗1978年1075kg/t，2008年降为695kg/t；粗铜冶炼煤耗1978年1639kg/t,2008年降为615kg/t；粗铜冶炼电耗1978年1116kW h/t, 2007年降为833kWh/t。

这十年，有色金属工业技术装备水平显著提高。我国自主研究了选矿−拜耳法氧化铝生产工艺和砂状氧化铝生产技术；全部淘汰了落后的自焙槽电解铝生产工艺，自主研究开发的180kA、280kA、320kA、350kA铝电解槽生产技术在国内广泛应用；自主创新研发成功世界上槽容量最大的400kA铝电解槽，标志着我国铝电解技术已走在世界先列。引进、消化、吸收国外闪速熔炼、闪速吹炼铜冶炼技术，大大提升了我国铜冶炼技术装备水平，自主创新的艾萨炉已超过国际同类炼铜炉的水平；世界上第二座"双闪速炉"在我已建成投产。自主研究开发的高效环保型"氧气底吹—鼓风炉炼铅新工艺"已得到快速推广，并在铜冶炼中得到应用；湿法炼锌取得新进展，正在建设的氧压浸出、常压富氧浸出新工艺将达到世界最先进水平。采用三辊、四辊轧制、连续拉拔高精度内螺纹铜管材装备生产的产品已进欧美市场；采用了多机架（1+4）铝板带热连轧装备和先进工艺技术，生产高精铝板带材，改变了长期依赖进口的历史；我国连铸连轧设备和工艺走在世界前列，拥有8000吨级以上挤压件20台，生产出350km/h的高速列车铝型材，实现列车车体材料生产国产化。

这十年，有色金属工业技术进步不断加快。一批具有自主知识产权的技术装备投入使用。世界最大的320m³特大型浮选机研制成功；世界最大的500kA大型预焙槽建成投产；集成创新的闪速熔炼技术，使我国重金属冶炼技术获得广泛推广；新的高精度铜带生产线投产，使大规模集成电路引线框架生产达到世界先进水平。具有自主知识产权的氧气底吹铜冶炼技术和装备获得广泛推广；大直径单晶硅抛光片实现了规模化生产；硬质合金刀具达到世界先进水平；生产四氯化钛的大型（φ2600mm）氯化炉和工艺研究成功，并投入生产；世界最大的倒U型钛还原炉研制成功，有效提高了钛冶炼水平；年利用2000吨残钛的返回料生产线投产，提高了资源利用率，降低钛材成本；铜、铝、镁回收利用技术获得突破，多条生产线投入使用，资源得到充分利用。

"十二五"期间，针对有色金属产业具有的全球资源配置和产品价格与国际市场完全接轨的客观事实，国家出台了《有色金属产业调整和振兴规划》，依据有色金属在我国实现城镇化、工业化、信息化中的重要作用没有改变、作为现代化高技术产业发展关键支撑材料的地位没有改变、产业发展的基本面没有改变的判断，提出加大对有色行业技术进步及技术改造的投资力度等措施，力争使有色金属行业整体技术水平迈入国际先进行列。加快行业共性关键技术的开发，提高集成创新能力，加快科技成果转变为现实生产力，使有色金属产业向高端延伸，增加产品附加值，提升行业整体的国际竞争力。

二、技术路线选择

围绕代表当前国际铝加工业技术发展的重大方向，重点突破高精度高性能铝合金板带短流程连续化制造、大断面复杂截面铝合金型材制造技术、大尺寸高合金化坯料半连续铸造和新型强韧化热处理的成套核心关键技术；通过研制具有自主知识产权的新一代高强高韧铝合金，结合材料制备加工新技术、新装备的开发，突破铝合金预拉伸板、精密锻件加工技术；并建立产业化示范生产基地，满足国民经济和国防建设发展对高性能、高质量铝加工材料的迫切需求。

针对占我国电解铝产量50%的200～300kA电解系列技术升级改造和近年来发展最快的400kA铝电解系列的技术跨越，通过从低极距型槽结构设计与优化、低电压铝电解新工艺及临界稳定控制、新型阴极结构和导流结构电解槽、节能型电极材料制备等方面进行原始创新和集成创新，实现铝电解新技术的突破，形成具有自主知识产权的系列技术。

针对镁产业链中的薄弱环节，围绕制约镁合金扩大应用的若干技术瓶颈，开展高性能镁合金、低成本变形加工技术、复杂镁合金铸件成型技术及原镁和合金生产过程的节能环保等技术研究，以新型合金、压铸技术、挤压技术、轧制技术的研究开发为主体，建立包括以上技术，以及连接技术和表面处理技术在内的镁合金技术系统，通过系统测试与评估，对各项技术和整个技术系统进行优化和完善；将这些技术运用到实际零部件的开发中，并经过零部件台架试验、整车道路试验，评估各项技术的适用性，从而进一步提高镁合金材料技术水平，推动镁合金在我国大规模应用，使镁合金减重节能等效能得到充分发挥。

根据我国当前钛冶炼和钛加工材现状和技术瓶颈，针对海绵钛制备、钛合金型材挤压及钛合金返回料回收利用等若干关键技术，进行产业化技术开发。针对海绵钛生产中沸腾氯化和还原-蒸馏两个关键环节，通过工艺技术改进和大型生产装备的研发，全面提升我国海绵钛生产的技术和设备水平，大幅提高海绵钛质量。开展钛合金材、大规格钛板、钛钢复合板、大型钛锻件、管材、钛合金制品应用、大型钛设备先进制备技术等等产业化关键技术研究。针对国内钛型材挤压技术尚处空白的问题，开发钛型材加工成套技术，形成系列钛型材研发能力，提供符合使用要求的多种钛型材，填补国内空白；针对钛合金加工过程中产生大量的加工余料利用率低的问题，开发钛材余料回收技术，降低钛材使用成本。满足近年来我国航空航天、军工、化工等部门对钛材及钛制品的需求。

三、总体布局

结合我国有色金属工业产业结构的特点，以有色金属工业发展对资源、能源、环境和高端产品的技术和装备需求为重点，加快行业重大共性及关键技术与装备研发，实现从跟踪为主向自主创新的转变、从注重单项技术研究开发向系统集成创新转变、从关键技术引进向消化吸收再创新转变、从单一新产品和新材料研制向培育战略性新兴产业转变、从先污染后治理的传统模式向清洁生产和循环经济发展方式的转变，从而支撑引领有色金属工业结构调整和产业技术升级。

立足于国家重大需求和两型社会（节约型和环境友好型）发展的需要，围绕产业优化升级和经济结构调整的迫切需求，着力突破行业重大关键技术，重点推广先进适用技术；围绕战略性产业，以特色产业基地为主要载体，加强技术集成和应用示范，建设产业技术示范工程，促进有色金属工业从资源、能源耗费型向节约型的转变，从而做强铝冶炼与深加工产业、做优重金属冶炼产业、做大资源增储产业、做深稀贵和稀土金属产业、做精战略型产业。

以大力发展高新技术产业材料为目标，促进我国从"有色金属生产大国"向"有色金属生产强国"的转变，以突破传统的有色金属材料加工原理与工艺技术为主线，战略性地安排我国航空、航天、现代交通等方面重点工程所需要的高性能有色金属材料的开发，有针对性安排新一代结构材料的结构与成形控制的研究；为满足国家高技术产业，尤其是战略性产业发展的需要，突破低能耗短流程加工和高效高精度加工新技术，在新一代高性能有色金属合金和信息功能材料及相关元器件、新型储能和清洁高效能量转换材料、航空航天材料、生物医用材料等特种有色金属功能材料生产技术开发等方面进行重点部署。并根据有色金属加工产业发展的需要，有针对性部署高效精密成形技术及装备的开发与研制。

过去十年，在有色金属行业材料领域部署了高性能铝合金及制造工艺、铝电解节能新技术、镁合金开发与应用、钛合金加工与应用、硬质合金刀具、铜合金导线、铜冶炼新技术、多晶硅材料等重点内容。

四、主要成果

在"十五"和"十一五"国家科技计划支持下，针对我国高端铝材依靠进口局面，重点突破了高性能铝合金板带热连轧技术和快速铸轧技术、高速列车用大断面复杂截面型材生产技术、大型挤压模具的制造技术、高强铝合金7XXX系大型铸锭工艺和高强铝合金多级均匀化、固溶、时效强韧化热处理技术，为我国铝加工实现产业升级提供了技术支撑，并满足了国家重点工程对铝材的需求。突破并掌握了高强高韧铝合金大型预拉伸板的关键制造技术，为航空航天业、大型塑料模具制造业等生产了各项指标满足使用要求的7000系高强高韧铝合金大型预拉伸板。利用该材料制造的陀螺仪支架产品已在我国高新工程某型号导弹中开始实际飞行考核试验。

在西南铝业和南山铝业分别建成了2000mm和2350mm热连轧机组，形成了35万吨/年板带热连轧生产示范线；在中铝西北铝实现了1XXX和3XXX系铝合金板带电磁场铸轧工程化生产；在山东丛林、辽宁忠旺形成了2万吨/年高速列车用大型材生产能力，产品已在我国高速列车、城市轨道车辆等得到应用；大断面挤压模具一次试模成功率达65%，模具寿命达55吨/套；研制生产的550mm×1600mm大规格2124、7050铝合金铸锭开裂率分别小于8%和25%，可以满足板材的制备条件；建立了7XXX系铝合金强韧化热处理中试线，并进行了工程化示范应用。锻炼和培养了一批企业科研开发技术骨干，形成了一支稳定、高素质的铝加工产学研合作团队。

在国家科技计划的支持下，铝电解节能新技术开发从低极距型槽结构设计与优化、低温电解质体系、低温低电压铝电解新工艺及临界稳定控制、节能型电极材料制备等方面进行原始和集成创新，形成了具有自主知识产权的系列技术和创新成果：

（1）开展了低温铝电解的基础研究，包括含锂盐电解质体系的物理化学性质及变化规律、低温电解电极过程、Al_2O_3溶解性能等，优化了电解质体系。通过试验，获得了初晶温度为895～915℃，电导率2.1～2.5S/cm性质良好的低温电解质体系，并确定了工艺参数原则，为工业生产提供了设计依据。

（2）开发了低温低电压铝电解新工艺及其控制技术，提出了临界稳定控制概念，建立了临界稳定控制数学模型，研制出了新一代铝电解控制系统；通过在240kA及400kA级铝电解槽上开展工业试验，取得了低电压（3.7～3.8V）高效节能与稳定运行效果。

（3）提出了200～300kA铝电解槽基于"阴极截面等电位"的曲面阴极设计原则，完成了相应的阴极、内衬结构改造，改善了阴极电流分布均匀性和铝液稳定性；针对400kA铝电解槽的特点，对内衬结构和母线配置进行了优化，成功开发出"静流式"铝电解槽，提高了电解槽磁流体的稳定性。

（4）通过在80台240kA电解槽和222台400kA电解槽集成创新应用，在槽电压、电流效率、吨铝直流电耗、碳氟化物排放等方面实现了预定目标，取得显著的节能减排效果。

在铜冶炼新技术开发方面，通过对底吹熔池熔炼炉的操作参数进行了优化，并对氧枪结构、炉子结构进行了创新研究，形成了具有自主知识产权的自热熔炼复杂多金属铜矿的成套装备和工艺技术，促进了我国铜冶炼工业的发展。建成了年处理50万吨多金属复杂铜矿的示范工程，在生产实践中达到了吨粗铜能耗为162kg标煤，铜、金等主要金属回收率大于98.5%，二氧化硫回收率大于99%，尾气二氧化硫含量小于150ppm。该技术已转化为生产力，在国内多家企业得到推广应用，经济效益和社会效益显著。

立足于我国丰富的镁资源，对先进镁合金领域进行了集中支持。在国家科技计划的支持下，针对镁产业链中在资源、能源、环境等方面存在的薄弱环节，围绕制约镁合金扩大应用的若干技术瓶颈，开展高性能镁合金、低成本变形加工技术、复杂镁合金铸件成型技术及原镁和合金生产过程的节能环保等技术研究，进一步提高镁合金材料技术水平，推动镁合金在我国大规模应用，使镁合金的减重节能等效能充分发挥。

设计、研制和开发了适合于我国国情的汽车用高性能稀土耐热镁合金，用于汽车动力和传动系统等的关键零部件制造。针对传统汽车用压铸镁合金工作温度低于100℃的问题，以Mg-Al系合金为基础，通过多元稀土微合金化和第二相调控等手段，开发了高温抗蠕变镁合金。该合金在175℃温度下的100小时总蠕变率小于0.1%，拉伸强度大于120MPa，满足自动变速箱等汽车发动机系统零部件使用要求。针对镁合金的沉淀强化和加工强化效果差，普通镁合金强度偏低（铸造镁合金300MPa，变形镁合金380MPa），在汽车车身、高速导弹、轻武器和飞机上的应用受到限制等问题，项目通过对稀土镁合金时效析出相的有效控制，结合形变热处理强化工艺，开发出了高强度镁合金。其中铸造镁合金室温拉伸强度360MPa、变形镁合金室温拉伸强度458MPa和300℃高温拉伸强度200MPa，比强度达到高强度铝合金的水平，拓宽了镁合金的应用领域。

开展了镁合金多种铸造、压铸工艺技术和变形加工工艺技术研究，通过调压铸造、真空压铸、精密挤压等先进加工工艺，开发了汽车自动变速箱、座椅骨架、油底壳等大型复杂镁合金构件和摩托车发动机箱体及军工武器装备等多种新型镁合金产品，建成了镁合金压铸、镁合金挤压和镁合金表面处理中试生产线，成为国内的镁合金技术研发、技术示范和技术转移基地。通过对镁合金热变形模拟、挤压工艺过程模拟和轧制、挤压和连铸轧技术研究，解决了变形镁合金存在的难变形和矫直困难等问题。开发的镁合金挤压管材最小直径和壁厚分别为12mm和0.8mm，薄壁中空型材外截圆直径达到368mm，异型材扭拧小于0.5mm/m，镁合金连铸轧板材幅宽大于600 mm。

攻克了"镁合金板材连续铸轧及成卷轧制技术"、"中空薄壁大型材挤压技术"、"镁合金集成应用技术"、"镁合金镀膜和焊接技术"及"双蓄热高温燃烧与余热利用集成技术"等多项关键技术，建成了一批具有较强技术实力的产业化示范基地、产业化中试线及生产线，使镁合金研发和应用水平上了一个新台阶。原镁生产企业镁冶炼综合能耗由8吨标煤/吨镁降到5吨标煤/吨镁以下，节能减排效果显著。形成了年产连铸轧板带3000吨、挤压型材5000吨和汽车用压铸件400万件的生产能力，为镁合金材料的扩大应用奠定了坚实基础。开发了变速器箱体、座椅骨架、油底壳等大型复杂镁合金构件，其中镁合金在示范乘用车上的单车用量由"十五"末期的8 kg提高到20kg，年产汽车零件200万件以上。

在海绵钛生产工艺技术开发方面，攻克了大型无筛板氯化炉气体分布、TiCl₄（四氯化钛）淋洗回收等关键技术，优化了结构与工艺参数，成功开发出φ2600 mm无筛板沸腾氯化炉及其相关配套装备，并实现了正常运行，形成了年产能27 000吨粗TiCl₄的生产线。粗TiCl₄产能日均达到91.25t/d。海绵钛制备中设计开发了12吨倒U型还原蒸馏联合炉工艺技术及装备，开发应用了还原反应过程强制散热、TiCl₄多点加料、蒸馏过程管道疏通等技术，提升了海绵钛生产装备及技术水平，实现了还原蒸馏炉单炉年产能达到310吨，还原蒸馏工序主要原料TiCl₄消耗降至4.245吨/吨钛，还原蒸馏工序电耗降至6000kWh/吨钛，海绵钛产出一级品率达到70%以上。

在钛材及其制品产业化关键技术开发方面，形成了Ti40、TC4-DT、Ti600等航空、航天用高性能钛合金一整套的工业化生产技术，并制定了相应的工艺规范，在工业化生产条件下制备出质量稳定、组织性能良好的钛合金宽幅板材、棒材、管材和复合板等。开发出厚度在1～4mm、宽度1350mm以上的大规格钛板材，生产出单块总面积20m²以上、大长宽比（≥4）优质钛钢复合板。具备了年产3000吨宽幅钛板、20 000吨钛钢复合板的批量生产能力。制备出性能达标的φ260～380mm的棒材，完成了大规格TC21、TC4-DT、TC18等合金大规格锻件和制品的应用性能评价。产品已在Ti40合金大规格环材制备中得到应用。研制出超长无缝管材、高精度高标准TA2、TA18、Ti-31、Ti-75及TC4管材，形成了年产1000吨钛管的生产能力。通过开展钛合金型材坯料表面防护、挤压润滑、挤压模具设计及制造、挤压工艺参数控制、成品矫直等关键技术研究，突破了典型钛合金厚壁型材及薄壁型材型坯的制备加工共性关键技术。所研制TA15合金型材抗拉强度≥1000MPa，TC4合金型材抗拉强度≥900MPa。所研制型材的表面粗糙度＜80μm，表面质量、显微组织及形状尺寸和国外同类产品实物水平相当。目前已经形成钛合金型材中试基地，具备小批量生产能力。

通过开展钛合金返回料鉴别、返回料碎化、返回料表面污染层处理、返回料添加比例、高强度电极制备、真空自耗电弧炉和电子束冷床炉熔炼工艺、新型钛合金制备等技术研究，突破了工业化返回料回收处理共性关键技术。研制的添加返回料熔炼的铸锭化学成分均匀，无高密度和低密度夹杂等冶金缺陷，单重3吨以上；添加返回料生产的钛合金加工材，与未添加的加工材性能基本一致。真空自耗电弧炉返回料添加比例达20%，冷床炉达50%以上，已经具备2000吨/年钛合金的返回料处理能力。

在"十一五"863计划重点项目支持下，多晶硅的节能减排技术和产业化方面都取得了显著的成效。主要成果包括研制了24对棒大型节能还原炉，解决了大型还原炉内电极最佳布置、物料最佳分布、高温冷却方法、还原炉启动、运行、供电调节等技术难题，满足多晶硅大规模、高效节能、安全生产需求。多晶硅还原占总能耗约50%，24对棒节能还原炉优点是产量大、电耗低，是世界首创的还原炉系统。创新点包括耐1150℃高温特殊结构、高效低耗生长工艺、简洁方便的供电技术与设备、启动工艺与设备。优化后还原炉单炉产量6000kg以上，还原直接电耗分别达到80kWh/kg以下，优于德国和俄罗斯技术。居国内领先水平，每千克多晶硅节电超过100度。还原炉技术成功研发并国产化后，进口德国、美国各炉型价格降低30%～50%，进口数量减少50～70%，节省外汇数亿美元。

突破了四氯化硅回收处理和综合利用技术，改进了四氯化硅高温水解燃烧炉的设计，解决了材质在高温氯化氢环境下的防腐蚀问题；采用DCS自动控制系统，实现气相二氧化硅比表面积可控的目的；采用可控硅和温度反馈系统，保证脱酸炉的均匀加热；实现气相二氧化硅的在线表面疏水改性；实现了反应尾气的循环利用；实现了气相二氧化硅表面性质的可设计和可控性。已建成两条年产1000吨气相二氧化硅生产线，每条线实际生产能力达到1250吨/年，每年处理副产物四氯化硅6000吨以上，减排效果显著。产品质量符合白炭黑国标（GB/T20020—2005）要求，其中多项关键指标高于国标，目前，国内客户正在用此产品替代进口，同时已经有部分产品出口到东南亚国家。

突破了"熔融一步法"无溶剂清洁合成技术、稀土配合物产业化制备等关键技术，开发出了一系列以富镧轻稀土化合物为原料的全新结构的无毒无害高效多功能稀土助剂，形成多种低成本高性能复合材料生产技术。已建成年产2万吨新型助剂自动化生产装置和年产1万吨专用料生产装置，实现规模产业化并投放到市场应用。规模化生产的产品有聚丙烯耐热增韧母料、无铅化电线电缆专用热稳定剂等多种复合材料。该项成果推动了我国具有原创型稀土化工新材料产业链的形成和稀土产业的平衡发展。

五、国际合作

镁是目前工程应用中最轻的金属材料，将镁合金用于制造汽车前端，可以显著降低汽车前端的重量，使前/后端质量比达到50/50。可见，轻质汽车前端的开发对镁合金材料的研究以及汽车技术进步都具有重要的实际意义。

过去十年中，有色金属新材料在国际科技合作中开展了"镁质车体前端结构研究与开发（MFERD）"项目。该项目是在中国科技部、美国能源部和加拿大自然资源部共同支持下，组织3个国家16所大学、7家研究机构和10家企业共同进行。由三国政府部门组成了合作项目指导委员会（PSC），并由中国有色金属工业技术开发交流中心、美国太平洋西北国家实验室（PNNL）、美国汽车材料研究联合会(USAMP)和加拿大自然资源部矿物与能源技术中心(CANMET)组成项目技术委员会（PTC）具体组织实施。项目目标是减轻汽车前端的重量，提高汽车的燃油效率以及汽车的驾驶和操控性具有较大的影响。

项目主要针对防撞性、NVH（噪音、振动和平顺性）、疲劳耐久性、腐蚀与表面处理、低成本挤压件开发与成形技术、低成本板材开发与成形技术、高致密度铸件的开发、焊接和连接、集成计算材料工程和全寿命周期分析等10项任务。在3个国家技术人员的共同努力下，在2007—2009年项目第一阶段中，取得了以下的成果和亮点：

（一）建立了汽车用镁合金关键材料的基础数据库

针对4种汽车用镁合金关键材料AZ31、AM30、AM50、AM60，测试了这些材料抗撞击性能、NVH（噪音、振动和平顺性）、疲劳性能和集成计算材料工程等相关内容，建立了镁质汽车前端材料设计的基础数据库。

（二）研发出适合汽车前端设计需求的制备关键技术

本项目研制出挤压速度达到6m/min以上，抗拉强度最高达到300MPa以上的镁合金高速挤压技术、开发出韧性可提高50%～60%，且具有可热处理和可焊接性能的超真空压铸工艺技术(SVDC)、开发了幅宽600mm、厚度0.5～9mm的镁合金板材制造的关键技术。

（三）研发出适合汽车零部件的表面处理与连接技术

开发出微弧氧化(MAO)和微弧氧化及电泳(MAOE)相结合的表面防腐处理新工艺、开发出低能耗激光氩弧复合焊接技术和搅拌摩擦焊技术，与传统焊接方法相比焊接接头的动载荷强度从72%提高到98%以上。

（四）完成了镁全生命周期中的CO_2排放调查与分析

对镁的冶炼、合金化、成形、应用、回收与再利用进行全生命周期分析，结果表明：镁与钢相比，在其全生命周期中，CO_2的排放比钢要少得多。

（五）建立了中美加MFERD国际合作项目网络平台

依托密西西比州立大学建立了中美加MFERD合作项目网络平台（http://carload.hpc.msstate.edu），建立了三方共享的成果和数据库，为3个国家科学家参研和管理人员通过网络进行信息技术交流和研发数据共享提供了有力支撑。

目前，三国研究人员在第一阶段研究工作基础上，开始了第二阶段"技术开发与示范结构"的开发与应用测试等工作。

第三节　石化行业

一、背景

石化行业是我国国民经济重要能源和基础原材料行业，也是国民经济的支柱产业，经过60多年的建设，特别是改革开放以来石化行业的快速发展，我国的石油和化学行业已经具备相当规模和基础，形成了包括油气开采、炼油、基础化学原料、化肥、农药、专用化学品、橡胶制品等约50个重要子行业，可生产6万多个（种）产品，涉及国民经济各领域的完整工业体系，成为世界上石油化工产品最大的生产和消费国家。

在经济全球化进程加快和世界经济高速增长的背景下，近十年来，我国石油和化工行业以全国GDP增速2倍以上的速度增长，对全国GDP的增长做出了较大的贡献。2002年，全行业实现工业总产值15 028.9亿元。2005年，全行业规模以上企业21 043家，实现工业总产值33 762.4亿元，经济总量居世界第四位，原油产量居世界第六位，加工量居世界第二。2011年，全行业规模以上企业（主营收入2000万元以上企业）累计工业总产值11.28万亿元，占全国规模工业总产值的13.2%。实现全行业工业总产值首次超过美国，成为世界上最大的石化产品生产大国与消费大国。全行业有20多种大宗产品产量位居世界前列，其中，氮肥、磷肥、纯碱、烧碱、硫酸、电石、农药、染料、轮胎、甲醇、合成树脂、合成橡胶、合成纤维等排名世界第一，原油加工量、乙烯等产量排名世界第二，原油产量达2.03亿吨，排名世界第四，天然气产量接近1000亿立方米，居世界第五。

"十五"、"十一五"时期是我国全面建设小康社会的关键时期，石油和化学工业坚持科学的发展观，坚持节约资源和保护环境的可持续发展战略，遵循社会主义市场经济体制的内在规律，立足于产业结构的优化升级和自主创新，大力发展循环经济，在深化改革、调整结构、科技创新、应对入世、应对金融危机等方面取得了丰硕的成果。这十年是石油化工行业历史上发展最快的时期，为全面建设小康社会提供了坚实的物质基础和持续发展能力。

二、技术路线选择

石化行业是技术密集型产业，学科交叉广、技术渗透性强，需要众多的技术予以支撑，解决石化生产过程中的诸多问题，促进产业升级、优化结构、提高行业竞争力。按照"突破关键共性技术"和"利用高新技术提升和改造传统产业"的两大原则，近十年来，石化行业重点发展的关键共性技术有：

新催化技术：重点有合成氨催化技术、环保催化技术、酶催化技术、碳一化学新型催化技术、新催化材料的研制及应用技术；催化反应器放大、设计和制造研究等。

新分离技术：重点有超临界萃取技术、膜分离技术、超重力分离技术、催化精馏技术、变压吸附分离技术、精细精馏技术等。

聚合物改性技术：重点有接枝共聚技术、聚合物合金化技术、交联互穿网络技术、纳米材料改性和短玻璃纤维改性技术，实现聚合物品种多样化、系列化、差别化、功能化、高性能化。

精细加工技术：重点有超真空技术、定向合成技术、表面处理和改性技术、插层化学技术、纳米级产品生产及应用技术、超纯物质加工与纯化技术等。

生物技术：重点有菌种培养技术、产品分离及精制技术、发酵设备大型化技术、自动控制技术和外围技术等。

纳米技术：重点有纳米粉体规模生产关键技术，主要有大规模生产中降低成本、提高粉体结构和性能稳定性的技术、同一条生产线上生产不同性能系列产品的技术、纳米结构载体与纳米颗粒的组装技术。纳米材料应用技术开发，主要有纳米催化技术，纳米材料在涂料中的应用技术，纳米材料在橡胶、塑料、化学纤维等高分子材料改性上的应用技术以及纳米材料在能源、环境、资源和水处理领域的应用技术。

自动控制与信息技术：重点有计算机生产控制与优化技术、集成制造技术、化工故障诊断技术、监控与安全系统技术、工程设计技术、分子设计技术、仿真技术等。

新型节能技术：重点有新型高效换热设备、新型节能反应设备、新型工业窑炉、无机热传导技术、热管技术及热泵技术等。

资源综合利用及环保技术：重点有大宗化工产品及精细化学品清洁生产技术、高浓度难降解有机废水处理技术、固体废弃物的资源化技术、工业尾气的净化回收技术等。

三、总体布局

我国石化行业，坚决落实《国家中长期科学和技术发展规划纲要》、《"十一五"化学工业科技发展规划纲要》，全行业广大科技工作者不懈努力、顽强拼搏，在重大项目科技攻关、引进技术消化吸收与创新、科技成果推广应用以及利用先进技术改造和提升传统产业等方面有了长足的进步，在众多领域科技开发与技术创新取得新突破，在支撑和引领行业发展方面发挥了重大作用。近十年，石化行业技术取得重点进展的领域有：

（一）石油炼制

重点有乙烯裂解技术、重油加工新技术、脱硫及废弃物综合利用技术、清洁燃料生产技术、节能环保高档润滑油脂关键技术、炼油清洁生产技术、劣质重油催化裂化技术、加氢裂化、重油加氢技术、新型焦化技术、深度分离技术以及重油组合技术等。

（二）石油化工技术

重点有稀土异戊橡胶工业化生产技术、氢化丁腈橡胶工业化关键技术、5万吨/年乙丙橡胶成套技术、溶聚丁苯橡胶产业化技术、氯丁橡胶产品升级技术碳五分离技术、多产低碳烯烃生产技术、新一代聚烯烃技术、特种树脂及专用材料开发和生产技术、炼油化工过程控制及生产优化技术、烯烃芳烃转化技术。

（三）农用化学品

我国是一个人口大国，也是一个农业大国，农业是国民经济的基础，也是经济发展、社会安定、国家自立的基本保障。支农产业一直受到党和政府的高度重视，在化学工业总产值中，农用化学品占40%。无论是从对国家经济的重要性考虑，还是从化学工业自身内部的比重来看，农用化学品一直是我国石化工业发展的重点。

化肥工业方面，氮肥工业重点发展具有自主知识产权的新型煤气化技术；新型净化技术（如低温变换、甲基二乙醇胺等）；节能型氨合成技术（新型氨合成塔及大型低压合成成套技术和装备）；水溶液全循环尿素改造技术；尿素改性技术（主要包括大颗粒尿素生产技术、长效尿素技术、尿基复合肥生产技术等）；氮肥联产甲醇、二甲醚等能源化工技术；新型节能化肥催化剂和提高化肥利用率技术等，积极推广科学施肥技术。磷肥工业重点发展开发大型磷复肥生产技术、磷肥生产过程中的循环经济技术及低品位磷矿石综合利用工业化技术等。钾肥工业重点开发大型化的氯化钾、硫酸钾、硝酸钾生产新技术，盐湖提锂等综合利用技术。

农药工业方面，农药工业重点发展的品种有替代高毒有机磷杀虫剂新品种和地下害虫防治剂；用于水果蔬菜的新型杀菌剂和病毒抑制剂以及杀线虫剂；适应水用轻型耕作的除草剂和新型旱田除草剂；开发环境相容性好、使用方便的悬浮剂、水乳剂、微乳剂、水分散粒剂和微胶囊剂等新型制剂。

（四）新型煤化工

以实现产业化为目标，利用已有的技术基础，集中精力突破煤焦化、煤气化、煤液化、天然气转化、净化、催化合成等关键共性技术，通过技术集成和工程放大，建设一批具有自主知识产权的高技术产业化示范工程，形成具有中国特色的以洁净煤技术为支撑，以现代煤化工和天然气化工为基础的碳一化工新兴产业。重点发展的技术有：煤的焦化技术，以煤气化为核心的"多联产"技术，大型天然气蒸汽转化成套技术，甲醇制丙烯技术、碳一化工产品的产业化技术，煤间接液化、直接液化、甲醇制烯烃（DMTO）产业化技术等。

（五）化工新材料

重点发展了通用塑料的改性技术；工程塑料的产业化技术；工程塑料

的高性能化技术；高性能子午线轮胎工业化技术；大型合成橡胶工业化技术；橡胶复合材料及橡胶新型加工助剂产业化技术；功能高分子材料；氟硅新材料；新型无机功能材料等。

（六）精细化学品

精细化工是石油和化学工业的深加工产业，也是高新技术产业，其产品种类多、附加值高、用途广泛，现已渗透到国民经济的诸多行业，一直以来是行业发展的重点。近年来，重点发展了功能涂料及水性涂料；染料新品种及其产业化技术；重要化工中间体绿色合成技术及新品种；电子化学品；高性能水处理化学品、造纸化学品、油田化学品、功能型食品添加剂；高性能环保型阻燃剂；表面活性剂、高性能橡塑助剂等。

（七）氯碱工业

氯碱工业围绕生产低能耗产品精细化，重点开发了离子膜法制碱国产化技术；扩张阳极与改性隔膜应用技术；聚氯乙烯改性和聚合工艺优化技术；万吨三相流蒸发装置开发；高速自然强制循环蒸发器开发；滑片式高压氯气压缩机推广；以氯气、氢气为原料的下游产品的生产技术等。

（八）化工装备

重点发展了石油化工干燥单元设备、大型内置换热流态化干燥装置、大型煤化工等成套设备、大型特材化工设备、大型容积式压缩机组、大型双螺杆挤压造粒机组、新型钻井装备与仪器、二氧化碳驱油及埋存关键技术及装备、测井成套装备研制与软件开发、大型特殊制造材料化工设备。

（九）化工节能环保技术

重点发展了高浓度氨氮废水处理技术、高浓度、难生化废水湿式催化氧化处理技术、印染废水综合治理技术、含重金属废水生物—化学治理技术、铬渣处理处置技术、磷石膏充填无废害开采综合技术、硫化氢废气干法制酸成套技术、石油化工干燥单元过程节能与装备技术及产业化示范、黄磷尾气综合深度净化技术、新型碱式烟气脱硫清洁生产工艺等。多效蒸发–焚烧处理组合技术；固定化生物氧化流态化处理技术；梯度变压生物氧化处理技术；液膜分离–回收技术；环流反应技术；流化造粒–干燥–分级一体化技术等。

四、主要成果

这十年，石油与化工科技创新卓有成效，行业技术装备水平显著提高。在新型催化、高效分离、过程强化等领域，突破了一批关键共性技术，取得了一系列重大成果。

（一）在重大技术攻关方面，突破一批行业关键共性技术

石化行业内，国家科技计划立项支持一批重大项目。通过项目实施，突破了一批制约行业发展的关键共性技术。

茂金属催化剂制备技术于2002年在中石化齐鲁分公司气相流化床工艺聚乙烯装置（6万吨/年）上进行工业应用试验获得一次成功，基本实现了对现有聚合工艺的"drop-in（滴加）"技术。包括齐格勒催化剂及茂金属催化剂间的切换及开、停车专有技术，生产了100多吨薄膜牌号的线性低密度聚乙烯产品，完成了在塑料成型加工中的应用研究。利用边臂策略发明了一类具有自主知识产权(中国专利已授权，世界专利正在申请中)的新型非茂金属催化剂，具有高活性、低成本、结构可控的特点，已完成中试，正在进行工业化应用试验。

"面向应用过程的陶瓷膜材料设计与制备技术"项目提出了面向应用过程的陶瓷膜材料设计与制备的新构思，构建了面向颗粒体系与胶体体系的陶瓷膜材料的设计方法；开发出低温烧结支撑体制备技术，成本降低70%～90%；建成了生产能力达5000 m^3/年的低温烧结陶瓷膜生产线，占国内产品市场2/3以上，迫使国外产品价格降到原来的1/3左右。研究成果获得了国家发明二等奖，并获得国家发明专利11项。

"纳米材料技术及应用开发"项目突破了纳米催化剂及其催化技术开发，建成1条500吨/年纳米双金属复合氧化物催化剂生产装置，并实现该催化剂在10 000吨/年烷氧基化工业生产装置上的应用，建成一条纳米微晶、非晶态镍合金催化剂生产线和70 000吨/年的己内酰胺加氢精制工业生产装置，建立了磁性纳米催化剂-磁稳定床反应工程集成技术平台，建成500kg/年的催化剂生产装置，应用于500吨/年卤代芳胺生产，建成10吨/年钯/铂贵金属催化剂生产装置，用于万吨级3，3-二氯联苯的生产；突破了纳米涂料及涂层技术的应用开发，产品广泛应用于涂层钢板技术、海洋重防腐技术、水轮机防空泡腐蚀技术以及燃、烟气轮机用热端部件纳米涂层技术。验收时，该攻关项目获得专利172项，其中国外发明专利7项；国内

发明专利153项；制定了7项国家标准，发表研究报告426篇，在国内期刊发表论文287篇，国外期刊论文136篇，出版专著3部；成果转让31项、转让收入5060万元、成果创产值7.77亿元、成果创利税1.94亿元；获得国家级奖励3项，其中国家技术发明一等奖1项、国家科学技术进步二等奖1项，获得部级奖励8项，其中一等奖1项、二等奖2项。

"高附加值精细化学品合成关键技术开发及产业化"针对我国精细化学品生产工艺落后、技术装备水平低、能耗高、污染严重，配套能力弱等问题，集中力量开发和突破一批对精细化工产业有着重大影响的新型催化、新装备及合成新工艺等关键技术，研制了新产品（或新品种）、新材料、新工艺、新装置等12项，发表科技论文21篇，其中向国外发表14篇；申请国内发明专利27项；申请国外发明专利13项，获得发明专利授权10项。项目实施累计新增产值64余亿元。通过该项目的实施，"新型光气化反应制MDI（二苯基甲烷二异氰酸脂）关键技术"、"类胡萝卜素的合成及制剂化"等关键技术，分获2007年度和2010年度国家科学技术奖奖励。

"农药创制工程"通过草甘膦等主导品种的工程化关键技术攻关，初步形成成套生产技术，支持的9个具有自主知识产权的创制农药累计推广应用7000多万亩次，性能良好。申请发明专利65项，其中国际专利10项；获得发明专利授权25项。

"高纯磷化工产品工业化关键技术与装置"研究了湿法磷酸中有机质的结构、组成解析及脱除方法，杂质对磷酸萃取过程的影响以及萃取剂再生等关键技术，形成了溶剂萃取净化湿法磷酸制工业级磷酸成套技术，该技术已转让给重庆中化涪陵化工公司、重庆中化涪陵化工公司已建成了5万吨/年净化磷酸装置；湖北兴发、云天化、中海石油化学大峪口公司、江西桂溪、山东施可丰、宜昌中孚集团等单位拟引进该技术。所研发成果打破了国外对湿法磷酸净化和高纯磷酸制备的技术垄断，摆脱对国外技术的依赖，为调整我国磷化工产业布局，提升产品等级，实现精细磷化工的科学发展，增强企业国际竞争能力提供技术支撑。

"非石油路线制备大宗化学品关键技术开发"项目，开发了低质煤层气净化富集成套技术，攻克了煤层气脱氧技术难题，正在进行工业化推广；开展了百万吨级甲醇制二甲醚大型化工程开发的基础设计，建成了千吨级乙炔羰基合成丙烯酸中试装置，完成了甲醇制丙烯、无水乙二醇联产碳酸二甲酯和碳一化工路线合成乙二醇中试研究。该项目已申请国家发明专利58项，其中授权3项；申请国际发明专利5项。在煤层气催化脱氧、非催化脱氧工艺、脱氧催化剂等方面也获得了一批核心专利技术。

（二）化工新材料整体技术得到提升，有力促进了产业结构优化升级

通过对新型复合材料用高性能树脂基体的分子设计，完成了一系列可控交联聚芳醚酮的扩试放大实验。完成了50立升反应釜放大工艺设计，确定了最佳工艺条件，得到不同牌号的适用于复合材料的最佳分子量的性能稳定的可交联聚醚醚酮树脂基体。建成了500吨/年含杂萘联苯结构系列高性能树脂的工业生产装置，顺利实现一次试车成功，相继开发成功成本更低的杂萘联苯聚醚双酮(PPEKK)及其共聚物PPESKK，以及可功能化和可交联的杂萘联苯聚醚腈砜酮(PPENSK)和杂萘联苯聚醚腈酮酮(PPENKK)。PPESK及其制备法获得国家技术发明二等奖。成功制得系列新单体，研制成功含二氮杂萘酮联苯结构的新型聚芳酰胺(PPEA)、聚酰亚胺(PPEI)、聚酰胺酰亚胺(PPEAI)、聚芳酯(PPE)等几个系列的耐高温可溶解的综合性能均优良的新型高性能树脂，部分产品在军工装备上得到应用。聚醚醚酮类高性能树脂在863计划的持续支持下，不仅在长春吉大高新材料有限责任公司实现了产业化，2005年世界五百强企业、世界特殊化学品领先制造商之一的德国Degussa公司以3亿元人民币收购了长春吉大高新材料有限责任公司80%的股权，并与吉林大学组建了合资公司，这是2004年5月有中、德两国总理出席的"第三届中德高技术论坛"上，唯一一项由德国企业签约购买的中国高技术项目。

"全氟离子膜工程技术研究"突破一系列制备膜材料的关键技术，2009年9月22日，成功完成了全氟离子膜生产线，1.35m宽的工业规格全氟离子膜成功下线，一举打破国外垄断；2010年6月30日，东岳离子膜在万吨氯碱装置上应用成功，成为中国氯碱工业发展的里程碑。该项目研发过程中共申报发明专利172项（其中国际专利7项），已获授权44项。此举打破了美国、日本长期对该项技术的垄断，标志着我国已成为全球第三个拥有氯碱离子膜核心技术和生产能力的国家。

"专用高性能高分子材料聚合关键技术研究及应用"突破了一系列单体和材料合成的关键技术，突破关键共性技术8项、创新研制新产品12个、申报国内外专利21项，获得专利7项。其中发明专利6项，打破了国外技术封锁和产品垄断，促进了我国专用高分子材料产品的升级换代和产业

结构调整。

通过"工程塑料及特种高分子材料产业化关键技术与工程示范"项目研究，建成了具有自主知识产权的1万吨/年成聚苯醚装置1套，对于打破国际技术垄断，提高国家在工程塑料产业竞争力和地位具有重要的战略意义。完成了无卤阻燃POM（聚甲醛）、高韧性POM、高润滑性耐磨POM、电气专用红磷阻燃PPO（聚苯醚）、高流动无卤阻燃PPO、高韧性PPO、高流动低温超韧PA6（聚酰胺6或尼龙6）、高CTI（相对电痕指数）阻燃增强PA6等8种以国产工程塑料为基础树脂的专用料开发，性能全部达到合同指标要求。以国内合资企业生产的PC（聚碳酸酯）为基础树脂，开发了高透明高韧性PC、PC阻燃薄膜料两种专用料，其各项性能也全部达到任务书的要求。所开发的共计10种专用料其中高流动低温超韧PA6、无卤阻燃POM、高润滑性耐磨POM、高CTI阻燃增强PA6、高韧性POM、高流动无卤阻燃PPO、电气专用红磷阻燃PPO共8种材料已经投入了试生产，产生了一定的效益，并制定了企业生产标准。设计开发了7类12种新型螺纹元件，并对全部新开发元件进行了理论和实验研究，达到了相应的技术指标，而且部分新型元件已经在工业中获得应用，获得用户的好评。建成以60m^{3}反应釜为核心的6万吨/年氯化聚乙烯(CM)生产示范线和3万吨/年CM混炼胶示范线，打造世界最大的高性能橡胶型氯化聚乙烯生产基地，全面提升我国氯化聚乙烯的制备工艺水平。开发了19种新牌号开发，其中，8种CM新牌号在6万吨/年氯化聚乙烯生产装置上实现了产业化，大部分产品销往国外市场；6种胶管用CM混炼胶和5种电缆用CM混炼在3万吨/年CM混炼胶生产线上实现了产业化，产品主要供应国内市场。

（三）一批科技成果得到推广应用，大力推进了行业节能减排

在"863"重点项目支持下，形成了化工反应过程强化领域的一批具有自主知识产权的共性技术关键技术，为我国化工行业改造和提升，提供技术支撑。高性能低成本碳化硅基泡沫材料的工程化技术，建成千吨/年级的碳化硅基泡沫材料的工业示范生产线，碳化硅基泡沫整体结构化催化剂技术，建成产能300吨/年规模的天然气绝热转化制合成气工业中试装置，大型MDI超重力过程强化与技术集成；首创了超重力强化缩合反应新技术和含盐废水超重力萃取联合分离新技术，获美国和日本专利授权。并基于能量和技术系统集成，完成了30万吨/年（单套规模世界最大）MDI成套工

艺技术软件包的开发和产业化，使我国MDI制造技术跨入国际领先行列。其成果成功应用于宁波万华16万吨/年MDI装置改造，将装置产能提高近一倍，系统节能达30%。同时，技术成果还推广应用于30万吨/年MDI新建装置和20万吨/年的MDI老装置的改造上，使3条生产线MDI总产能达到100万吨/年。

针对工业用水最大的工业冷却与锅炉系统所面临的节水和减排需求，开发了一批包括无磷水处理化学品及成套技术在内的对工业废水超低排放有着重大影响的关键技术和水处理产品，并在石化、钢铁、发电、供热、供暖等行业建立工程化示范，工业应用证明，应用该技术可使锅炉吨蒸汽补水量从1.5吨下降到0.073吨，吨蒸汽废水量从1.3吨下降到0.003吨，同时可增加锅炉产能20%，节能（煤、天然气）9%，节电16%，主要技术经济指标显著优于国内外同类技术，解决了工业锅炉水耗能耗居高不下等难题，经济社会效益十分显著，对工业锅炉的安全运行，节水节能，保护环境，提升行业技术水平具有重大意义。该技术已于2007年获得国家技术发明奖二等奖。应用该成果，建成工业冷却系统浓缩倍率8倍近零排放工业化试验装置2套，锅炉工程化技术验证装置600套，中压（3.82MPa）锅炉系统产汽量近零排放示范工程1套。

针对我国日益严重的环境污染状况，特别是用传统技术难以处理的水及空气中有毒有害物质的污染，研究开发出具有我国自主知识产权的纳米环境净化新材料及高新技术，提升了我国环境污染控制技术的水平，促进了环境产业的发展，为绿色奥运工程做出特殊贡献：发展了二氧化钛等纳米光催化净化材料和技术，成功地进行了中试；研究了脱SO_x、脱NO_x用纳米复合材料的性能和相关技术；发展了环境净化用纳米有机膨润土等纳米吸附材料和技术，成功地进行了中试；发展了水性化涂料等特殊纳米环境材料，并实现了产业化。

突破了农药行业典型品种生产环节减排废水的清洁生产新工艺和配套的废水治理综合关键技术。对废水排放和COD排放量大的淀粉、味精、维生素C、啤酒、乳酸、赖氨酸等典型行业，开发将含糖有机质废弃物转化为生产油脂工程化技术、高级氧化-生物强化-膜分离等废水深度处理技术等关键共性技术，并开展工程化应用。

这十年，石油与化工节能减排取得重大进展。2010年，全行业综合能源消耗4.14亿吨标准煤，比2005年增长13.7%，增幅比全国能耗平均水平低32.7%，比工业能耗平均水平低26.4%；万元工业增加值能耗为1.89吨标煤，以现价计算比2005年有显著下降。按2005年可比价格测算，石油和化工行业（不包括炼焦和核燃料加工业）的工业增加值能耗2005年为4.22吨标准煤/万元，2009年为3.65吨标煤/万元（表6-2）。

表6-2 "十一五"石化主要耗能产品单位能耗统计表

年份	工业增加值能耗吨标准煤/万元	乙烯千克标准煤/吨	合成氨千克标准煤/吨
2005	4.22	996.76	1582.11
2007	4.12	940.98	1426.89
2008	3.85	911.24	1373.72
2009	3.65	910.12	1365.87
2010	1.89	880.7	1356.4

（四）一大批重大科技成果获得行业和国家奖励

2002—2011年，石油和化工行业取得行业技术发明奖255项，科技进步奖项1701项。"十一五"期间是行业科技成果最为丰富的时期，取得行业技术发明奖184项，科技进步奖1159项。

"十五"期间，在农药领域开发出了一批高效、超高效农药新品种。其中杀菌剂"氟吗啉"是我国第一个真正实现工业化、具有自主知识产权的创制农药新品种，同时获得了中国和美国的发明专利。

"多通道多孔陶瓷膜成套装备与应用技术"被授予2002年度国家科技进步二等奖。该项目以实现陶瓷膜产业化为目标，在国家重点科技攻关项目、国家863项目、国家自然科学基金项目的支持下，历时6年，对陶瓷膜的基础理论、工程化关键技术和产业化进行了较前面的研究，在取得系列基础创新研究成果的基础上，开发出多通道多孔陶瓷支撑体、多通道多孔陶瓷微滤膜、多通道多孔陶瓷超滤膜工业化制备技术。该项目理论上有创新，并实现了产业化，总体上达到了国际先进的技术水平。该成果在发酵液除菌过滤、果汁澄清、印钞废水处理、纳米粉体生产、钛白粉废水处理等多个领域得到应用，取得了显著的经济和社会效益。

"固体超强酸光催化剂的研制及其工业应用技术开发"获得2003年度国家科学技术进步二等奖。该项目研制开发成功纳米固体超强酸型高效光催化剂及其工业生产技术，设计建成光催化剂生产线并投入工业生产。应用该光催化剂研制开发成功光催化空气净化器、光催化自清洁抗菌瓷砖等新产品及其工业生产技术，实现了产业化。制定了光催化剂及其系列工业产品执行标准。并将该光催化剂及其技术引入国防军事和制冷家电领域的应用，取得巨大的经济效益、社会效益和环境效益。

"海相深层碳酸盐岩天然气成藏机理、勘探技术与普光大气田的发现"、"年产20万吨大规模MDI生产技术"、"巨型工程子午胎成套生产技术与设备开发"、"石脑油催化重整成套技术的开发与应用"、"海洋油气勘探开发科技创新体系建设"等一批先进技术和项目获得国家科技进步一等奖。"大庆油田高含水后期4000万吨以上持续稳产高效勘探开发技术"荣获2010年国家科学技术进步特等奖，使我国在3次采油领域居国际领先地位。

"石脑油催化重整成套技术的开发与应用"获2009年度国家科学技术进步一等奖。该项目突破了国外知识产权壁垒和技术封锁，对催化剂、工艺、工程、控制系统、专用设备等多项核心技术进行了自主创新，集成创新开发了具有自主知识产权的"石脑油催化重整成套技术"，已获中国专利授权21项，国外专利授权11件。成套技术综合指标达到国际领先水平，并成功实现了工业应用，经济效益和社会效益显著。该项目填补了国内空白，使我国成为继美国和法国之后第三个拥有此项技术自主知识产权的国家，提升了我国石油化工的整体竞争力。

"塑料精密成型技术与装备的研发及产业化"项目获2011年度国家科学技术进步奖二等奖。该项目经过8年攻关，创新突破了多项关键技术，成功研发出达到国际先进水平的塑料精密成型技术与装备并实现了大规模产业化。宁波海天塑机集团利用本项目创新成果生产的精密注塑机已畅销全球包括美国、德国和日本等发达国家在内的数十个国家和地区，使我国由该类高端装备的进口大国变成出口大国，2010年销售收入跃居世界第一。

（五）重大装备研制取得了一大批创新成果

列入"十五"国家重大技术装备研制计划的载重子午胎成套设备及工程子午胎关键设备项目，已获得国内外专利20余项，自行研制了30台套新规格关键设备，使我国载重子午胎设备的国产化率超过了90%。依托山东华鲁恒升化工股份有限公司实施的大型氮肥国产化技术改造项目，自主开发研制了大化肥核心技术与成套设备，2004年底建成投产，实现了首套以煤为原料的大化肥装置国产化，标志着我国将告别大型化肥装置主要依赖进口的时代。该项目成套装置的国产化率达到94%，与进口设备相比节约投资10多亿元。这一成果为我国氮肥行业调整原料结构提供了技术支撑，为中小氮肥技术改造提供了工程示范，对提高氮肥行业整体技术与装备水平，带动和促进相关产业发展具有重要意义。获得国家科技进步二等奖的大型高效搅拌槽/反应器项目，开发成功了系列产品用于工业生产，扭转了我国关键的大型搅拌槽/反应器长期依赖进口的局面。由于技术先进可靠、性能价格比明显优于国外同类技术和产品，在与国外著名专业公司的竞标中十多次取得成功。"十五"期间，还先后建成了30万吨合成氨、30万吨湿法磷酸、60万吨磷酸二铵、80万吨硫磺制酸、10万吨低压法甲醇、4万吨PVC树脂、4万吨丙烯腈、铁钼法甲醛等十多套大型化工国产化成套装置和关键设备。这些重大装备的成功研制，提高了行业整体技术水平，促进了产业优化升级。

经过多年努力，在"十一五"时期，千万吨级大型炼油成套设备的国产化率达到90%以上，百万吨级乙烯成套设备的国产化率按投资计算达到75%以上。其中，高压加氢反应器、125吨大推力往复式新氢压缩机、大型板壳式换热器、年产15万吨乙烯裂解炉、大型裂解气压缩机组、大型乙烯压缩机组、大型丙烯压缩机组、大型乙烯冷箱、年产30万吨聚乙烯气相反应器、年产45万吨聚丙烯环管反应器及年产20万吨双螺杆挤压造粒机组等重大核。关键设备，都实现了国产化，标志着我国石油化工技术装备水平有了很大提升，对于打破国外垄断、节约建设投资、建设世界级炼化基地，具有重要的现实意义。目前，我国已形成近20个千万吨级炼油基地和近10个百万吨级乙烯生产基地，产业集中度大幅提高，取得了巨大的经济效益。

大型装备自主化也取得实质性进展，千万吨级炼油装置设备自主化率超过90%，百万吨级乙烯装置自主化率达80%以上，30万吨合成氨、52万吨尿素装置实现了国产化，12 000m特深井钻机、大口径高钢油气输送管道、百万吨级海上浮式生产储油系统等研制成功。

"年产百万吨级乙烯国产化"自行研制的15万吨/年裂解炉、大型裂解气压缩机组、大型乙烯压缩机组、大型丙烯压缩机组、大型迷宫式压缩机、大型冷箱及20万吨/年双螺杆挤压造粒机组等关键设备都安装使用，对于打破国外垄断、节约建设投资、提高我国重大技术装备的制造能力和技术水平具有重要意义。

（六）在现代煤化工领域，集中突破了一批重大关键技术

百万吨级煤直接液化制油、60万吨甲醇制烯烃、20万吨煤制乙二醇等工业示范装置顺利建成，大型多喷嘴对置式水煤浆气化和国内首套HT-L粉煤加压气化炉等技术成功开发并且实现推广应用。

"粉煤加压气化技术"取得重大突破，正在建设投煤量为1000吨煤/天的粉煤加压气化制备工业化装置，获得国家863计划支持；我国自主开发的"非熔渣-熔渣分级氧化气化技术"已建成两台单炉日处理煤500吨、操作压力4.0MPa的工业级气化装置，装置运行平稳。这些煤气化技术的开发成功和推广应用，打破了国外的技术壁垒，为推动我国煤化工产业的发展和能源结构调整提供了技术支撑。"十一五"时期，我国在煤气化技术方面加大了攻关力度，先后研发成功四喷嘴水煤浆加压气化炉、多元料浆气化炉、航天粉煤加压气化炉、清华非熔渣-熔渣两段加压气化炉等，使我国煤气化技术装备进入世界领先行列。

列入国家"十一五"重大装备国产化的"羰基合成醋酸工艺核心设备—醋酸反应器"研制成功，打破了长期依赖进口的局面。我国自主开发的甲醇合成反应器单套生产能力已达年产30万吨规模，并具备了建设180万吨超大型甲醇生产装置的技术基础。大型谋化工成套设备研制取得的重大进展，有利于发挥我国资源禀赋优势，为保障能源供给提供有力支持。

利用我国自主知识产权技术在安徽淮化集团建设的千吨级煤制乙二醇试验项目已经打通全流程，通过石化联合会组织的72小时现场考核，探索出乙二醇产业的新技术路线。通过集成创新开发的"块煤干馏中低温煤焦油制取轻质化燃料"技术在陕西神木建设的50万吨/年工业示范装置，运行良好，具有设备国产化率高、投资低、能源转换率高以及清洁生产等特点。我国自主开发建设的日处理煤520吨级"水冷壁水煤浆加压气化技术"在山西丰喜集团成功运行，开辟了煤气化技术的新路线。这些取得的成果将为适应我国资源禀赋特征、摆脱对石油的过度依赖、调整化工原料结构、实施石油替代战略做出贡献。

第四节　纺织行业

一、背景

纺织工业是我国国民经济的传统支柱产业和重要的民生产业，是高新技术和时尚创意经济发展的重要产业，也是国际竞争优势明显的产业。在繁荣市场、吸纳社会就业、增加农民收入、促进区域经济发展等方面发挥着重要作用。

2011年，全国规模以上纺织工业企业累计完成工业总产值54 786.5亿元，工业销售产值5 3601.73亿元，比2003年增长4.6倍；2011年纺织品服装出口额实现2541亿美元，是2003年的3.16倍，占全球纺织品服装贸易额的30%以上；2010年全行业就业数约2200万人，其中规模以上企业从业人数十年增长56.54%，占全国工业职工人数平均比重为14%；纺织工业平均每年使用国产天然纤维原料近900万吨，直接惠及近1亿农民及其农村家庭，为解决农村、农民、农业问题做出显著贡献。

我国是世界纺织大国，化纤、纱、布、呢绒、丝织品、麻纺织品、服装等产量均居世界第一。"十五"以来，我国纺织工业得到了进一步发展，成为历史上发展速度最快时期。2002年我国纤维加工总量为1750万吨，2010年达到4130万吨，占世界纤维加工总量的50%以上。2011年化纤产量达到3362.36万吨，约占全球的2/3；纱产量2894.47万吨，纺纱产能约占全球的50%；布产量619.82亿米，产能约占全球的45%；服装254.2亿件。

在我国纺织工业高速发展的同时，也存在着许多问题，如纺织原料对国际市场依存度很高，纤维原料大量进口，国产纤维原料在数量、品种质量上都远远不能满足行业的发展需求，纺织印染行业随着产能的扩大，耗水及排污总量居高不下，削弱了行业的竞争力，也制约了印染行业的可持续发展。

国际纺织新材料的开发方向主要是通过纤维材料学科与其他学科的交叉和渗透，研制与信息技术、生命科学、环保技术、新能源相关的新纤维、新技术，以满足衣着、装饰、产业用各领域的需求。土工布、各类防护用品、医用纺织品、农业栽培和渔业水产用材料、航空航天用纺织材料、过滤材料等产业用纺织品已成为高新技术领域必不可少的基础材料，越来越受到世界各国的关注。另外，智能纺织材料与服装的研究已成为重要课题，随着电子信息技术的发展，其核心技术已取得一定成果。

二、技术路线选择和总体布局

在节能减排印染技术、新型非棉纤维素纤维及功能性纺织材料加工技术方面形成自主知识产权，加快推进传统纺织行业技术升级和优化结构，实现行业的可持续发展。

围绕印染行业的节能减排和可持续发展要求，研究无水化涂料印染技术、棉型织物的节水减排技术，从源头上减少水耗、能耗，降低污水排放，提高我国印染行业技术水平；针对纺织工业快速发展对纺织原料的迫切需求，开发新型非棉纤维素纤维及功能聚酯纤维加工技术，扩大纺织纤维资源，提高新型非棉纤维素纤维的使用比重；开发高档功能性纺织材料，提高产品档次和附加值，满足高端纺织品市场需求，促进行业产业升级和结构优化。

"十二五"期间，要大力推进纤维原料开发，注重高性能、差别化、功能化及新型生物质原料。力争在产业用纺织品的关键技术上有所突破。优化组合节能、环保的纺织及染整加工技术，提升纺织品品质、提高附加值。开发针对纺织品的先进表征理论和现代测量、评价技术。

三、主要成果

"十五"期间，开发成功了纺织印染后整理新技术。提高天然纤维色牢度工艺技术研究，以问题较突出的真丝绸色牢度为切入点，解决了部分丝绸中深颜色牢度（已达到4级）这一世界性难题。成功开发了新一代数码喷射印花机，最高速度可达82m²/h，使我国数码喷射印花技术向高速化发展，为进一步提高数码喷射印花技术奠定了很好的技术基础；数码喷射印花和四分色印花协同技术，实现了数码喷射印花快速打样，四分色印花规模化、低成本、少污染、高品质生产的目标，该成果现已在丝绸、棉布、化纤等印染行业中得到广泛应用，可提高综合经济效益20%～30%，它对提升传统行业利润，降低生产成本，减少环境污染具有重大的意义。

年产45 000吨粘胶短纤维工程系统集成化技术。该项目对成套生产装备、配套工艺及工程集成化研究，研制成功的生产线生产能力大、效率高、技术先进，产品质量好且稳定，大大降低了原材料及能源的消耗，原料消耗降低了20%、吨纤维水耗降低了50%。首创的棉浆粕黑液水、粘胶纤维生产废水等综合处理技术，不仅废水综合处理效果为全行业最好，废水处理成本降低了30%。设计开发了全套生产线自动控制系统，首次实现了大容量国产化工艺装备的柔性化生产，适应多种原料，可生产系列差别化、功能化产品。该项目技术与装备已在行业得到大面积推广应用，形成产能约占国内总产能的35%。实现了我国粘胶纤维技术装备的原始创新的突破，对推动我国粘胶行业技术进步和产业升级起到了重大的推动作用。

"十一五"期间，在国家科技支撑计划的支持下，在印染节能减排、纺织纤维原料、高档功能性纺织材料及嵌入式复合纺纱技术等方面都取得了显著的成效。

一批印染节能减排技术取得突破，对纺织印染行业从源头上实施清洁生产起到了很好的示范作用。

——涂料印染新技术。自主开发了纤维变性技术、涂料染色工艺、助剂及设备，实现了染色、预烘、烘干一次性连续生产，节水30%以上，节能20%～30%。自主开发了丝绸及含丝多元纤维交织或混纺轻薄型织物全涂料印花的助剂体系以及直接印花和拔染印花工艺技术，使色牢度、手感柔软性、色泽鲜艳度、颜色均匀性等重要指标接近或达到染料印花水平，同时比传统印花可节水30%以上，节能35%以上。

——棉冷轧堆染色技术。比常规染色加工节约用水15%，节约用电15%，节约蒸汽20%以上，节约染化料达22%。同时，一次染色成功率达96%以上，其产品左中右、头尾色差已经达5级。

——新型改性淀粉浆料生产与替代PVA应用技术。研发了新型环保型接枝淀粉浆料及配套的工艺设备，达到了取代PVA的要求，产品质量稳定。新型淀粉改性浆料生产基本无污染物产生，浆料生产成本降低10%，节能15%，整体技术达到国际先进水平。该技术为推动纺织环保上浆、印染节能减排提供了技术支撑，正在行业大力推广应用。

——退浆精练用复合酶制备及其应用工艺技术。系统地研究了各种退浆精练用生物酶的酶学性能及协同增效技术，创新开发了高效低温复合生物酶催化退浆精练、双氧水受控分解技术和助剂，解决了印染行业生物酶前处理存在的PVA、棉籽壳去除不净，传统前处理废水污染严重的瓶颈问题。该成果节能减排效果显著，在生产过程中不使用高浓度强碱作为精练剂，退浆率≥90%，烧碱用量比传统碱煮工艺降低90%，COD值降低30%，节水25%以上，综合节能32%，总体技术达到国际先进水平。

——棉型织物低温漂白关键技术。创新了仿酶催化剂配体合成方法，降低了催化剂成本，攻克了耐双氧水碱性果胶酶、角质酶的量产关键技术，突破了双氧水活化剂的规模化制备关键技术，开发了系列生物酶退浆精练、双氧水低温漂白前处理技术，将退浆精练温度从常规的100℃降低至40～80℃，漂白温度从常规的98℃降低至80℃，可实现节能35%以上，节水10%，减少废水排放10%以上，技术达到国际领先水平。

新型非棉纤维素纤维及功能性纤维材料开发获得进展，扩大了原料资源，提高了纤维差别化水平。

——突破了黄麻、竹、聚乳酸、甲壳素纤维及其纺织印染关键技术，首创了黄麻纤维生物–化学–物理可控精细化技术、协同脱色、结构软化及纺织印染加工技术，突破竹浆粕制备、纺丝技术及纺织印染关键技术，扩大易降解、可再生纺织原料资源的利用。

——针对国内聚酯纤维产业自主创新能力不强、同构性产能过度发展、纤维差别化率低、产品功能单一、单位能耗大等突出问题，以提高聚酯的功能性、差别化和提质降耗为目标，开发了一些典型的高功能和高性能聚酯纤维制备共性关键技术，缓解纺织原料不足的矛盾。

超高支、轻薄高档纺织面料加工技术取得进展，提升了天然纤维面料加工技术水平，较大提高了产品档次和附加值，满足了高端纺织品的市场需求。

——超高支纯棉面料加工关键技术的研究成功，把我国的纺纱技术推向了一个新的高度，纯棉1.9tex纱代表了当今世界上纺纱技术的最高水平，该产品工艺流程合理，生产控制设备及技术先进，解决了生产中纱线断头多等诸多技术难题，纺纱效率由30%提高到80%以上，是生产高档织物的理想产品，较大提高了企业的市场竞争力，对于棉纺织产品结构调整具有积极的示范作用。

——高档超高支苎麻面料生产技术。通过对苎麻高效脱胶、新型湿法纺纱、紧密纺细纱技术研究及装备改造，开发出了136～400 Nm系列精细化苎麻纱线和80～160Nm苎麻/棉混纺针织用光洁纱，降低了纱线毛羽，改善了成纱质量和服用性能，该技术达到国际领先水平。

——超高支毛纺轻薄面料及多功能整理技术。采用嵌入式复合纺纱技术，毛纱支数可达到500/2Nm，实现了超高支轻薄面料的规模化生产；解决了毛纺面料抗皱、抗静电、易护理等行业共性关键技术难点，实现了毛精纺面料的多功能产业化技术。该技术研发的毛精纺面料质量达到欧洲名牌呢绒技术水平，能够替代国外同类面料，满足国内服装厂生产世界名牌服装的需要。

嵌入式复合纺纱关键技术取得突破，提高了纺纱技术水平和产品附加值，拓展了纺织原料的种类，实现了资源的优化利用。

嵌入式复合纺纱技术突破了现有环锭纺纱技术纺高支纱的极限，实现了优质纤维超高支纺纱、低等级纤维原料及下脚料（落毛、落棉）纺高支纱，节约了成本，实现了资源的优化利用；该技术突破了原有环锭纺纱技术对纤维长度、细度等性能要求，将一些原来不能在纺纱领域使用的纤维原料（如羽绒纤维）实现了纺纱应用，极大拓展了纺织原料的种类，实现了材料的充分利用；该技术为开发不同特色与功能的各种复合结构的纱线提供了新途径。

嵌入式复合纺纱是我国唯一拥有自主知识产权的新型纺纱技术，技术达到了国际领先水平，该技术已在毛、棉、麻、绢丝等纺纱领域推广应用，毛纺、棉纺、麻纺可分别实现200～300Nm/2、300～500Nm/2、100～200Nm/2纱线的稳定生产，成纱毛羽降低30%，条干提高10%以上。

第五节　轻工行业

一、背景

轻工业承担着繁荣市场、增加出口、扩大就业、服务"三农"的重要任务，是生产日用消费品的重要民生产业，具有出口比较优势和一定国际竞争力，在经济和社会发展中起着举足轻重的作用。

2011年轻工行业全部工业企业累计实现工业总产值20.14万亿元，其中轻工行业规模以上工业企业累计实现工业总产值16.47万亿元,占全国工业的19.3%；2011年轻工行业全部工业企业60万个，其中轻工行业规模以上工业企业8.91万个，占全国工业的28.4%；2011年轻工行业规模以上工业企业累计资产总额占全国工业的14.3%；2011年轻工行业全部工业企业累计实现利润1.25万亿元，其中轻工行业规模以上工业企业累计实现利润1.00万亿元，累计利润总额占全国工业的18.3%；2011年轻工行业全部工业企业从业人员3620万人，其中轻工行业规模以上工业企业从业人员2240

万人，占全国工业的24.9%；2011年全国轻工行业进出口贸易总额为5587.2亿美元，其中出口总额4431.1亿美元，比上年增长23.0%，进口总额1156.1亿美元，贸易顺差3275亿美元，全国轻工行业出口总额占全国出口总额的23.3%。

农副食品加工、塑料制品、食品制造、造纸、家电、皮革、五金、酿酒、电池、软饮料、家具等行业规模以上工业企业工业总产值位居前列。2011年，农副食品加工业工业总产值4.47万亿元，占轻工行业总计的27.1%。塑料制品业工业总产值1.61万亿元，占轻工行业总计的9.8%。食品制造业工业总产值1.43万亿元，占轻工行业总计的8.7%。主要轻工行业工业总产值完成情况见图6-1。

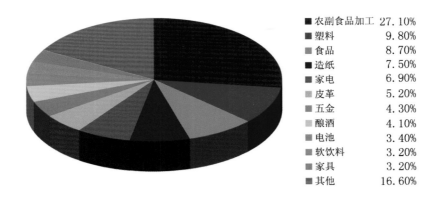

图6-1 2011年主要轻工行业总产值占比情况

2011年，农副食品加工、食品制造、塑料制品、酿酒、造纸、皮革、家电、软饮料、五金、日化、电池等行业规模以上工业企业利润总额位居前列。农副食品加工业利润总额2372.96亿元，占轻工行业总计的23.7%。食品制造业利润总额1100.86亿元，占轻工行业总计的11.0%。塑料制品业利润总额882.29亿元，占轻工行业总计的8.8%。主要轻工行业利润总额完成情况（图6-2）。

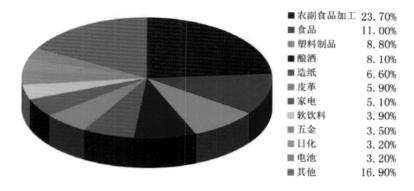

■ 农副食品加工	23.70%
■ 食品	11.00%
■ 塑料制品	8.80%
■ 酿酒	8.10%
■ 造纸	6.60%
■ 皮革	5.90%
■ 家电	5.10%
■ 软饮料	3.90%
■ 五金	3.50%
■ 日化	3.20%
■ 电池	3.20%
■ 其他	16.90%

图6-2　2011年主要轻工行业利润总额占比情况

　　轻工行业中，95个国家级企业技术中心为轻工行业技术进步发挥了重要作用。节能减排成为转变发展方式和调整产业结构的重要抓手。通过采用新技术、新工艺、新材料，提高能源利用率和水的循环利用效率，重点行业综合消耗明显下降。造纸、发酵、啤酒等行业中的龙头企业和多数大中型企业实现了增产不增污。通过实施能效标识管理、环境标志认证、节能产品认证、节能惠民工程等，对于企业生产绿色节能产品发挥了引导作用。表6-3是主要轻工产品产量变化表（规模以上）。

表6-3　主要轻工产品产量变化表（规模以上）

名　称		单位	产量				2010/2002
			2002年	2009年	2010年	2011年	
纸浆		万吨	1132.36	1934.5	2231.91	2276.3102	1.97
机制板及纸板		万吨	2849.3	8965.1	10 035.93	11 034.36	3.52
	新闻纸	万吨	182.55	428.71	428.50	368.789 4	2.35
日用陶瓷器		亿件	92.37	204.66	271.24		2.94
日用玻璃制品		万吨	644.32		1435.30	1373.68	2.23
玻璃保温容器			30 295	61 015	57 065.8	72 049.99	1.88
肥皂		万吨	56.16	87.39	96.69		1.72
合成洗涤剂		万吨	328.44	659.06	730.07	851.13	2.22
	合成洗衣粉	万吨	206.97	384.90	392.62	373.56	1.90

名 称	单位	产 量				2010/2002
		2002年	2009年	2010年	2011年	
干电池	亿支	186.88	298.86			
铅酸蓄电池	千伏安时			144 166 775	142 297 329	
碱性蓄电池	万只			79 930.80	101 890.38	
锂离子电池	万只			268 698.57	296 633.14	
太阳能电池*	千瓦			5 952 266	12 983 878	
酒精	万吨	212.86	742.96	825.93	833.73	3.88
轻革	万平方米	47 870	59 482	74 934.49	68 558.43	1.57
皮包、袋	亿个	8.21	6.77	7.78		0.95
圆珠笔	万支		598 300	752 258.83		
铅笔	亿支	77.15	219.83	180.65		2.34
塑料制品	万吨	1400.53	4479.28	5830.38	5474.30	4.16
搪瓷制品	万吨	12.90	58.40	61.54		4.77
日用不锈钢制品	万吨	41.50	192.76	250.86	260.44	6.04

注：本表根据国家统计局有关资料整理，规模以上企业为年主营业务收入500万元工业法人企业。

　　轻工业包含食品、造纸、家电、塑料、家具、皮革等45个行业。我国是世界轻工产品制造大国，中国家电、皮革、家具、自行车、五金制品、电池、羽绒等行业在全球具有比较优势、有一定国际竞争力。钟表、自行车、缝纫机、啤酒、空调、冰箱、洗衣机、鞋等100多种产品的产量居世界第一，海尔、格力、波司登、茅台、青岛啤酒等一批品牌享誉国内外。我国轻工业涵盖衣、食、住、行等领域，是丰富人民物质文化生活的重要消费品产业，在国民经济和社会发展中具有举足轻重的作用，承担着繁荣市场、吸纳就业、服务三农、扩大出口等重要任务。轻工材料领域主要包括塑料加工、表面活性剂、皮革、制浆造纸、陶瓷和制冷材料等6个方向。

（一）塑料加工

总产值位居轻工行业第二位，出口居第四位。在"十一五"的前3年，尽管相继遭遇"禁塑令"、原材料价格暴涨和全球经济危机，塑料制品产量的年均增长依然保持在16.58%。中国塑料工业积极进行结构调整，逐步推进产业结构优化升级，努力提高产业技术水平，把发展的目标重点集中在新型农用塑料、新型塑料包装材料、塑料建材、高值工程塑料制品及复合材料、大宗塑料制品（管材、异型材、压延制品、双向拉伸材料、薄膜等）、节能降耗型塑料机械、新型环境友好高分子材料、新型健身器材、医用塑料、抗菌塑料、家庭日用塑料等。

（二）皮革行业

我国是皮革生产和出口的第一大国，但长期以来我国的皮革制品主要是以中低档为主，在国际市场上缺乏竞争力。超弹性服装革是由天然皮革与合成高分子材料——聚氨酯纤维复合而成，具有超薄、高物性的特点，一改皮革服装的臃肿感，赋予其良好的贴身性、随动性。所涉及的耐洗皮革技术、超薄剖层技术、高延伸率涂饰工艺等核心技术对提高皮革制造业的技术水平具有重大意义，可大大提高皮革产品的质量和档次、将皮革资源利用率提高50%以上。皮革行业的发展趋势是发展高效绿色皮革化学品，提高皮革产品质量、功能，实施制革清洁生产，皮革废弃物资源化、高值化利用，发展皮革循环经济，突显皮革产品功能化。我国皮革行业由制革、制鞋、皮具、皮革服装、毛皮及制品等产业组成，市场化程度极高，目前我国已经成为世界皮革的生产和销售中心。国内在皮革废弃物综合利用技术方面的研究虽起步较晚，但投入研发力量大，技术进展已是后来居上。我国也是全球最大的鞋类生产、消费和出口国，年产鞋类100多亿双。国内鞋类设计、生产技术和使用材料的品种与国外差距不大，主要差距是内在技术—功能性、舒适性的不足。

（三）造纸

具有资金技术密集、规模效益显著的特点，产业关联度强，市场容量大。近年来，由于受到资源、环境、效益等方面的约束，造纸企业在节能降耗、保护环境、提高产品质量、提高经济效益等方面加大力度，正朝着高效、高质、低耗、低排的现代化大工业方向持续发展，呈现出企业规模化、技术集成化、产品多样化、功能化、生产清洁化、资源节约化、林纸一体化和产业全球化发展的突出特点。为了减少污水排放，世界各国都在研究开发制浆造纸厂白水循环利用、封闭筛选技术、膜过滤技术，以促进水封闭循环或零排放的实现。

（四）日用陶瓷

目前发达国家在原料、辅料、工艺、产业结构及专利、标准方面对传统日用陶瓷行业进行创新和改造，我国日用陶瓷产业也呈现高速增长的态势。随着近年来窑炉技术、窑具质量、燃料结构、花纸技术的发展，使得日用陶瓷产品产量上明显提高，已经成为日用陶瓷生产大国。

（五）制冷剂

随着全球臭氧层保护意识的提高以及对能源效率的重视，各国制冷剂替换进程加快。我国将于2030年禁用含氟制冷剂。目前的中长期替代制冷剂包括R134a、R407C及R410A，有较好的性能，但其核心技术掌握在国外少数企业手中，极大地阻碍了我国环保制冷剂及环保制冷器的发展。

（六）表面活性剂

表面活性剂是重要的精细化工产品，在工业、农业、国防及日常生活中都有着广泛的应用。经过多年发展，表面活性剂已经从扮演传统日用化工产品如洗涤用品中主活性物的单一角色，逐渐扩展成为国民经济各个重要产业部门中不可或缺的功能负载型材料，并正在快速渗透到各高新技术领域。表面活性剂能提升大多数国民经济重要产业部门的技术水平，并能对信息技术、生物技术、能源技术、新材料等高新技术发展构成强大支撑。改革开放以来，尽管我国表面活性剂工业得到了蓬勃发展，但高档产品竞争力不强，尤其环境友好的表面活性剂生产技术与功能型表面活性剂品种开发不能满足应用需求。国际上表面活性剂研发的主要方向是对人体温和性、环境和生态适应性、高活性、多功能以及突破传统概念的新型表面活性剂等。我国表面活性剂行业以绿色化、功能化为主要发展方向。

二、技术路线选择

以我国塑料、皮革、造纸、日用陶瓷、制冷剂、表面活性剂等领域共性关键技术为出发点，大力开发塑料改性功能新材料、农用塑料、高档医用塑料新材料等，推进塑料产业结构优化升级；优化利用我国的有限自然资源，采用高新技术改造和提升我国传统皮革产业，开发符合环保要求的高档次皮革材料，带动我国皮革行业发展；通过高得率、低能耗制浆技术的研发，高性能纸基功能性新材料及特种纸开发以及废水、固体废弃物减量化、资源化利用技术开发等，实现造纸行业节能减排；通过高品质日用陶瓷标准化坯料及制瓷技术、日用陶瓷高效节能模具窑具关键材料技术、日用陶瓷装饰材料的无害化关键技术、日用陶瓷表面易洁抗菌功能化材料制备技术的研发，引领陶瓷行业向高品质化方向发展；通过新型制冷剂、新型发泡材料的研发、替代和应用等技术的研发，不断提高家电产品的性能和品质；通过设计表面活性剂的分子结构，改造反应器形式及工艺流程，利用高效催化剂及应用技术的原始和集成创新，突破绿色化工程、高质量产品制备、节能降耗、催化、关键反应设备等表面活性剂行业共性和关键技术问题，实现表面活性剂行业的健康发展。

三、总体布局

"十二五"期间，中国塑料工业要全面推进产业结构优化升级，大力提高产业技术水平，2010—2015年间的年增长率达到10%，2010年、2015年塑料制品产量分别达到4000万吨和5000万吨，力争实现在现有基础上塑料制品总产量翻番的目标。以绿色化为主导，全面提高行业创新能力和技术水平，改变大而弱的现状，缩小同发达国家的差距。到"十二五"末，表面活性剂总产量要达到450万吨，品种达到2000种以上。开发自主知识产权的环保型制冷剂。围绕目前我国造纸工业技术现状和发展需求，重点针对行业资源消耗大、污染排放严重、高性能功能材料短缺方面的制约因素，通过产业技术联盟或紧密的产学研合作，实现行业共性关键技术的创新突破和技术体系工业化集成应用，支撑和推动行业技术水平提高，加速行业向循环经济和可持续发展的步伐。通过开发环保型的皮革化工材料，取代目前制革生产中使用的对环境有害的硫化碱、氯化铵和铬鞣剂；通过开发胶原基新材料，消除皮革废弃物的污染，并提高其附加值；开发综合指标良好的高性能鞋底材料，支持高档鞋的开发生产，提高鞋类的功能性舒适性。在陶瓷行业实施高品质化工程技术攻关及改造，加大自主技术创新投入及研发成果产业化转化力度，建设国内、国际知名陶瓷品牌，实现传统优势产业的升级，支撑其可持续发展。

以企业为主体，产学研联合，研制天然皮革与合成高分子纤维相结合的新型复合材料——超弹性服装革，彻底解决皮革回弹性差的问题；开发阻燃、低雾化、耐黄变的汽车内饰（座垫和装饰）用皮革，提高我国汽车配套产品的质量和档次；大幅增加皮革资源的利用率，使原皮得革率较常规技术提高50%；研发高性能的合成皮革材料，日产达3000m²。

以企业为主体，产学研联合，重点开发油脂基绿色表面活性剂制造工艺；建成年产万吨级油脂乙氧基化物和脂肪酸甲酯磺酸钠产业化示范基地；开发温和型表面活性剂醇醚羧酸钠和醇醚葡糖苷制备工艺；实现无溶剂连续季胺化和脂肪酸乙基磺酸钠-香皂一体化清洁生产工艺产业化；开发改性羧酸盐和磺酸盐表面活性剂。

四、主要成果

在"十五"国家科技支撑计划"高性能皮革材料的研发及产业化"项目的支持下，通过将氨纶织物与天然皮革相复合，研究开发了超弹力皮革服装面料；集成国内外技术开发了汽车用革及其配套的专用化工材料；开发了易染型、功能型合成皮革，较大提高了我国在皮革和合成皮革领域的科技竞争力。

（一）首创的超薄剖层技术和载体复合技术，复合后鞣染及增加黏合层通透技术，对提高我国天然资源的利用率，增加皮革的服用性、时尚性具有重要意义

2005年8月，成果在协作单位全杰皮革高科有限公司的杰华制革厂投入批量生产，生产规模为278.7 m²/d（3000平方英尺/日），2006年2月至9月生产总量为35 000m²，产品主要销往美国和欧洲市场。

（二）研制的汽车用革及皮革专用阻燃剂、耐黄变涂饰材料具有我国自主知识产权，对提高我国汽车配套工业的国产化水平具有推动作用

2006年7月成果在浙江海宁卡森集团以每天460张牛皮投入试生产，至10月底已生产出41 400张汽车座垫革（约19 230 m²）。产品销售到福特汽车公司及海南马自达汽车公司，受到两家用户的一致好评。已实现利润78.6万元，经济效益较常规产品提高40%。

（三）研发的易染型合成革和功能型合成革，大幅度提升了我国合成皮革的技术水平和市场竞争力

篮球革在2003—2006年间，实际销售量为35万平方米，实际销售收入

1560万元,实现利税180万元；绒面革产品在2003—2006年间，服装用绒面革的实际销售量46.6万平方米,实现实际销售收入2729万元,实际上缴利税260万元。

在"十一五"国家科技支撑计划"特殊功能表面活性剂绿色化工程技术开发"项目的支持下，通过原始和集成创新，突破了表面活性剂绿色化工程、高质量产品制备、节能降耗、关键反应设备等行业共性关键技术问题，建成了年产500吨α－长链烷基甜菜碱两性表面活性剂中试装置、年产1000吨的多聚甘油脂肪酸酯生产装置、年产1000吨的酯基季铵盐生产装置、年产500吨规模醇醚羧酸钠（AEC）中试装置、年产500吨规模醇醚葡糖苷的中试装置、年产5000吨无溶剂连续季铵化生产装置、年产1000吨脂肪酸乙基磺酸钠生产装置、年产1250吨中性护肤香皂的生产装置、改性天然羧酸盐表面活性剂中试生产装置、年产3万吨MES的工业示范装置；实现了年产6万吨油脂乙氧基化物产业化规模。开发的新产品、新工艺和生产示范线以绿色环保或具有特殊功能为出发点，开发或综合采用先进的合成技术、复配技术和工程化技术，重点解决了原料升级换代、产品浓缩化、工艺过程连续化等共性关键技术，对我国表面活性剂工业具有示范作用，所建成的生产线和基地运行已经显示出良好的推广应用前景。

第六节　建材行业

一、背景

建筑材料工业是我国国民经济重要的基础原材料工业。我国建筑材料工业由建筑工程材料、非金属矿物材料、无机非金属新材料产业构成，不仅是房屋建筑、土木工程、交通运输、水利、电力、能源、化工等行业发展的重要支撑产业，也是支撑国防、航天航空、节能环保、新能源、信息产业等战略性新兴产业发展的重要产业，还是改善民生的基础产业。

2011年，建材行业规模以上工业企业完成工业总产值3.5万亿元（是2002年的10倍），利润总额2798亿元（是2002年的20倍），建材行业产业规模以上企业销售收入达34 000亿元（是2002年的30倍），我国由建材大国向建材强国不断迈进。其中，建材的产业结构不断优化升级。按工业增加值计，传统高耗能产业所占比重2011年为45%，与2002年相比，降低了17个百分点，促进了建材行业产业结构"轻型化"；先进生产力实现了跨越式发展，以新型干法水泥熟料产量为例，从2002年1亿吨，所占比重14%，发展到2011年的11.28亿吨，所占比重86.3%。

十年来，建筑材料行业科技创新取得重大进展，对国家经济建设和社会发展做出了重要贡献。建材行业产生了一批重大科技成果，极大地提升了国家竞争力。以SINOMA品牌为代表的中国新型干法水泥技术已成为国际上"中国制造"形象和国家竞争力的优秀代表，受到党和国家领导人以及许多外国政府的高度评价。中国中材、中国建材向包括欧美发达国家在内的数十个国家出口大型成套生产技术装备，并成为国际上最大的水泥生产线建设工程总承包商。以中国建材国际工程集团有限公司为代表的"中国洛阳浮法"玻璃生产技术装备与工程总承包得到国际市场高度认可，出口许多国家。

但总体来看，建材行业目前的发展还没有从根本上完全脱离依靠投资增量扩张和以生产要素驱动的发展模式。主要产业的产量早已位居世界第一，但整体而言，产品种类、档次、性能、质量与国际先进水平相比，存在着较大差距，中低档产品较多，技术含量相对低、效益比较差。产业集中度低、能耗高、资源消耗大、环境负荷重的现状没有得到根本改善，资源能源环境的瓶颈约束日益显现。这种状况从根本上是由于自主创新能力不足、技术创新力度不够与资源缺乏所致。

二、技术路线选择和总体布局

建材行业和企业应在实现绿色制造，低碳节能减排和发展高性能新材料产业等方面整体推进，利用信息技术、高新材料技术和高端装备改造提升传统产业，力争在重点领域实现突破和战略性跨越。

以国家重大需求为导向，积极争取国家重大专项、科技支撑项目、专项示范工程等科技计划的支持，加强原始创新；以骨干企业为依托组建产学研相结合的技术创新联盟，加大创新投入，突破核心共性关键性产业化技术。

培育和建设节能减排和绿色制造先进适用技术的产业化和工程应用示范项目，加强科技交流、促进科技成果的推广应用，尽快取得重大社会经济效益。

创新研发体制和机制，大力培养、引进科技领军人才、优秀专业技术人才、青年科技人才，加强企业技术中心，重点实验室、工程中心等创新平台建设，为创新人才提供成长和用武之地。

积极开展和深化国际科技合作，努力引进和消化吸收国外先进技术和装备，建设合作共赢的国际化技术创新平台。

加强和完善行业科技创新核心技术指导目录的引领和服务体系建设，正确引导企业创新发展；继续坚持科学评价和奖励创新成果，加强知识产权的创造、提升、应用、保护和管理。

三、主要成果

在我国建材行业企业、科研设计院所和高等院校的努力下，取得一批具有重要社会影响和显著经济效益的重大成果，包括以我国神舟5号、神舟6号、神舟7号飞船为代表的航空航天工程技术，为我国科学技术发展做出了重要贡献，也为我国建材工业的结构调整和建材企业市场竞争能力的提高做出了重要贡献。"固体建筑废弃材料再生混凝土资源化综合利用关键技术研究与应用"等28个项目得到国家863、973科技支撑计划等支持。从2002—2011年建筑材料行业共获得国家技术发明二等奖6项，国家科技进步一等奖1项、二等奖17项。

我国水泥工业的科技发展以新型干法生产技术的发展为主导，在预分解窑节能煅烧工艺、大型原料均化、节能粉磨技术、自动控制技术和环境保护技术等方面从设计到装备制造都迅速赶上了世界先进水平。从2002年我国在欧洲国家以工程总承包形式实施整条生产线的技术、装备与工程服务，实现在发达国家项目零的突破以来，我国水泥技术装备工程业已经活跃在全球各主要地区，显现出较大的竞争力，成功地在欧洲、美洲、中东、独联体国家等地实施项目的总承包，2005年2月7日，中国建材装备有限公司总承包阿联酋日产10 000吨/天水泥熟料生产线，这标志着我国水泥行业开拓海外水泥市场总承包工程进入一个新的阶段。截止2011年年底，中材国际工程股份有限公司已连续四年在国际水泥工程市场份额中位列全球前三名。随着新型干法生产线单位生产能力的投资额大幅降低，新型干法生产线建设的势头发展迅猛，从2000年的109条发展到2010年底的1173条，其中，代表世界上最先进、最大规模的10 000吨/天生产线4条。4000~6000吨/天规模生产线的装备国产化程度高达95%，预分解系统、大型篦冷机、各种节能磨机等装备均达到世界先进水平。

以中国洛阳浮法技术为代表的我国浮法玻璃技术，近年来在超厚和超

第六章　行业发展

173

薄浮法玻璃的生产技术方面取得重大突破。中国洛阳玻璃集团自主研发，对浮法生产线进行大规模技术改造，率先成功生产出19~25mm厚优质浮法玻璃，填补了国内空白，各项工艺技术指标和产品性能达到国际先进水平。特别是用浮法生产超薄玻璃基板，技术难度大，国内无成功范例，洛玻集团投入大量资金，历经数年，攻克了大幅度调整拉引量、稳定液流、逐级等I值均匀拉薄、三相临界线控制、准光学玻璃质量熔化等关键技术，开发出电子工业用0.55mm、0.70mm超薄浮法玻璃产品，形成了具有完全自主知识产权的生产工艺与技术，产品质量达到国外同类产品的先进水平，成本低于进口产品，具有较高的性价比优势，其中，1.3mm超薄玻璃国内市场占有率已达到80%，0.55mm、0.70mm超薄浮法玻璃国内市场占有率已达到60%，产品已用于TN，部分精选产品用于STN，并已替代进口，为提高我国电子信息材料产业的竞争力做出了重要贡献。超薄浮法玻璃生产技术的研制成功，大大提高了我国浮法玻璃技术在国际上的地位和竞争力。该成果获得2005年度国家科技进步一等奖。

在玻璃质量的提高和玻璃表面改性技术方面，中国耀华玻璃集团在国内率先开发浮法在线低辐射玻璃镀膜技术，在浮法玻璃质量控制、膜层组分、结构和性能的设计、在线镀膜和产品质量的监控与测评等关键软硬件技术上取得突破，低辐射玻璃产品质量达到国际先进水平，该成果获得2005年度国家科技进步二等奖。中国耀华玻璃集团在国家863项目的支持下，继续开发在线化学气相沉积方法在线镀膜生产自洁净玻璃的技术并获得成功。与此同时，国内一些科研院所和高校与企业合作，也积极开发在线和离线镀膜技术，为我国建筑节能玻璃门窗和幕墙的发展提供了必要条件。中国科学院中科纳米技术工程中心有限公司等单位自主开发生产的自清洁玻璃，已用于国家大剧院6000m²的屋面工程。山东金晶公司生产的超白玻璃用于北京奥运鸟巢、水立方、上海世博会中国馆、京藏铁路列车等，成为我国功能玻璃发展水平的一个亮点。与此同时,中国凯盛国际工程公司已将中国洛阳浮法玻璃的成套技术与装备从500～900吨/天分别出口印尼、沙特、伊朗等国，其太阳能电池用微铁高透过率玻璃成套技术及产业化开发获2011年国家科技进步二等奖；中国洛阳浮法玻璃集团出口500吨/天浮法玻璃生产线到阿尔及利亚；秦皇岛玻璃工业研究设计院出口500吨/天浮法玻璃生产线到乌克兰、越南等国。这些都充分反映了中国洛阳浮法玻璃技术、装备、性价比等方面在国际上占据重要地位。

我国建筑卫生陶瓷工业技术的发展也令世界瞩目。在多年的引进和消化吸收基础上，我国建筑卫生陶瓷企业已开始进入自主开发阶段，能自行设计年产100万～300万m²的墙地砖、年产60万件卫生瓷，掌握了墙地砖干法制粉、卫生陶瓷高压注浆和低压排水等先进工艺和装备制造。特别是广东科达机电股份有限公司和佛陶集团力泰机械有限公司开发的大吨位液压全自动陶瓷压砖机系列，最高吨位达到7800吨的国际先进水平，在机架、结构、CNC智能自由布料等方面有所创新，能满足大到1800mm×1200mm规格的各种尺寸瓷砖的生产要求。该成果大大提高了我国陶瓷墙地砖产品和装备的国际竞争力，打破了国外大吨位陶瓷压砖机的垄断局面，不仅在国内大量取代进口产品，而且已出口国外。该成果获2004年"建筑材料科学技术奖"技术进步类一等奖。在新产品开发方面，杭州诺贝尔集团有限公司在国内率先从事无锆镁质高白瓷质砖块的研发，研究了滑石—长石—黏土体系，成功解决了普通超白瓷质砖（含锆配方）放射性污染问题，是瓷质砖领域的重大技术突破，填补了国内空白；"蒙娜丽莎"陶瓷集团凭借雄厚的科技实力，与相关单位共同承担陶瓷薄板的国家"十一五"科技攻关计划，取得圆满成功，建筑陶瓷薄板具有吸水率低、尺寸大、厚度薄及节能降耗、清洁环保、轻质高强等特点，它的研发成功使传统的建筑陶瓷观念发生了革命性的变化。建筑陶瓷薄板是目前世界上高端的建筑陶瓷产品，当今全世界只有6个国家具有生产建筑陶瓷薄板的装备与技术，但都没有形成产业化，"蒙娜丽莎"陶瓷集团通过自主研发，生产出了具有规格大、质量轻、厚度薄、节能环保等特点的建筑陶瓷薄板，该产品只要传统陶瓷的1/2～1/3的瓷土原料就可以生产出同等面积且同样优质的瓷质装饰材料。其与广东科达机电股份有限公司、咸阳陶瓷研究设计院、陕西科技大学共同完成的"大规格瓷质板材生产线成套工程技术与装备开发和产业化"获2008年"建筑材料科学技术奖"技术进步类一等奖。

我国玻璃纤维池窑拉丝生产技术已达到世界先进水平。在南京玻璃纤维研究院、山东泰山玻纤、巨石集团等单位的努力下，我国池窑拉丝生产线从5000吨/年级逐步发展到100 000吨/年级以上大型生产线。2010年池窑法生产的玻纤产品已占我国玻纤产量的85%以上，在无碱池窑、6000孔大漏板制造、废气余热利用、废丝回收利用和产品质量控制技术等许多方面形成自主知识产权，技术装备的国产化率达到90%，提高了我国玻纤工业的国际地位。继南京玻璃纤维研究设计院"玻璃纤维池窑拉丝技术装备"、"系列光导纤维传像束及工业内窥镜规模化生产技术研究"项目分获2001年国家科学技术进步奖一等奖和二等奖之后，其完成的"玻璃纤维覆膜滤料的研制及工程化应用"获2008年"建筑材料科学技术奖"技术进步类一等奖；浙江巨石集团"年产10万吨玻璃纤维池窑拉丝生产技术与关键装备的研发及应用"获2008年"建筑材料科学技术奖"技术进步类一等奖；山东泰山玻纤"高TEX数无碱无捻玻璃纤维直接纱的开发应用"项目获2002年国家科技进步二等奖。值得一提的是，浙江巨石集团、泰山玻璃纤维股份有限公司瞄准国际前沿技术，池窑（通路）生产线全部由空气助燃切换为纯氧助燃，与空气助燃相比，纯氧助燃不仅提高了燃烧效率，提高产品质量，还可节约35%的燃油，窑炉尾气排放量可减少80%，氮氧化物基本实现了零排放，降低了粉尘排放量，废气处理设施运行费用大大减少。仅仅通过该项技术的实施，取得了极大的经济和社会效益，这些成果也充分反映了我国玻纤行业技术进步水平。

复合材料/玻璃钢行业通过消化吸收国外先进技术与自行研发相结合，技术装备水平近年来有了较大幅度的提高。我国纤维缠绕夹砂玻璃钢管道生产技术装备已达到目前国外同类技术装备先进水平，既有经济实用的机械化缠绕机，也有先进的微机自控缠绕机，生产线建设成本大大低于引进线的成本，技术与装备不仅向发展中国家出口，而且向包括日本在内的发达国家出口。玻璃钢缠绕技术从机械化、微机自动控制发展到多轴缠绕，解决了高技术产品制造的高难要求。北京玻璃钢研究设计院"聚合物基复合材料液体成型技术及其应用研究"成果2002年获得国家科技进步二等奖；中材科技（苏州）有限公司、北京玻璃钢研究设计院"先进复合材料高压气瓶工业化制造关键技术及应用"、"兆瓦级风机叶片模具制造技术"获2008年"建筑材料科学技术奖"技术进步类一等奖；哈尔滨玻璃钢研究设计院"航天运载用固体火箭发动机复合材料壳体研究"、上海玻璃钢研究设计院"兆瓦级风力机复合材料叶片开发"获2007年"建筑材料科学技术奖"技术进步类一等奖。我国复合材料技术水平在不断发展提高，具体表现在：在建筑节能、高速公路、电力电器、新农村建设将极大地推进玻璃钢门窗、波瓦壁板、风力叶片、电器配件的创新与发展，中复连众、上海玻钢院、北京玻钢院等单位已相继完成1.5MW、2.5MW、3.0MW以上所要求的40m以上直径的环氧玻璃钢叶片的制造技术和产品。北京玻璃钢复合材料有限公司"40.2m复合材料风电叶片产业化制造技术"（2009

年）、北京玻璃钢复合材料有限公司与哈尔滨工业大学和深圳市海斯比船艇科技发展有限公司共同完成的"复合材料高速船艇船体设计和建造技术"（2010）获"建筑材料科学技术奖"技术进步类一等奖。

混凝土及其制品的生产技术水平明显提高。武汉理工大学、湖北大学"高性能水泥基复合材料的研究及其工程应用开发"成果2001年获得国家科技进步二等奖；中国建筑材料科学研究总院"高性能低热硅酸盐水泥（高贝利特水泥）"成功用于三峡工程，该项成果在2005年获"建筑材料科学技术奖"技术发明类二等奖后，同年又获得国家技术发明类二等奖；武汉理工大学"大跨度拱桥结构钢管高强膨胀混凝土制备技术及应用"获2006年"建筑材料科学技术奖"技术发明类一等奖；在"九五"至"十一五"期间，水泥混凝土材料科学技术受到国家重视和支持，被列入国家科技部攻关和重点基础研究项目，促进了我国水泥混凝土材料科技水平的提高，如中国建筑材料科学研究总院、中国水利水电科学研究院、武汉理工大学、北京科技大学、中国建筑科学研究院、同济大学、苏州混凝土水泥制品研究院等单位共同承担的科技部攻关项目"重点工程混凝土安全性的研究"项目、国家重点基础研究项目"高性能水泥制备和应用的基础研究"等。预应力钢筒混凝土管制管技术与装备、预应力高强混凝土管桩技术与装备、大规格纤维水泥板压机等技术装备，或具有中国特色、经济适用，或已达到国际先进水平，产品和装备大量出口国外。在综合开发利用矿渣、粉煤灰等各种工业废渣和其他矿物材料，制备绿色环保和高性能混凝土等技术方面，我国水泥混凝土及其制品行业已走在国际同行前列，为我国节能、利废和环保做出了重要贡献。

房建材料行业的技术结构随着国家墙改政策，特别是在全国第一批170个、第二批256个、第三批153个城市的限时"禁实"，发生了积极的变化。砖瓦行业利用页岩、煤矸石、粉煤灰等生产各种空心和实心烧结砖产品，向绿色环保产业方向发展。在消化吸收国外先进技术的基础上，新型节能利废砖瓦和装备技术发展很快，自行开发出有中国特色的硬塑和半硬塑挤出机。制砖的原料沉化、搅拌、挤出、切割、码坯和烧结技术及装备已实现大型化、自动化和成套化。一些装备不仅填补了国内空白，而且接近或达到国际先进水平。福建海源自动化（建材）机械设备有限公司"HF1100型蒸压粉煤灰砖自动液压压砖机机组"等成果获得"建筑材料科学技术奖"技术进步类一等奖；由山东泰和东新股份有限公司"大型纸面石膏板生产线热风炉干燥技术"获2007年"建筑材料科学技术奖"科技进步类二等奖，其投资新建的江阴年产3000万平方米纸面石膏板生产线，是国内第一条全部采用电厂烟气脱硫石膏为原料的纸面石膏板生产线，也是国内第一条全部设备国产化的年产3000万平方米纸面石膏板生产线，制板、制粉干燥工艺均采用燃煤热风直接烘干工艺，属国际首创，拥有完全自有技术，年可消化脱硫石膏30万吨，不仅能耗低、热效高，开国际同行业先河，更适合我国国情，对于提高石膏板行业工艺技术与装备的进步有着重要的示范和推动作用，有效地解决了电厂脱硫后产生的二次污染问题。代表我国砖瓦先进技术与装备水平的双鸭山东方墙体工业有限责任公司、西安墙体材料研究设计院、山东工业陶瓷研究院等单位已走向国际市场。另外，中国建筑材料科学研究总院"地震灾区建筑垃圾资源化与抗震节能房屋建设科技示范"（2010年）获"建筑材料科学技术奖"技术进步类一等奖。

代表建材行业高技术材料产业的无机非金属新材料的发展以科技为先导，不断扩大在石化、交通、能源、电子、建筑、农业、医学和国防、航空等领域的应用范围，提高了我国在高技术领域的竞争能力，取得一批具有显著社会经济效益的成果，其中包括：武汉理工大学"五类光纤传感敏感材料制备与加工规模化生产技术及其应用"获2002年度国家科学技术进步奖二等奖。

截止2011年，建材行业拥有国家级企业技术中心、工程技术研究中心20余家，拥有重点实验室5家。此外，大中型企业基本上建立了企业技术中心。

第七章
人才队伍建设

　　新材料产业发展的根本是人才的竞争。伴随我国新材料领域技术创新与产业发展，人才队伍建设取得了长足进步，为新材料领域创新发展提供了强大的智力支撑。

　　经过新中国成立和改革开放的建设，尤其是这十年的快速发展，我国已初步形成了门类齐全、专业配套、能够支撑新材料领域持续健康发展的人才队伍体系。但受整体发展阶段和水平的制约，领域人才队伍在总量、结构及发展环境等方面，还存在一些问题。

　　2010年4月，《国家中长期人才发展规划纲要（2010—2020年）》颁布，这是我国第一个中长期人才发展规划，要求"大力开发经济社会发展重点领域急需紧缺专门人才"。新材料领域是我国经济社会发展的前沿、基础和重点领域，新材料产业作为科学技术密集型和人才密集型产业亟须智力资源的支撑，培养造就一支规模宏大、结构合理、覆盖面广的新材料人才队伍已成为建设材料强国的迫切需要。这就要求我们必须把人才作为建设材料强国的第一资源，对未来十年人才发展进行总体谋划和设计，明确人才发展的指导方针、战略目标、重点任务和主要举措。通过更好实施新材料人才战略，把我国巨大的材料人力资源优势转化为人才优势和先进生产力优势，为实现全面完成材料产业经济转型升级和建设新材料强国目标提供强有力的人才保证和广泛的智力支持。在这一背景下，科学技术部根据中央的部署，会同人力资源和社会保障部、教育部、中国科学院、中国工程院、国家自然科学基金委员会、中国科协，编制并发布了《国家中长期新材料人才发展规划（2010—2020年）》（以下简称《新材料人才规划》）。这是我国第一个新材料人才发展中长期规划，也是我国当前及今后一段时期新材料人才发展的纲领性文件，是贯彻落实材料强国，实施新材料发展战略，提高新材料开发、应用和综合管理能力的重要举措，是推进我国新材料事业发展和实施材料强国战略的必然选择，也是在新材料领域贯彻落实《国家中长期人才发展规划纲要（2010—2020年）》的具体措施和实际行动。该规划对全面加强新材料人才资源的开发与建设，培养造就高素质的材料人才队伍，推动材料人才的整体发展，乃至促进国民经济和国防事业发展、实现建设材料强国远景目标都具有重大的战略意义和现实意义。

为了落实"项目、人才、基地"统筹发展，使新材料领域在具有优势的技术方向上得到长期稳定的支持，进入"十一五"，863计划新材料领域于2009年材料领域科技计划布局中开展了创新团队的试点工作，在项目与人才结合机制方面进行了探索，以863计划重点项目方式支持选定的11个创新团队项目，包括6所大学、3个研究所、2个企业。立项时，明确创新团队评价标准和项目考核标准，形成创新团队建设项目的管理规范。项目实施管理过程重点检查了项目在人才培养、创新团队建设、人才和项目的结合等方面执行情况，梳理不同项目创新团队建设的模式和特色，认真总结创新团队项目实施的经验。材料领域的"高技术创新团队"试点工作，为《新材料人才规划》的制定提供了借鉴。

第一节 《国家中长期新材料人才发展规划（2010—2020年）》

(国科发高[2011]655号 科学技术部、人力资源和社会保障部、教育部、中国科学院、中国工程院、国家自然科学基金委员会、中国科学技术协会文件，2011年12月15日印发)

序 言

为贯彻落实《国家中长期人才发展规划纲要（2010—2020年）》、《国家中长期科学和技术发展规划纲要（2006—2020年）》和《国家中长期教育改革和发展规划纲要（2010—2020年）》，制定本规划。

材料是发展现代工业的基石，是现代高新技术发展的基础和先导，推动着人类文明的进步。它涉及国民经济和社会发展的方方面面，有力支撑着创新型国家的建设。"一代材料，一代技术，一代装备"正在成为人们的共识，"材料先行"成为这一时期的重要特征。

新材料指通过新思想、新技术、新工艺、新装备等的应用，使传统材料性能有明显提升或产生新功能，或是设计开发出传统材料所不具备的优异性能和特殊功能的材料。传统材料是新材料发展的基础和土壤，新材料的发展又促进了传统材料产业的优化升级，两者密不可分。随着国民经济与社会发展阶段的不同，在不同区域、不同时间，新材料的内涵也在不断发展和深化，其发展重点和热点都有所不同。

新材料人才是指具有一定的新材料专业知识或专门技能，从事新材料领域创造性劳动，并对新材料事业及经济社会发展做出贡献的人，是人力资源中能力和素质较高的劳动者。新材料人才资源是我国新材料发展的根本。

新材料科技发展的根本是人才的竞争。本规划以实现新材料人才资源总量翻番、提高新材料人才整体素质、优化人才资源结构为目标，通过实施若干人才工程，培养一批世界水平的科学家、科技创新创业领军人才和高水平创新团队，建立人才培养示范基地，推进人才、团队、项目、基地的一体化建设，完善产学研用联合培养人才机制，启动新材料人才强企行动、新材料西部人才行动，为全面落实人才强国战略和加快转变经济发展方式提供有力的新材料人才支撑。

（一）领域发展现状

1. 我国已成为基础材料的生产和消费大国

经过新中国成立60年的发展，在党和政府的关怀和支持下，我国形成了较为完整的材料工业体系，材料工业有力地支撑了我国经济社会发展和国防安全。据统计，2007年我国材料行业骨干企业约7万家，工业增加值达5.7万亿元，约占我国GDP的22.8%。钢铁、水泥、铝、聚氯乙烯、稀土等60多种材料的产量位居世界首位，我国已成为名副其实的材料生产与消费大国，在国际上占有重要地位。特别是基础材料中的新材料部分，在汽车工业、能源工业、信息产业的带动下发展迅猛。根据钢铁、有色、石化、建材、轻工、纺织、电子等行业协会的统计表明，基础材料中新材料的产值约占到上述各材料行业总产值的20%~30%。

2. 我国新兴材料领域创新发展活跃

进入新世纪，国家产业政策导向明显向以新材料为代表的高新技术产业倾斜，对新材料产业的发展起到了重要的推动作用，我国新材料得到蓬勃发展，取得了一批具有国际先进水平的自主知识产权成果。在微电子与光电子材料、先进金属材料、电池材料、磁性材料、新型高分子材料、高性能陶瓷材料和复合材料等方面，形成了一批高科技材料产业。在传统材料方面，通过采用新技术对材料性能进行了提升，有力地促进了传统材料产业结构优化升级。在光电功能材料、稀土永磁材料、无机非线性光学晶体和功能陶瓷等领域，研发水平进入国际先进行列并形成特色。新材料领域整体上已处于发展中国家的领先水平。

3. 技术创新体系初步形成

新材料领域建立了完善的研发体系，成为我国材料领域创新体系的重要组成部分。中国科学院系统等中央级材料类研发机构超过100家；全国设置材料类专业的高等学校420余所，占本科高等学校的66%，"211工程"高等学校中有材料相关专业的达84所，占总数的75%。已建立材料领域国家级重点实验室20余个、国家级工程中心近100家、国家工程实验室25家、国家级新材料产业化基地200余个、国家级企业技术中心60余家，材料领域发表论文数已占据世界第一位（含化学、物理相关专业）。我国材料领域发展的特点比较突出，人才队伍比较壮大，已初步形成了门类齐全、专业配套、能够支撑新材料领域持续健康发展的技术创新体系。

（二）领域人才挑战

伴随我国材料领域技术创新与产业发展，领域人才队伍建设也取得了长足进步，为材料领域创新发展提供了强大的智力支撑。但受整体发展阶段和水平的制约，领域人才队伍在总量、结构及发展环境等方面，还存在一系列问题，主要表现在以下3个方面：

1．人才资源总量相对不足

改革开放以来，材料领域虽然取得了飞速发展，但也面临着人才总量不足的问题。目前，我国材料领域工业增加值已占全国GDP总量的1/4左右，而领域技能以上人才资源占全国总量的比例还不到17%，人才资源总量与领域发展地位不符。材料领域研发机构科技人员比例（65.9%）、科学家和工程师比例（46.4%），明显低于全国工业领域总体水平（81.0%、56.6%）和制造业水平（71.1%，50.9%），存在比较明显的差距。

2．人才资源结构不尽合理

材料领域人才资源结构不合理，突出表现在：

一是人才供应结构与人才需求失配。高端和领军人才的严重不足与实现"材料强国"目标要求不相适应，也与更好支撑未来信息、能源、生物、空间等领域创新突破的需求不相匹配。新材料跨学科、跨领域的不断融合、交叉和相互渗透的发展特征，突显出人才特别是高端人才的引领作用，新材料人才队伍的高端化才能引领产业的高端化。同时，面向企业需求的工程技术人才相对薄弱，企业高技能人才缺乏、队伍不稳定，尤其是企业一线人才更为缺乏，很大程度上影响了新材料产业发展。

二是人才的区域分布不平衡。我国有色矿产、稀土等关键原材料呈"西高东低"的分布特征。国家西部大开发战略的实施，使材料产业成为西部省市的规划重点。而我国材料领域人才较集中在东部地区，"东高西低"的特征明显，与材料资源的分布情况相反，人才在区域分布上存在严重的不平衡。

3．人才使用及评价不完善

新材料领域在人才培养、引进、使用及评价各环节及其衔接上，还有不少实际问题，存在与创新型人才发展规律不尽符合的地方。我国高校过于强调基础教学，尤其是近年来因企业接纳大学生实习、实践的实际困难，学校在教学安排上重课堂教学，轻实践教学，重理论知识灌输，轻实践能力培养，人才培养方式不利于实践能力的提升。科研院所和高等学校的基础研究以项目为中心，队伍不稳定，研究不持续；在工程化与应用开发人才使用方面，由于内部研发机构较多导致流动性不够，造成技术扩散和成果推广受阻；而对于成长中的新兴产业，企业人才流动过大，加剧了行业的低水平重复与恶性竞争，不利于领域整体健康发展。目前人才评价和激励机制的缺乏，很大程度上影响了人才作用的充分发挥。

（三）急需人才的主要方面

新材料领域人才具有鲜明的科学、技术、工程方面的积累性与跨学科的复合性、团队性等特征。新材料领域人才队伍建设要与新材料领域的战略需求及未来发展趋势相适应。一方面，国内外经济与科技发展新的需求，为新材料人才建设提出了更高的要求；另一方面，未来新材料领域发展趋势，也为人才队伍建设指明了培养方向。就目前所处的历史阶段来分析，国内新材料领域发展及人才的战略需求，主要集中在以下4个方面：

1. 实施国家科技重大专项

《国家中长期科学和技术发展规划纲要（2006—2020年）》已确定了16个国家科技重大专项，对核心电子器件、极大规模集成电路、大型飞机、载人航天与探月工程、核电等材料人才提出了紧迫的需求。

为满足国家科技重大专项和国防建设急需、支撑高新技术领域发展和解决经济社会重大紧迫问题，加快新材料开发的进程，对综合素质高、科研能力强，具有跨学科知识结构的复合型高层次领军人才提出了迫切需求。

2. 培育战略性新兴产业生长点

新材料是国家确定的战略性新兴产业之一。半导体照明、新型显示系统、高性能电池关键材料、稀土功能材料、高性能纤维及其复合材料、高品质特殊钢、高性能膜材料、军民两用材料等高成长、高带动性新兴材料产业发展，对新材料科学、技术、工程的跨学科人才提出了迫切需求。

同时，新材料又要为信息、新能源、节能环保、高端装备等战略性新兴产业提供材料支撑。新材料领域作为战略性新兴产业发展的基础和先导，对新材料及其产业化提出的迫切需求，实质上是对创新创业人才提出了迫切需求。

3. 抢占前沿技术制高点

新材料的创新难度大、持续时间长，需要具有科学战略眼光的超前决策部署、适当且稳定的引导和支持、长期的努力探索和积累，才能在发展中不断寻求新的突破。例如，单晶硅材料从科学家首次提出制备工艺到第一个晶体管出现历时30年；GaN材料从开始研发到第一支可发光二极管LED出现历时40年。

一种新材料从基础研究、研制到商业应用通常要经历一个漫长的过程，需要一代人甚至几代人的传承积累与紧密协作。微电子/光电子材料与器件、新型功能与智能材料、高性能结构材料、纳米材料和器件、超导和高效能源材料、生态环境材料等新材料技术的开发，对创新型领军人才和高精尖的创新团队建设提出了迫切需求。

4. 支撑重点产业结构调整和升级

我国钢铁、有色、石化、轻工、纺织、建材等基础原材料量大面广，涉及国民经济方方面面，但我国优质钢材、高质量水泥、高性能纤维及高档纺织品还难以满足需求，高端产品依赖进口。

传统材料产业的结构调整与产业升级的重点是实现材料高性能、低能耗、低污染和绿色制备，提高能源利用效率，降低污染物排放，这都有赖于材料技术的快速发展。新技术成果的工程转化和产业化需要工程技术人员的配合，新工艺技术应用需要技能人员的操作使用。新一轮人才培养已成为新一轮产业结构调整和产业升级的关键，对工程技术人才、技能人才提出了迫切需求。

二、指导思想、基本原则与发展目标

（一）指导思想

以邓小平理论和"三个代表"重要思想为指导，深入贯彻落实科学发展观，尊重劳动、尊重知识、尊重人才、尊重创造，大力实施人才强国战略。落实《国家中长期人才发展规划纲要（2010—2020年）》、《国家中长期科学和技术发展规划纲要（2006—2020年）》和《国家中长期教育改革和发展规划纲要（2010—2020年）》的重大任务，贯彻"服务发展、人才优先，以用为本、创新机制，高端引领、整体开发"的人才发展指导方针，紧紧围绕新材料领域发展需求，加强新材料人才资源的总量培养与能力建设，优化人才资源结构，统筹各类人才队伍建设。遵循社会主义市场经济规律、人才成长规律和科技创新规律，坚持以人为本，科学评价，加大人才发展体制机制创新和政策落实力度，持续稳定地对世界水平的科学家、科技创新创业领军人才、高水平创新团队给予支持，统筹推进人才、团队、项目、基地一体化建设，开发利用国内国际人才资源，逐步形成领域特色，建成领域人才高地，满足产业发展需求，为加快转变经济发展方式和建设创新型国家提供人才支撑。

（二）基本原则

1．体制机制创新，形成领域特色，建成领域人才优先高地

通过重点工程行动，培养一批新材料科技创新创业领军人才和产学研用紧密结合的高水平创新团队，建设创新人才培养示范基地，统筹领域人才、团队、项目、基地建设，扶持西部地区急需紧缺的新材料科技人才，支撑新材料领域快速发展。

2．高端重点突破，整体优化推进，加强人才稳定持续支持

坚持高层次创新型人才队伍建设的战略方针，立足培养、定向引进、需求导向、优化环境、稳定支持，开发利用国际国内人才资源，加大知识创新人才培养力度，突出培养世界水平的科学家和科技创新创业领军人才，力求重点突破战略性新兴材料产业创业型人才和前沿技术创新型人才。

3．满足领域需求，人才服务发展，保障共性技术供给能力

把面向国家经济社会发展重大需求放在人才培养的首位；把面向前沿技术制高点作为人才培养的核心；把培育战略性新兴产业生长点作为人才培养的突破口；把面向产业结构调整作为人才培养的重点。加强共性技术和公共科技服务平台建设，提高可持续发展能力。

4．体现领域特点，优化培养评价，实现微观宏观机制协调

突出新材料创新创业的发展实际，针对基础性、前沿性研发人才和产业化创新创业人才的不同需求，在人才培养、使用管理及成果评价等方面体现各环节的不同特点，营造有利于人才整体涌现、健康成长的发展环境。加大人才资源的投入，形成稳定的新材料人才投入开发体制和机制。

（三）发展目标

1．总体目标

建设一支规模、结构、素质与实现"材料强国"目标要求相适应的新

材料人才队伍，为从材料大国向材料强国转变提供人才支撑；造就一批本领域国际一流的科学家和科技创新创业领军人才，在新材料领域建成人才集聚高地；培养高水平创新团队，形成人才竞争比较优势。实现新材料人才资源总量翻番和"五个三"工程的目标。

——实现新材料人才资源总量翻番

不断壮大人才队伍。重点围绕量大面广的基础性原材料的高性能、低消耗和绿色制备方面，培养造就数十万计的产业工程技术人才和千万计的高技能人才。

统筹各类人才协调发展。建成人才集聚的高地，为实现若干前沿领域的重大原创性突破，围绕战略性新兴材料产业和前沿科学技术，培育出新材料领域高层次创新创业型科技人才2万人，其中包括世界水平的科学家和科技创新创业领军人才1000人。

大幅度提高企业人才素质。突出新材料企业技术技能人才队伍建设，促进人才向企业聚集，进一步优化结构。

——落实新材料人才"五个三"工程

落实"创新人才推进计划"。以国家需求为牵引，结合"十二五"新材料领域科技发展规划重点任务，瞄准世界新材料科技前沿和战略性新兴产业，到2020年重点支持和培养300名有发展潜力的中青年科技创新领军人才，造就一批世界水平的科学家；着眼于推动企业成为技术创新主体，到2020年重点扶持300名有发展潜力的科技创业领军人才；依托国家科技计划，结合国家技术创新工程，到2020年建设300个产学研紧密结合、高水平的创新团队；以高等学校、科研院所和高新技术产业开发区为依托，建设30个产学研用结合的创新人才培养示范基地；引导鼓励科技创新创业领军人才到西部地区工作或提供服务，到2020年引进和重点扶持300名西部地区急需紧缺的科技创新创业领军人才。

2．阶段目标

——从现在起到2015年：突出新材料企业人才队伍建设，新材料领域创新创业型科技人才新增1万人，其中包括跨学科、跨领域战略型领军人才500人。

——从2016年到2020年：新材料领域创新创业型科技人才再新增1万人，其中包括跨学科、跨领域战略型领军人才500人。

——从2010年起到2020年，每年重点支持和培养30名有发展潜力的中青年科技创新领军人才；每年重点扶持30名有发展潜力的科技创业领军人才；依托国家科技计划，结合国家技术创新工程，每年建设30个产学研紧密结合、高水平的创新团队；以高等学校、科研院所和高新技术产业开发区为依托，每年建设3个产学研用结合的创新人才培养示范基地。

——从2010年起到2020年，每年引导和重点扶持30名西部地区急需紧缺的科技创新创业领军人才到西部地区工作或提供服务。

三、发展重点与主要任务

（一）发展重点

1. 实现新材料人才资源"总量翻番"，满足领域发展人才需求

——坚持创新和创业人才培养并重、研究开发与工程技术人才培养并重。依托重大科研项目和科研基地，充分利用国际交流项目，培养提高新材料领域研究开发人才的创新创业能力，突出培养新材料领域急需紧缺的前沿技术创新型人才和战略性新兴产业创业型人才；重点围绕钢铁、有色、石化、轻工、纺织、建材等基础材料高性能、低能耗、低污染和绿色制备、新兴材料产业科技创新等方面加强工程技术人才培养。

——重视技能人才培养，加强领域各类人才队伍建设。充分利用各类专业技术职业学校和技工院校培养大批高技能人才，解决技能人才缺乏的问题，从技术集成的角度、适应新材料发展趋势的要求，改革新材料技术人才继续教育和新一代材料技术人才的培养方法。

2. 实施新材料人才"五个三"工程，优化领域人才资源结构

——突出领军人才培养。加大新材料领域战略型领军人才的培养和引进力度，以需求为导向和紧缺人才优先，定向培养、引进领域领军人才，培养造就一批世界水平的科学家。加强创新创业精神教育，提高综合素质，强化复合型新材料人才的培养，着力补充工程技术型领军人才，充分发挥各类领军人才的作用。

——建设层次分明、结构合理的人才团队。充分发挥科技创新创业领军人才的引领带动作用，突出其"团队核心"定位，以此建设高水平"核心团队"，树立系统的观念和团队精神，大力协同、合作攻关，提升新材料领域集成创新的能力和水平；同时处理好人才的合理流动，用活、用好人才。

3. 发挥政府、企业、社会的作用，改善领域人才发展环境

——发挥政府引导和宏观调控作用。以政策和制度引导新材料领域人才队伍的建设，通过优化体制和各层面的机制创新，不断加大人才投入力度，不断提高人才工作管理的科学化水平，逐步引导各类人才合理流动与有效配置。

——发挥企业在使用人才中的主体作用。企业要建立有效的人才工作机制，加大投入力度，解决微观层面人才培养和发展的问题，吸引人才向企业聚集，并留住人才，着力提高企业人才数量和质量。

——遵循领域特点培养使用人才，营造人才辈出的社会环境。对新材料的基础研究、关键技术、产业化开发各环节不同类型人才，要建立健全不同的评价体系、投入方式、管理服务，调整和完善人才培养、使用、评价、激励机制，坚持高端引领，加强组织领导，依靠制度环境出人才、依靠创新创业发展机会吸引人才。

（二）主要任务

主要任务要与新材料领域"十二五"发展战略相衔接，实现人才队伍建设与新材料发展需求保持动态一致，务实创新，突出特色，强化支撑。为抢占前沿技术制高点，建设领域人才优先特区；为满足国家重大需求，优化新材料人才结构；为培育战略性新兴产业，建设领域人才聚集高地；为产业结构调整和升级换代，扩大领域人才资源总量。

1. 建设领域人才优先特区——瞄准学科前沿和前沿技术领域，培养创新型领军人才和高精尖的创新团队

通过重点突破，探求新材料科学前沿和技术制高点发展中人才的培育与引进、聚集与流动、开发与利用等规律，努力营造优良环境，激发创造活力，育好才、聚好才、用好才，在高校和科研院所建成若干人才优先小特区，抢占新材料前沿技术制高点。

针对纳米材料与器件、微电子/光电子材料与器件、新型功能与智能材料、高性能结构材料、生物医用材料、高效能源材料、生态环境材料等新材料技术制高点；以及材料的设计、制备加工与评价，材料高效利用、材料服役行为和工程化关键技术研发，重点培育、引进并聚集跨学科、跨领域战略型领军人才、前沿技术创新型人才，培养世界水平科学家，建设创新团队，为本领域发展提供高端人才支持。

——围绕解决我国国民经济重大问题，瞄准纳米材料与器件技术发展的热点和最有可能实现技术突破及应用的领域，培养一批纳米材料与器件创新研发人才和工程技术骨干人才，形成新的经济增长点；

——为突破信息材料与器件关键技术，提升我国微电子、光电子技术实力和产业核心竞争力，满足光通信和量子通信以及量子信息处理等领域的迫切需求，形成规模化产业集群，造就一批高水平中青年学术带头人，为我国信息功能新材料与器件研发及产业发展提供技术支撑和人才储备；

——为满足新型功能材料前沿技术发展和应用需要，引领高效能源新技术发展方向，不断提高人民健康品质和生命质量，改善人类生活环境，提升我国材料整体上的环境协调性，促进资源节约、环境友好型社会建设，形成具有自主知识产权的核心技术和标准体系，培养出一批新型功能材料的创新人才；

——针对国家科技重大专项、重大建设工程、战略性新兴产业、前沿技术领域的需求，选择具有重大支柱作用的先进结构材料重点方向，发展超高强韧性等高性能和高附加值的新型结构材料，突出战略性、前瞻性和共用性，突破工程化关键技术，实现跨越发展，培养一批高性能结构材料研发人才和工程技术骨干人才；

——为满足我国高新技术产业发展对材料设计、制备与加工新技术的需求，快速提升我国材料高效利用关键技术的水平，赶超国际先进水平，培养出一批高水平的人才队伍。

2. 优化领域人才资源结构——面向国民经济社会发展和国家安全重大需求，培养紧缺急需的高层次领军人才和高水平创新团队

以国家战略目标为牵引，以服务人才强国战略作为人才工作的出发点和落脚点，保障国家重大专项、重点工程和国防建设重大任务的顺利完成，提供高层次、高技能的人才支撑，满足国家经济社会可持续发展对领域人才的重大需求。

——落实核心电子器件、高端通用芯片及基础软件、极大规模集成电路制造技术及成套工艺、大型飞机、载人航天与探月工程、高分辨率对地观测系统、大型先进压水堆及高温气冷堆核电站、水体污染控制与治理等十六个重大专项的相关新材料人才队伍建设；

——为保障国家重点工程和国防建设，支撑新能源、信息、新医药、先进制造等战略高新技术领域的产业发展，培养国防工程以及高新技术领

域相关的新材料人才队伍；

——为促进循环经济、解决资源能源环境等经济社会发展的紧迫问题，服务于提高人民生活健康水平、民生社会关注的重大问题，培养支撑可持续发展的新材料人才队伍。

3．建设领域人才聚集高地——为培育和发展战略性新兴产业，培养面向新兴市场的创新创业人才队伍

把握战略性新兴产业的发展态势和人才需求，确立各类新材料人才优先发展的战略地位，以国际化视野，突出国家目标，提前储备，优先布局，建设领域人才聚集高地，壮大新材料创新创业人才资源队伍，为国家战略性新兴产业发展提供人才资源保障。

大力培育半导体照明、新型显示系统、高性能电池关键材料、稀土功能材料、高性能纤维及复合材料、高品质特殊钢、高性能膜材料、军民两用材料等高成长、高带动、就业机会多、资源消耗低和综合效益好的战略性新兴产业的创新创业型人才队伍。

——培养半导体照明、新型显示等战略性新兴产业的创新创业型人才队伍。为突破引领未来白光照明自主创新技术，实现半导体照明技术应用的人才支撑；为激光和有机发光等显示技术的突破、产业技术体系的形成和大规模商业应用，培养创新创业人才和团队。

——引领高性能电池技术发展和新兴高端电池产业，针对太阳能电池、燃料电池等发电电池和锂离子电池、液流电池等储能电池的关键材料技术突破和系统集成技术的完善，培养创新创业型人才和团队。

——解决高端稀土功能材料的产业化关键技术，形成具有国际竞争力的高端稀土功能材料产业，催生战略型高端新兴产业链，培育创新创业人才和团队。

——突破高性能纤维和复合材料规模制备稳定化和低成本制备关键技术，以及高品质特殊钢、高性能膜材料、军民两用材料技术发展和应用，培养创新创业人才和团队。

4．扩大领域人才资源总量——为基础性原材料产业结构调整、升级换代，培养一批工程型技术创新人才

立足基础性原材料产业量大面广的现状和领域特点，充分了解行业状况，体现产业需求，统筹兼顾，为量大面广的基础性原材料产业的结构调整与产业升级，培养工程型技术创新人才，落实企业的人才队伍建设。

——进一步推进钢铁、有色、石化、轻工、纺织、建材等材料产业国家振兴规划的实施，实现高性能、低能耗、低污染和绿色制备的清洁生产，提升能源利用效率，降低污染物排放，为应对气候变化，落实节能减排，培养工程型技术创新人才和团队，推进基础材料重点产业人才结构不断优化、整体水平逐步提升。

——围绕国民经济社会发展、国家重大战略任务和重点工程配套等对高性能基础性原材料产品的重大需求，推动产业向高端延伸，加快我国基础性原材料产业自主创新技术的发展，提升材料行业整体的国际竞争力，培养钢铁、有色、石化、纺织、轻工、建材等高性能先进技术与关键产业技术，以及极端环境制备新技术和装备等方面的工程型技术创新人才。

四、政策措施

全面落实《国家中长期人才发展规划纲要（2010—2020年）》和《国家中长期科学和技术发展规划纲要（2006—2020年）》的各项重大政策措施。在新材料领域先行先试，实施以"科技创新创业领军人才"为核心的"五个三"工程，落实创新人才推进计划，启动新材料人才强企行动、新材料西部人才行动，推进人才、团队、项目、基地的一体化建设，完善产学研用联合人才培养机制，重点在以下方面进行突破：

（一）统筹推进"人才、团队、项目、基地"一体化建设

以人才为核心，统筹产业创新链整体推进，以领军人才培养带动创新团队建设为主线，以科研项目部署推动示范基地建设为抓手，按照"领军人才+创新团队+科研项目+示范基地"的总体思路，加强"人才、团队、项目、基地"的有机结合；以重大项目实施为试点，注重对领域创新创业领军人才与创新团队的遴选认定，遵循人才发展与科技创新规律，完善科技项目评审与管理机制，在项目中体现人才团队任务与考核指标，评估中对人才建设有评价，并配以长期、稳定、大强度的持续支持；实施有利于科研人才潜心研究和产业人才创新创业的政策。在实践中不断探索科研管理的新机制、新模式，不断总结人才建设的新做法、新经验，切实推进以人才培养与创新团队建设为主的"人才、项目、基地"一体化建设，不断开创人才培养与团队建设的新局面。

（二）进一步发挥国家科技计划培养新材料领军人才的作用

以积极落实"创新人才推进计划"为导向，坚持在重大创新实践中加强新材料领军人才和创新团队培养。重点以国家973、863、科技支撑计划等为依托，支持和培育一批具有发展潜力的中青年科技创新领军人才，推进实施"科技创新创业领军人才"等工程，将科研项目与领军人才培养目标紧密结合，逐步强化科技计划中的人才培养要求，在科技计划项目中通过遴选优秀人才团队，实施稳定支持，将新材料领军人才的培养与科技研发目标相结合，以此作为领军人才培养与创新团队建设的重要途径和措施，着重加大对高端复合型、交叉型、工程化领军人才的支持与培养力度。

注重结合新材料领域海外高层次创新创业人才的引进，继续做好已有人才支持计划的工作，加大"千人计划"、"百人计划"、"长江学者奖励计划"、"国家杰出青年科学基金"等人才项目在新材料领域的组织实施力度。

（三）进一步完善产学研用联合培养创新创业人才的机制

围绕国家技术创新工程的实施，发挥部门、地方、行业的作用，针对行业重大前沿技术与产业化关键共性技术，引导企业、大学、科研机构共同组成以企业为主体、产学研用紧密结合的产业技术创新战略联盟，依托创新型企业和产业技术创新战略联盟实施重大创新项目，吸引和凝聚更多各类高层次创新型科技人才，支持企业、科研院所与高等学校通过实质性研发合作，联合培养高层次领军人才和创新团队；注重创新型企业的人才培育，探索工程科技人员继续教育与培训的新机制，进一步完善以企业为主、产学研用联合培养材料工程硕士、工程博士的"双导师制"。不断完善学校教育和实践锻炼相结合的开放式人才培养体系。

（四）进一步加强领域急需的工程技术人才教育培养机制

围绕领域人才紧缺与企业实际需求，配合"卓越工程师教育培养计划"，加大工程师的培养力度，加强材料工程及相关领域硕士及博士研究生教育，满足高层次工程化人才需求。

以市场需求为导向，建设继续教育基地，建立终生学习机制，促进工程技术人才知识更新。颁布实施继续教育法，通过法律明确企事业单位继续教育与培训的义务与职责，切实促进用人单位加强继续教育与培训；

鼓励按照股份方式建立不同行业、不同层次的各类人才继续教育与培训基地。鼓励企业接纳学生实习、实践，鼓励具备条件的国家工程技术中心开展高级工程技术人员的培训工作。

（五）引导和鼓励新材料人才向企业集聚

加强产学研合作，重视企业工程技术与管理人才的培养，推动科技人才向企业集聚，加快制定人才向企业流动的引导政策，实施"新材料人才强企行动"。引导广大企业不断改善人才工作环境与条件，为一线用人单位充实大批用得上、留得住的人才；加大对企业教育培训的税收优惠政策力度，进一步加大企业提取职工教育经费在所得税前扣除的力度，并适当放宽使用限制；有条件的企业要制定吸纳、留住急需紧缺人才的优惠政策和配套措施，建设形成若干企业人才高地。

（六）引导新材料人才向西部地区流动

针对我国材料资源很大比例分布在西部地区，而西部现有人才密度很低等问题，实施"新材料西部人才行动"，落实边远贫困和边疆民族等地区人才支持计划；结合西部地区的发展需要和资源禀赋，通过加大投入力度，实施人才继续教育、职务职称晋升等政策，鼓励人才向西部流动，改善人才分布与产业资源分布极不合理的状况；对到西部地区工作的人才达到一定时限要求的，在项目立项、科研经费支持等方面实行倾斜政策，每年重点扶持一批西部地区急需紧缺的新材料创新创业人才；制定西部地区生源高校毕业生回西部地区创业就业扶持政策；完善科技特派员到西部地区服务和锻炼的派遣、轮调政策等，切实改善西部地区新材料人才资源状况。

五、组织实施

（一）加强新材料人才工作的统筹协调

科技部在中央人才工作协调小组的领导下，加强在新材料领军人才的遴选标准、认定条件、考核办法等方面的组织协调；同时，统筹地方政府、行业部门等新材料人才资源，积极落实人才发展的各项配套政策。加强各部门、各单位在人才引进、培养、配置和使用等各方面的统筹协调服务，切实把各项任务和政策措施落到实处。

（二）建立中央与地方在人才队伍建设中的联动机制

建立健全新材料领域人才队伍建设的长效机制，加强中央主管部委与地方政府的紧密衔接，形成部门和地方有效集成的、持续化的新材料人才开发与建设投入机制；通过政策引导，建立有利于人才成长的良好环境，形成符合人才发展规划的人才培养机制和使用机制，形成与科技发展需求相适应、与产业发展需求相衔接的人才评价机制，保证人才队伍建设与新材料创新发展的协调一致。

（三）建立政府、企业与社会的多元化人才投入体系

人才队伍的建设是全社会的共同任务。在新材料领域人才建设上，必须发挥政府和企业在人才培养和使用上相互补充的作用，在加强制度化、常态化、持续化政府人才投入的同时，要通过财税政策及资金支持，鼓励企业加大对人才资源的投入，尤其要鼓励非公经济组织和社会组织的人才投入，不断扩大人才资本投资渠道，形成多元化人才投入体系。

（四）加强人才基础性工作，营造良好发展环境

不断推进和完善人才基础性工作。一方面，加强新材料人才资源统计工作，完善人才统计指标体系，加强与统计、产业部门的合作与配合，建立人才资源统计渠道，完善人才资源统计体系。另一方面，推进人才信息网络和各类数据库建设，不断提高人才信息化服务水平，为人才工作提供全面的信息支撑。同时，坚持市场机制在新材料人才资源配置中的基础性作用，并不断加快人才市场化进程，进一步完善新材料人才的市场配置机制，为人才的充分竞争、合理流动、规范发展、高效配置营造良好的社会环境。

第二节　全力培养造就规模宏大、结构合理、国际一流的新材料人才队伍

科技部根据中央的统一部署，牵头编制并于2011年12月发布了《国家中长期新材料人才发展规划（2010—2020年）》（以下简称《新材料人才规划》），是贯彻落实《国家中长期人才发展规划纲要（2010—2020年）》、《国家中长期科学和技术发展规划纲要（2006—2020年）》和《国家中长期教育改革和发展规划纲要（2010—2020年）》的重要举措，

目标是在2020年前全力培养造就规模宏大、结构合理、国际一流的新材料人才队伍。

一、高度重视起草、周密组织编制

按照中央人才工作协调小组的部署，科技部2009年12月接到起草《新材料人才规划》的任务。党组书记李学勇同志主持召开部长办公会议进行了专题研究，启动了《新材料人才规划》的研究编制工作。

成立起草小组。由科技部相关司负责同志任组长，由部内业务司、研究机构、中心有关同志组成起草小组，负责《新材料人才规划》的起草工作。

开展深入调研。起草小组充分借鉴和吸收了《国家中长期科学技术发展规划纲要战略研究报告》、《中长期新材料人才发展战略研究报告》和各相关行业发展战略研究报告，分赴高等学校、科研机构、企业和地方展开了一系列调研。

多方征求意见。2010年1月形成了《新材料人才规划》（初稿），并征求了科技部内相关司、中心的意见，在认真修改后于3月11日形成了《新材料人才规划（征求意见稿）》，科技部厅发函征求了人力资源和社会保障部、教育部、中国科学院、中国工程院、国家自然科学基金委员会、中国科协及主要材料行业协会等相关部门以及地方政府有关主管部门的意见。4月中旬以后，针对各个部门反馈意见，《新材料人才规划》起草组进行了集中研究讨论。

会议讨论修改。根据2010年5月26日召开的全国人才工作会议和《国家中长期人才发展规划纲要（2010—2020年）》精神，修改完成了《新材料人才规划》文本。于6月初发相关部门第二次征求意见，并于6月21日召开六部门司局长和处长会议，共同讨论修改规划文本。同时，科技部厅发函征求地方科技行政管理部门意见，根据提出的意见和建议进行了认真修改，形成了《新材料人才规划》（汇报稿）。在此基础上，杜占元副部长主持召开会议，对《新材料人才规划》的指导思想、基本原则、发展目标和重点任务等内容进一步研究和把关。

党组会议审议。科技部党组召开会议审议了《新材料人才规划》（汇报稿），提出了若干修改意见。经过进一步修改，形成了《新材料人才规划》（送审稿）。

经中央人才工作协调小组批复，科学技术部会同人力资源和社会保障部、教育部、中国科学院、中国工程院、国家自然科学基金委员会、中国科学技术协会，于2011年12月联合印发了《新材料人才规划》。这是我国第一个新材料人才发展中长期规划，也是当前及今后一段时期我国新材料人才发展的指导性文件。

二、人才兴国战略、发布意义重大

科技是关键、人才是根本、教育是基础，新材料作为现代高新技术发展的基础和先导，其技术和产业的发展对新材料人才提出了更高要求，培养造就一支规模和结构日趋合理、素质和水平不断提升的新材料人才队伍已成为建设材料强国的迫切需要。这就要求我们必须把人才摆在新材料技术和产业发展的首要位置，对未来5～10年的人才发展进行总体规划，力争把我国巨大的材料人力资源优势转化为人才优势和技术优势，为全面落实人才强国战略、加快转变经济发展方式提供强有力的新材料人才支撑。

《新材料人才规划》是促进基础材料产业优化升级，培育和发展新材料战略性新兴产业，推进我国新材料产业发展的必然选择，也是新材料领域贯彻落实《国家中长期人才发展规划纲要（2010—2020年）》的具体措施。该规划对培养造就高素质的新材料人才队伍，推动新材料人才的整体协调发展，促进材料强国目标的实现具有重要的战略意义和现实意义。

《新材料人才规划》的制定坚持人才队伍建设与领域人才需求相衔接，突出推动领域急需的高层次创新创业人才队伍建设，注重与部门、地方、行业的统筹部署和协同推动。以实现新材料人才资源总量翻番、提高新材料人才整体素质、优化人才资源结构为目标，通过实施若干人才工程，培养一批世界水平的科学家、科技创新创业领军人才和高水平创新团队，建立人才培养示范基地，推进人才、团队、项目、基地的一体化建设，完善产学研用联合培养人才机制，启动新材料人才强企行动、新材料西部人才行动，为全面落实人才强国战略和加快转变经济发展方式提供有力的新材料人才支撑。

《新材料人才规划》文本分5个主要部分，分别阐述了新材料领域发展现状与人才需求；指导思想、基本原则和发展目标；发展重点和主要任务；政策措施；组织实施等内容，并提出了一系列新理念、新举措。

三、梳理领域现状、了解人才需求

《新材料人才规划》坚持从我国新材料领域的发展实际和需求出发，坚持新材料领域人才队伍的建设与新材料产业的战略需求及未来发展趋势相适应、相衔接、相呼应。我国新材料产业发展的特点比较突出。经过60多年的发展，我国基础材料已成为世界生产和消费大国，新材料产业服务于国民经济、社会发展、国防建设和人民生活的各个方面，成为经济建设、社会进步和国家安全的物质基础和先导。

伴随我国新材料技术创新与产业发展，领域人才队伍建设也取得了长足进步。材料产业作为国民经济的重要组成部分，占我国GDP的20%左右，从业人员占城镇就业人口的15%左右。但是，由于受整体发展阶段和水平的制约，新材料人才队伍在总量、结构及发展环境等方面，还存在一些问题，如人才资源总量相对不足，人才资源结构不尽合理，人才使用及评价不完善等。

在新材料人才需求方面，《新材料人才规划》突出新材料人才所具有的鲜明的科学、技术、工程方面的积累性与跨学科的复合性、团队性等特征，结合国内外经济与科技发展的新需求，明确提出了在实施国家科技重大专项、培育战略性新兴产业生长点、抢占前沿技术制高点、支撑重点产业结构调整和升级等方面的新材料人才需求。

四、 明确指导思想、提出发展目标

关于新材料人才发展指导思想，《新材料人才规划》贯彻落实"服务发展、人才优先，以用为本、创新机制，高端引领、整体开发"的人才发展指导方针，提出了围绕新材料领域发展需求，加强新材料人才资源的总量培养与能力建设，优化人才资源结构，统筹各类人才队伍建设的要求。在此基础上，进一步提出了加大人才发展体制机制创新和政策落实力度，持续稳定地对世界水平的科学家、科技创新创业领军人才、高水平创新团队给予支持，统筹推进人才、团队、项目、基地建设，力争开创产业发展与领域人才建设良性互动的新局面。

关于新材料人才发展目标，《新材料人才规划》首次提出了新材料人才资源总量翻番和"五个三"工程。在持续壮大新材料人才队伍、统筹各类人才协调发展、大幅度提高企业人才素质的基础上，《新材料人才规划》以落实"创新人才推进计划"为契机，提出到2020年重点支持和培养

这十年 材料领域科技发展报告

300名有发展潜力的中青年科技创新领军人才，扶持300名有发展潜力的科技创业领军人才，建设300个产学研紧密结合、高水平的创新团队，建设30个产学研用结合的创新人才培养示范基地的具体目标；同时，针对我国材料资源"西高东低"、科技发展水平不均衡的现状，引导鼓励科技创新创业领军人才到西部地区工作或提供服务，到2020年引进和重点扶持300名西部地区急需紧缺的科技创新创业领军人才。

五、落实重点任务、 创新政策措施

关于新材料人才发展重点和主要任务，《新材料人才规划》围绕新材料人才资源总量翻番和"五个三"工程目标，着力突出满足领域发展人才需求，优化领域人才资源结构和改善领域人才发展环境。主要任务与新材料领域发展战略相衔接，实现人才队伍建设与新材料发展需求保持动态一致，包括为抢占前沿技术制高点，建设领域人才优先特区；为满足国家重大需求，优化新材料人才结构；为培育和发展战略性新兴产业，建设领域人才聚集高地；为产业结构调整和升级，扩大领域人才资源总量等，任务力求务实创新，突出特色，强化支撑。

关于新材料人才发展政策措施，《新材料人才规划》有针对性地提出了统筹推进"人才、团队、项目、基地"建设；进一步发挥国家科技计划培养新材料领军人才的作用；进一步完善产学研用联合培养创新创业人才的机制；进一步加强领域急需的工程技术人才教育培养机制；引导和鼓励新材料人才向企业集聚；引导新材料人才向西部地区流动等六大政策措施，为规划的顺利实施提供了重要保障。为进一步保障规划的实施，提出了4个方面的具体意见，主要包括：加强新材料人才工作的统筹协调；建立中央与地方在人才队伍建设中的联动机制；建立政府、企业与社会的多元化人才投入体系；加强人才基础性工作，营造良好的发展环境等，全面保障规划的具体落实与实施。

到2020年，我国将建成一支规模、结构、素质与实现"材料强国"要求相适应的新材料人才队伍，《新材料人才规划》提出的总体目标和若干具体目标，明确了今后一个时期新材料人才队伍建设的发展方向和战略重点。

作为我国第一个新材料人才发展中长期规划，《新材料人才规划》是今后一个时期我国新材料人才工作的指导性文件，各类材料行业和地方部门应结合实际认真贯彻执行，在落实《新材料人才规划》时应注重加强组织

领导和统筹协调。

第三节　材料领域高技术创新团队试点工作

党的"十七大"提出了加强自主创新、建设创新性国家的目标，如何更好地发挥科学家的作用，如何更好地创造出更多的原创性成果，如何营造更有利于人才成长和发挥作用的体制机制和政策环境已经成为目前科研体系建设的重要任务。胡锦涛主席在中国科学院和中国工程院院士大会上强调指出"走中国特色自主创新道路，必须培养造就宏大的创新型人才队伍。人才直接关系我国科技事业的未来，直接关系国家和民族的明天。"科学技术是第一生产力，科研人员、人才队伍是科学技术发展的主体，人才资源是第一资源。2008年1月，863计划新材料领域办公室提出了在材料领域开展高技术创新团队试点工作的建议，在北京和上海选择了材料领域的11家优势大学、研究机构和企业开展了"高技术创新团队"试点工作。

一、高技术创新团队建设工作思路的提出

随着经济的发展、产业规模的扩大，科学技术在经济发展中的作用、力度在不断地变化，科研人员参与的形式也在不断地变化。从爱迪生发明电灯、瓦特发明蒸汽机到现代通信、计算机、新材料等大科学、大工程的发展，科研领军人物和群体力量的影响日益突显。特别是当今科学技术内在发展趋势是学科间不断融合、交叉和相互渗透，不断产生一些新的学科领域，成为创新的前沿阵地。跨学科合作、大兵团作战已经成为重大技术攻关的主要组织形式。同时一种新材料的发现、开发到成熟往往需要相当长的历史时期，需要一代人甚至几代人的相互传承，同时形成了一些著名的科研基地，产生一批杰出的科学家和科研团队。

我国改革开放30年，特别是863计划启动20多年来，在863计划新材料领域进行了重大战略部署，总体投入达50多亿元，形成了一批科研成果，对我国国民经济发展起到极大的推动作用。同时也造就了一支科学技术队伍，产生了一批学术带头人、战略科学家。如在半导体材料、人工晶体材料、超级钢、新型合金材料、电子陶瓷材料等技术领域，我国科学家取得了一系列令人注目的研究成果，为我国国民经济发展和国家战略安全做出了贡献，培育了我国高新技术产业。

随着我国国民经济的发展和社会进步，科技体制机制和科研环境条件发生了深刻变化，专业技术人才队伍的规模不断扩大，水平不断提高。然而，生产力水平的提高也使得科技需要解决的问题更加复杂。而目前我国的科研队伍仍然存在研究力量相对分散、团队协作意识相对薄弱的状况，追求短期效应，这样长久下去必然影响到研究工作深入下去，解决问题往往只是停留在表面，真正复杂和系统的硬骨头无法去啃，也无人去啃。正是在这种背景情况下，材料领域提出了启动高技术创新团队建设工作，探索项目择优支持和团队稳定支持的有机结合方式，结合国家中长期科技发展规划纲要的实施和国家未来发展的重大需求，形成更加宽松和谐的氛围，使一个团队能够围绕一个核心目标扎扎实实地深入下去，做几年甚至十几年的深入研究，力争占领新材料领域的战略制高点，把材料领域应该解决的问题一个一个的加以解决，真正夯实我国高新技术长远发展的重要基础。

二、新材料领域落实创新团队建设试点工作进展情况

按照团队研究方向定位在"十一五"863计划材料领域重点方向上，充分体现自主创新，以突破核心关键技术、占领领域制高点为目标；团队研究内容应与《国家中长期科学和技术发展规划纲要（2006—2020年）》、《863计划"十一五"发展纲要》和《"十一五"863计划新材料技术领域发展战略研究报告》的战略部署相符合；团队工作应紧密围绕各行业、相关产业部门、地方和大型企业的技术发展需求，结合国内的技术优势、资源优势和产业基础优势，体现创新性强，系统集成度高，产业带动大的特点；团队依托单位须具备必要的支撑条件，充分考虑项目、人才、基地的统筹发展，将基地建设、人才培养、知识产权、技术标准等作为必要考核内容的总体要求。新材料领域办对材料领域"十五"期间和"十一五"前两年承担863计划任务前20名的大学和研究机构等进行了研究分析，几个共同的特点值得关注。一是团队的作用比较明显。学术带头人有较强的协调指挥能力，团队内部人员分工相对明确，高、中、初级人才结构较为合理。二是团队具有较强的基础研究背景，科研基本功比较扎实，能够指导高新技术研发工作。三是由于团队具有一定的规模（一般10人以上），因此，团队相对比较稳定，在某一技术方向上能够进行比较深入持久的研发，显示了作为团队的实力。四是团队有能力考虑国家重大技

术需求和国际最新发展方向，比较注重国家中长期科技发展规划纲要提出的要求，所提出的研究课题往往比较反映国家重点和热点问题，普遍承担着国家重大或重点任务。

在项目立项时，进一步明确了创新团队评价标准和项目考核标准，形成了创新团队建设项目的管理规范。在中期检查中，重点检查了项目在人才培养、创新团队建设、人才和项目的结合等方面执行情况，梳理不同项目创新团队建设的模式和特色，认真总结创新团队项目实施的经验，为"十二五"863计划创新团队项目启动提供借鉴。项目验收工作按期完成，取得了一批人才团队培养和科研突破进展的优秀成果。

到目前为止，各项目支持的研究团队得到快速的发展，形成了围绕主攻方向的多学科交叉、具有前沿探索能力和工程化、产业化背景的高水平人才队伍，在各个支持方向均形成了拥有固定研究人员数十名、流动研究人员百余名的特色科研团队，构建了产学研用有机结合的合作模式，围绕核心技术，开展了引领未来的高技术研究，在项目执行期间，已取得多项创新的科研成果。

首批试点团队：

声电和磁电功能薄膜材料与器件（清华大学）

高性能金属材料控制凝固短流程制备加工技术（北京科技大学）

系列含铒铝合金提供新一代铝合金材料技术（北京工业大学）

高性能低成本纳微结构药物原料超重力法制备（北京化工大学）

镁合金发动机关键部件材料研究与成型技术获得突破（上海交通大学）

纳米介孔材料的研制及其在化学能源中的应用（上海复旦大学）

高效氮化物LED材料及芯片创新性技术突破（中国科学院半导体研究所）

环境友好化高性能聚丙烯材料的结构设计与制备技术研究（中国科学院化学研究所）

锂离子电池关键新材料技术研究（中科院物理所）

乘用车用热成型马氏体钢板关键技术研究（中国钢研科技集团有限公司）

1000吨/年高性能有色金属粉末材料生产示范基地（北京有色金属研究总院）

第八章
平台与基地

　　多年来，材料领域非常重视加强平台与基地建设，形成了一批产业化基地、工程中心、产业技术创新战略联盟等。特别是这十年间，在贯彻国家中长期科学和技术发展规划纲要，落实国务院关于发挥科技支撑作用促进经济平稳较快发展的意见基础上，着力推动了"十城万盏"半导体照明试点工作，建成了30家国家工程技术研究中心，对领域科技进步和产业发展起到了重要的推动作用。

第一节 "十城万盏"半导体照明试点工作

一、背景

作为21世纪最具发展潜力的战略性新兴产业之一，半导体照明是继白炽灯、荧光灯之后照明光源的又一次革命，不仅节能环保效果非常明显，而且还将使百年传统照明工业迎来电子化大规模的数字技术时代，引发人类生产、生活方式的巨大变化。伴随着半导体照明技术的进步，LED光效已经高于传统的照明与显示光源，LED照明产品正逐渐进入主流通用照明领域。

目前，我国半导体照明产业发展迅速，已初步建立完整的产业链，成为国际上重要的封装、应用生产和出口基地，在便携式照明产品、太阳能LED灯具、景观装饰、LED路灯等多个应用领域居于世界前列，成为全球半导体照明产业发展最快的区域之一，预计"十二五"期间我国半导体照明产业年均增长率将超过30%，2015年产业总体规模将达到5000亿元。据国家半导体照明工程研发及产业联盟（CSA）统计，2011年我国半导体照明产业规模已达到1560亿元，其中上游外延芯片产值65亿元、中游封装产值285亿元、下游应用产值1210亿元。照明应用成为半导体照明产业链中增长最快的环节，整体增长率达到34%，份额已经占到整个应用的25%，成为市场份额最大的应用领域。预计在国内今后几年照明应用仍是增长最快的应用领域，将成为带动我国整个半导体照明产业的关键要素。

在国家科技计划的引导和市场需求的牵引下，我国半导体照明技术得到了迅速提升，关键技术与国际水平差距逐步缩小，在系统集成技术方面有望通过技术创新实现跨越式发展。目前我国已初步形成了上游外延材料与芯片制备，中游器件封装及下游集成应用的比较完整的研发体系。产业化功率型半导体照明芯片封装白光后光效超过110 lm/W；具有核心专利的硅（Si）衬底功率型半导体照明芯片已实现产业化，产业化光效超过100 lm/W；国内深紫外半导体照明器件的研发也处于国际水平；功率型白光半导体照明封装接近国际先进水平，超过130 lm/W。而在我国占据产业优势的应用领域，我国不存在难以逾越的技术瓶颈，完全有可能通过应用、智能化控制等领域集成技术的创新带动产业跨越式发展。

半导体照明产业是变革传统照明产业的战略性新兴产业，它的技术进展和产业化是国家科技工作一直关注的重要工作。为贯彻落实《国务院关于发挥科技支撑作用促进经济平稳较快发展的意见》（国发[2009]9号）精神，着力突破制约产业转型升级的关键技术，推动节能减排，拉动消费需求，促进产业核心技术研发与创新能力的提高，以应用促发展，有效引导我国半导体照明应用的健康快速发展，2009年科技部启动了"十城万盏"半导体照明应用工程试点工作。在充分考虑地方科技和产业基础、能源价格水平、地方政府积极性的基础上，前后分两批共批复了37个试点城市开展"十城万盏"试点工作（表8-1）。

表8-1 "十城万盏"试点城市名单

批复批次	试点城市
第一批（21个）	上海市、天津市、重庆市、广东省深圳市、广东省东莞市、江苏省扬州市、浙江省宁波市、浙江省杭州市、福建省厦门市、福建省福州市、江西省南昌市、四川省成都市、四川省绵阳市、湖北省武汉市、山东省潍坊市、河南省郑州市、河北省保定市、河北省石家庄市、辽宁省大连市、黑龙江省哈尔滨市、陕西省西安市
第二批（16个）	北京市、山西省临汾市、江苏省常州市、浙江省湖州市、安徽省合肥市、安徽省芜湖市、福建省漳州市、福建省平潭综合试验区、山东省青岛市、湖南省郴州市、湖南省湘潭市、广东省广州市、广东省佛山市、广东省中山市、海南省海口市、陕西省宝鸡市

二、总体进展

（一）相关部门工作形成了合力

"十城万盏"试点工作开展以来，得到了科技部、发改委、财政部等国务院有关部门和地方政府的积极关注和大力支持，取得了重要的阶段性成果。"十城万盏"试点工作开展两年多来，试点城市人民政府作为责任主体，充分发挥了主观能动性，有效推进了试点工作的开展，加快了技术创新的步伐，带动了相关产业的发展，取得了很多有价值的经验和成绩。特别是2012年3月，财政部、发展改革委、科技部在"十城万盏"试点工作基础上，联合开展半导体照明应用产品财政补贴招标工作，进一步推进半导体照明产业的健康快速发展。

（二）推动了技术集成创新和创新应用

各试点城市不断加大对半导体照明的科技投入，加强对系统集成技术的研发，技术进步速度明显加快。通过光学设计、散热、驱动等技术集成，部分关键技术得到解决，国产功率型LED芯片已在部分支干道路照明和室内筒灯、射灯照明上得到应用。我国芯片国产化率从2008年的29%上升到2011年的68%；大功率芯片产业化光效达到110 lm/W；具有自主知识产权的硅衬底功率型芯片产业化光效达到100 lm/W；功率型白光半导体照明封装接近国际先进水平；下游应用与国际技术水平基本同步，通过光学设计、散热、驱动等技术集成，室内外功能性照明灯具光效已超过80 lm/W。

（三）促进了产业集聚

目前，37个试点城市集中了4500多家半导体照明相关企业，约占全国6000家企业的75%，相关产业总产值超过1400亿元，约占全国1560亿元总产值的90%，试点城市的半导体照明产业得到了快速发展，初步呈现出产业集聚效应。

（四）着力创新商业模式

科技部在启动"十城万盏"试点工作之初，就将探索建立应用推广的市场机制摆在十分重要的位置。从某种意义上说，运行模式成功与否决定着"十城万盏"试点工作的成败，这项工作很具创新性。我国LED功能性照明处在起步阶段，市场环境亟待建设和完善，大部分试点城市加大了政府推动的力度。同时，多数试点城市对推广的商业模式进行了积极探索，并取得了宝贵的经验。这其中包括合同能源管理（EMC）模式、建设—移交（BT）模式、建设—运营—移交（BOT）模式、财政补贴模式等。试点城市已经实施的示范工程中约有160余项采用EMC模式实施，约占总数的8%；BT、BOT模式约占7%。

（五）显现了较好的节能效果

据初步统计，目前37个试点城市已实施超过2000项示范工程，超过420万盏的LED灯具得到示范应用（含景观照明），年节电超过4亿度，其中景观照明节电70%以上，道路照明节电30%以上，室内照明节电50%以上。应用领域涵盖室内外功能性照明、景观照明、显示、背光应用以及农业等创新应用。从已实施的工程项目数量来看，室内照明项目约400项，室外照明项目约1000项，景观照明项目约600项，室内外功能性照明项目占总项目数量的比例超过70%。

（六）显著提升了社会认知度和国际影响力

通过"十城万盏"工作的深入开展，体现了我国政府节能减排承诺与培育和发展战略性新兴产业的决心，坚定了国内半导体照明企业对未来发展的信心。此外，"十城万盏"所展示的"通过应用促进科技创新、发挥科技支撑经济发展的作用、促进节能减排工作"的理念，在国内外都产生了巨大而深远的影响。

三、主要成果（按照批复的顺序）

（一）天津

"十一五"期间，天津市半导体照明产业已经形成了以中环电子信息集团、三星高新电机、晶明电子材料、津亚电子、天津京瓷、天津工大海宇、天津汽车灯厂和天津光宝等为代表的由近百家上游、中游、下游各环节企业组成的半导体照明企业集群。2010年，天津市半导体照明工程研发及产业联盟平台上的企业总销售额接近150亿元，2011年预计将超过200亿元。

在"十城万盏"半导体照明试点示范工程的实施中，天津充分利用滨海新区的高新技术产业政策，聚集周边区域相关高新技术企业的进驻，形成规模效应。企业作为产业发展的主体，在产业政策引导下，按照市场发展规律不断增强研发和生产能力，同时与政府主管机构和产业联盟密切互动，形成良好的政策、产业、市场相互反馈机制。到目前为止，已实施的示范工程中已应用各类LED照明灯具68 000多盏（只），投入资金9500多万元。

（二）保定

保定市光伏LED企业在近几年内取得了一系列技术创新与产业化方面的突破，企业规模日益壮大，配套产业不断跟进，产业链日益延伸，市场范围越来越广，已形成以保定为中心向河北乃至全国辐射的市场范围，有些产品出口到欧美、非洲及东南亚地区。

保定市围绕建设"太阳能之城"的目标，按照"十城万盏"试点城市建设总体要求，以点带面，分步实施，全面推广太阳能LED产品综合应用。到目前，已实施试点示范工程324项，累计使用各种LED灯具57 000多盏。其中市区内累计完成27条路段太阳能LED路灯应用改造，保定市共投资2171万元，改造完成太阳能大功率LED路灯（包括光电互补）1864盏。高新区投资1100万元，改造完成光伏LED庭院灯259盏、景观灯55

盏、草坪灯106盏、交通信号灯7组、太阳能大功率LED路灯（包括光电互补）990盏、LED高杆灯2盏。累计完成了107个主要交通路口的太阳能交通信号灯应用改造，2012新建了7个交通路口太阳能信号灯并完成了55个路口交通信号灯的光电互补改造工程。公共场所共安装太阳能LED灯2565盏。

（三）大连

大连市以国家半导体照明工程产业化基地建设为依托，按照"亮化城市，推出品牌，培育人才，提升产业"的总体思路，实施一批半导体照明示范工程，培育一批具有核心竞争力的半导体照明企业，形成具有国际竞争优势的半导体照明产业集群。为推进"十城万盏"半导体照明试点工作，大连市明确提出"双十双百"试点工作目标，即应用10万盏半导体照明灯具，突破10项半导体照明关键技术，培育100家半导体照明企业，新增100亿元绿色照明产业产值。

其间举办的LED照明应用设计大赛，提高了社会各界对半导体照明的认知度和节能环保意识，激发了大连市LED产业界开展自主创新的热情，并加深了产学研的合作交流。

自"十城万盏"示范工程实施以来，大连市设立了"十城万盏"重大科技专项，组织实施了LED路灯、LED商业照明、幡态超大LED显示屏等一批试点工程。截至2010年底，累计安装各型LED照明灯具6.4万盏，节电测算0.8亿度。其中：球泡灯0.9万盏、射灯0.7万只、筒灯0.8万盏、灯管1万支、平面灯0.5万套、路灯2万盏、隧道灯0.5万盏。

（四）哈尔滨

哈尔滨以推广应用高能效LED产品、促进节能降耗为目标，以冰雪景观、沿江自然景观和欧式建筑景观照明为特色，以冷热骤变的特殊应用环境为技术要求，形成了沿松花江两岸LED景观照明示范应用集中区、多条LED照明示范道路和室内LED照明示范应用点。注重突出独有的特色地域文化，强调在文化传承中创新的设计思想，以LED光源为表现载体兴建声光动俱全的全新地域艺术景观。大量地应用了"点光"、"条光"、"面光"以及"投光造型"等新型表现形式的LED灯具。

应用功率型LED灯具10万余盏，在景观照明方面，大量地应用了"点光"、"条光"、"面光"以及"投光造型"等新型表现形式的LED灯具，总数量达到8万盏，目前，在哈尔滨实施的冰雪景观和城市景观照明LED灯具应用覆盖率均达到90%，实现节能70%以上；在道路照明方面，推广应用LED路灯4000余盏，大多数LED路灯的系统光效均超过80 lm/W，实现了节能40%～50%的效益目标；在室内照明方面，实施了多项室内LED照明示范，应用LED照明灯具2万盏。

（五）上海

上海半导体照明产业已形成比较完整的产业链。从上游的基片材料、外延片生产到中游芯片的制造，再到下游封装及应用，共有400多家企业，20多家研究机构，其中下游应用厂商较多，重点分布在室内外照明用LED灯具、显示屏和汽车等应用领域，在产业链中各主要环节上已逐步形成有一定规模的领头企业。在整体布局上，已经形成了以张江高科技园区为核心，辐射嘉定、闵行、松江、徐汇、普陀等区域的半导体照明产业布局。2010年，上海半导体照明产业在国内政策和世博会的强力拉动下，规模快速增长，总产值达到150亿元，同比增长50%。

LED世博示范工程在景观照明领域体现出巨大的示范效应，并攻克了一批LED系统集成技术。后世博时代，在上海城市规划建设的重大标志性工程项目中，积极推广应用半导体照明产品。重点实施LED上海低碳实验区示范工程、LED路灯改造示范工程、LED建筑照明示范工程、LED都市农业应用示范工程以及LED生态照明示范工程。2010年的上海世博会上，半导体照明技术的大规模、创新性应用，成为最大的亮点之一。2800多种应用，10多亿颗LED芯片，"一轴四馆"乃至整个园区绚丽多变的夜景灯光均依赖半导体照明技术营造，实现了世界上首次最大规模的LED照明技术集成应用。

（六）扬州

扬州以市经济技术开发区（国家级）为核心，形成了国家半导体照明产业基地、高邮LED照明产业基地、仪征LED照明产业基地等3个产业集聚区联动发展的格局，除LED衬底材料外，LED和太阳能光伏两大产业已形成较为完整的产业链条。新光源产业规模以上企业总数已达63家，2010年总产值达170.3亿元（其中LED产值135亿元），同比上年增长41.8%；实现销售165.4亿元、利税11.1亿元、利润6.1亿元，同比分别增长41.8%、65.4%和80.2%，预计2011年总产值达230亿元以上，超额完成计划序时进度。10

亿元以上企业达到了3家，其中20亿元和50亿元以上企业各1家（立奇光电和川奇光电），预计2011年底可达到5家，2012年可达9家。全市已拥有MOCVD设备53台，LED外延（芯片）产能已达128万片/年，LED封装产品约4300KK/年，室内外照明LED灯具近300万套（盏）。

为确保国家半导体照明工程产业化基地和国家十城万盏试点城市各项工作顺利推进，出台《扬州市新能源、新光源产业（2010—2012年）三年快速发展行动计划》，并以此为总纲，制定目标任务分解表，对各项主要目标任务进行了分解，进一步细化落实。还印发了《关于加快推进"十城万盏"半导体照明应用工程试点城市建设的实施意见》，并确定了半导体照明应用工程的应用试点和应用推广两个阶段。试点阶段（2009—2011年）计划在市区装配5万盏左右的LED市政照明灯具，主要是通过5万盏市政照明的试点应用，总结经验，探索模式，搭建平台，突破共性技术。应用推广阶段（2012—2015年），在全市（区）再推广应用5万盏以上LED照明灯具，即到2015年，市区要装配10万盏以上LED照明灯具。到2015年，100%的城市主、次干道照明、小区照明、景区亮化使用LED照明产品。

在实施过程中，积极探索了合同能源管理模式、地方政府自主改造模式、企业自主改造模式。全市已累计安装应用各类LED市政公共照明灯具18 988套（景观亮化所用LED灯具未计入内）。市区企事业单位共实施LED应用示范重点项目11项，共安装应用扬州市企业生产的各型LED照明灯具11 441盏。

（七）宁波

宁波是国内较早开发生产半导体照明产品的地区之一，经过多年发展已形成较好的产业基础。专业生产半导体照明产品及配套企业约1200家。其中：相对具有规模和开发能力近150家，尤其在封装、封装材料、电源控制和应用终端等产品具有一定规模和优势。到目前为止已形成以芯片、封装、中间配套及其专用材料，应用较为完整产业链。到2010年宁波半导体照明产业链主营业务收入达到130亿元，比2009年增长45%。2011年由于受国际贸易环境影响，预计主营业务收入可达150亿元。

对"十城万盏"半导体照明试点示范提出，到2015年，在全市推广应用LED产品（室内外）150万盏。其中道路照明2万盏，室内照明130万盏，场景照明15万盏（套），铁路、轻轨专用灯具2万盏。

从2009年起以生产企业承担项目为主，在全国范围参与招投标方式，承接工程项目，至今随着宁波市工程项目推进，扩大应用领域多方式承接，如EMC、招投标、承包、协议等。承接单位由生产企业为主，逐步向节能服务公司承接整个工程（投资、招标、工程管理等）管理模式逐步转变。截止2011年8月宁波生产企业和市城建局共承担实施134项示范工程。其中，宁波市示范工程98项。其中道路2万盏，室内23万盏，景观20万盏，隧道0.5万盏，墙体投标等8项；其中采用EMC模式37项；共应用路灯2万盏，室内照明23万盏，景观20万盏，隧道0.5万盏。力争2015年，推进200项示范工程，应用150万盏半导体照明产品目标，总投6亿元。

（八）杭州

近几年，杭州半导体照明产业发展比较迅速，企业从2006年的60多家发展到目前的300多家，销售收入从2006年的6亿元发展到2009年的近25亿元，2010年达到38亿元，预计2011年将达到50亿元。2010年半导体照明产业销售收入约38亿元人民币，其中外延芯片4亿元、封装5亿元、应用20亿元、检测设备5亿元、其他配套4亿元；2011年预计半导体照明产业营业收入50亿元，其中外延芯片6亿元、封装8亿元、应用22亿元、检测设备8亿元、其他配套6亿元。基本上形成了包括"外延—芯片—封装—检测设备—荧光粉—驱动芯片、驱动电源—封装基板—应用产品"在内的完整产业链，在各个产业链环节均有具备一定规模的龙头企业，产业链较为完善。

在"十城万盏"试点示范工程实施中，结合杭州的人文、历史、自然景观特点，以市政建筑、公共交通为重点，加强LED产品的推广应用。至2010年已完成的30项试点工程中，景观照明13项，室内照明3项，室外照明14项。示范工程应用灯具总数14.07万盏，其中球泡灯0.8万只，射灯11.67万只，筒灯1.23万只，路灯0.37万盏，此外，还有线条灯6.28万米，年节电2994万度。2011年在建或拟建试点工程13项，其中景观照明1项，室内照明3项，室外照明9项。应用灯具总数1.91万盏，其中球泡灯0.1万盏，灯管0.66万支，路灯0.7万盏，隧道灯0.42万盏，另有线条灯应用0.33万米，年节电1294万度。

（九）厦门

厦门市在传统照明领域有良好的工业基础,而半导体照明产业在国内也起步较早，2010年厦门市光电总产值771.89亿元，占厦门市工业总产值的20%左右。2010年，厦门市从事LED相关产品的企业达200家左右，实现直接产值47.47亿元，带动相关产业产值215亿元。从2004—2010年，厦门市LED产值总量年增长率一直保持在30%以上，2010年高达55%左右。厦门市已形成较为完整的LED上游、中游、下游产业链，其产品涉及红外、紫外、可见光和白光等领域，主要应用产品有信息显示、大屏幕显示、背光源、景观照明、交通灯、灯饰、灯具及功能性照明等，产业集群效应比较显著。其中LED芯片优势尤为明显，拥有三安光电、乾照光电、晶宇光电等芯片龙头企业，2010年LED芯片年总产量565亿粒。

在 "十城万盏"试点示范工程实施中，确立以业主为工程实施主体，由专家组协助业主收集、勘测厦门市 "十城万盏"示范场所，并提供咨询及技术指导。设立 "十城万盏"专家组，协助部分业主对后期 "十城万盏"第一、第二阶段拟实施的示范场所进行实地调研和现场勘测；多次与有关业主进行座谈，与业主形成共识，制订具体项目的实施计划；组织专家组对各有关方面开展LED灯具特性、使用场合、注意事项等技术培训；专家组还为照明设计、产品生产、监理、施工等企业提供咨询及技术指导。对于符合厦门市 "十城万盏"LED应用示范工程管理要求的项目，经项目验收合格，给予100%额度的财政科技补贴。并减免部分产品研发过程发生的检测认证等费用；对在 "十城万盏"建设中提供优良产品的生产企业优先向社会推荐。建立示范工程规划、设计、招投标、产品生产、产品检测、施工、监理、工程验收及工程维护等全过程质量监督体系。除建设 "国家半导体发光器件（LED）应用产品质量监督检验中心"，还建立 "厦门市创意照明应用设计中心"进行LED应用产品、艺术和工程等设计开发。LED营销中心针对LED各类产品，汇集了贸易、品牌展示推广、仓储物流、电子商务等现代商贸功能于一体，成为海西最重要并具有国际影响力的半导体节能照明营销平台。

截止2011年9月，全市推广示范工程项目共实施41 407盏LED功能照明灯具（不包含LED夜景照明），包括LED路灯3463盏、隧道灯1046盏、太阳能LED室外灯具3560盏、庭院灯254盏、LED室内照明灯33 084盏，其中采用地产芯片的LED室内灯具1517盏。项目运行质量良好，节能减排效果显著，室外照明实现节电40%左右，室内照明实现节电60%~80%，年节电约550万度。预计到2011年底，全市将总投资约7800多万元，实施7.1万盏室内、外LED功能照明灯具，实现年节电约1100万度电，年减少CO$_2$、SO$_2$、NOx、粉尘排放约1.4万吨。

（十）福州

目前，福州从事LED照明技术以及产品研究、开发、生产及应用的企业已达30余家，产品覆盖红外、可见光、紫外和白光LED等领域，已形成外延—芯片—封装—应用等较完整的产业链。2009年共完成产值近8亿元，LED封装管产能可达4.1亿只/年，大功率LED光源产能可达2.1亿只/年，各种LED灯具（包括LED路灯、LED隧道灯、LED顶棚灯、LED条形灯等）产能可达5500万盏/年。

福州市制定了《福州市"十城万盏"半导体照明应用工程试点工作任务分解表（2009—2011年）》，分解并落实了工作目标，并定期开展考核督查。在具体实施中加大对LED产业的科技经费扶持力度，将扶持LED产业发展列入《福州市科技计划项目年度申报指南》的优先支持对象，优先支持LED路灯、隧道灯在城市照明应用中共性技术研发、并在LED应用关键技术上取得突破的项目。在已完成的试点示范项目中已应用各种LED灯具2万多盏，总投资约2亿元，预计节电量达到1000万度以上。

福州市在实施"十城万盏"半导体照明试点示范工程中充分利用海峡西岸经济区的天然优势，抓住中国台湾LED产业转移的契机，根据福州市LED产业链的现状，有针对性地引进一批研发实力强、生产规模大的知名企业，壮大LED产业规模，提高产业集聚度和发展水平。

（十一）南昌

南昌LED产业起步于20世纪70年代，是国内最早从事LED产业的城市之一。2008—2010年，南昌半导体照明产业分别实现工业产值34亿元、40亿元、52.8亿元，年均递增24.83%；分别实现工业增加值9.38亿元、10.98亿元、14.63亿元，年均递增25.15%。国家基地在南昌设立后，先后引进金沙江、淡马锡等国际投资机构在昌投资1.15亿美元，建立金沙江产业园；引进投资机构在昌联合建立晶能光电公司、晶和照明和宇欣科技等半导体照明企业；引进勤上光电、美霓光环境、宇之源等20余家半导体照明企业。与此同时，基地新兴企业不断形成，发展壮大。

为推动产业快速发展，南昌大力推进"十城万盏"工程，积极推广LED路灯应用，取得了阶段性成果，先后完成了约1.5万盏LED路灯的改造，推广半导体照明景观灯100万余盏。八一大道道路沿线以平均35m的间距在道路两侧对称布置12.8m高的双光源双挑臂钢杆路灯，单杆功率420W，较以前的单杆功率1300W下降了近两倍。此次更换的灯具较以前的高压钠灯不仅做到节能60%以上，而且使道路照明各项技术指标较之以前有了很大的提高，还采用了单灯调光电子控制，通过对灯具进行PLC程序控制，使得单灯在后半夜行人车辆较少的情况下，自动降低整灯50%的功率，使节能更明显。这是全球首条率先在双向十车道的交通主干道上使用LED路灯的道路。

（十二）潍坊

潍坊市LED产业链条发展日趋完善，由以器件封装和灯具制作为主的中下游产业，发展形成了从外延片、芯片、封装，到器件、灯具等较为完整产业布局，形成了以中微、歌尔、浪潮华光、金源勤上等一批优势企业为主体，以三晶、明锐、江都、华光照明等中小企业配套和补充的LED产业集群。2010年潍坊市半导体产业产值56.9亿元，蓝光MOCVD达到22台，红黄光MOCVD6台，年产蓝光LED外延片60万片，LED室外照明灯具年生产能力将达到40万盏、室内照明灯具达到500万支。

在实施"十城万盏"试点示范时，潍坊结合国家相关技术规范，制定市政府采购执行规范。在投入与效益基本平衡时，即以政府采购为主要运营方式，在城区开始了规模示范应用，为本市LED产业率先发展，赢得时间和空间。对本市经认定的市级以上LED自主创新产品，通过招标、首购等形式，优先进行政府采购。

到目前，本市已累计实施各种示范工程402项，应用灯具总数45.84万盏，工程涉及潍坊市全部17个县市区、开发区。其中室外照明301项，全部为LED路灯，90%以上是政府采购方式，共计10.28万盏，总功率为20MW，净节电率达40%。室内照明36项，安装室内照明灯具18.31万盏，总投资8747万元，总功率近3000kW。节电率在60%以上。景观照明62项，安装景观照明灯具17.12万盏。

（十三）武汉

近年来，武汉市的LED产业发展迅速，已初步形成了从外延片生产、芯片制备、封装到应用产品为一体的LED产业链，是国内LED产业链最完整的区域之一。武汉LED产业链在几个主要环节上都有了生产企业。目前，武汉市从事LED产品生产的相关企业近40家，主要集中在上游芯片研发上，而中游封装和下游应用企业相对较少。2010年东湖开发区LED企业共计实现销售收入近10亿元，预计2011年产业规模达到20亿元。

武汉制定了《武汉市实施"十城万盏"半导体照明应用工作方案》等一系列行之有效的促进半导体照明产业发展的文件，在"十城万盏"计划中先行先试，大力推动LED产业发展。根据已成熟的技术将太阳能与半导体照明LED相结合，在街道、车站、开发区、住宅小区、旅游景区及室内照明等适合发展LED照明的重点领域推广应用长效节能、环保的LED功能性照明产品。力争3年内，在刚启动和新建的示范项目中安装36 000盏LED灯，其中室外灯26 000盏、室内灯10 000盏。

在试点工作初期，以政府主导为主然后逐步探索EMC（合同能源管理）、节能产品推广基金等市场化方式。在项目论证、招投标、工程监理、质量控制灯管理程序上严格规范管理，并及时备案。以半导体照明LED技术为主要推广对象，鼓励863计划半导体照明重大项目成果的集成与应用，鼓励国产芯片、器件、控制系统及产品等大规模应用，要求国产芯片、器件应用比例不低于60%。根据太阳能技术和风光互补技术的成熟度及其应用特点，在合适应用场合将太阳能和风光互补技术与半导体照明LED技术结合应用。

（十四）东莞

目前，全市已有从事LED技术及产品研发、生产及应用的企业120多家，2010年产值约80亿元，预计2011年产值超过90亿元，并已推广LED路灯3万盏。产品分布在关键设备、衬底材料、外延、芯片、封装和应用的产业链各个环节。涌现出中镓半导体、福地电子、勤上光电、凯格精密等一批自主创新能力较强的半导体照明企业。

为了推进"十城万盏"半导体照明试点示范工程，东莞市从组织机构、政策措施、平台建设等多个方面进行部署和规划。特别是制定了一套行之有效的检测体系。根据东莞市示范工程实施的需要，率先建立了LED照明应用产品检测评估体系，要求参与示范工程的灯具必须在相关检测机构接受实验室测试和3000小时的老化测试，检测合格后才能用于示范工程的建设。截至2012年6月，已有8家企业的18个产品列入了东莞市示范工程优先采购清单。另外，有20家企业56个产品列入广东省绿色照明示范城市推荐采购产品目录。

截至目前，东莞市已应用推广LED路灯超过3万盏。从目前测试的结果来看，示范工程的路灯性能较为稳定，照度达到国家城市道路设计标准中的1级公路要求，比传统高压钠灯节电约50%以上。

在产品应用推广中，还探索了财政全额投入模式、买方信贷支付、合同能源管理（EMC）、供应链管理等多种LED产品推广模式。2011—2012年计划采用供应链管理的模式推广3万盏LED路灯。多种推广模式为各示范单位提供了更灵活的建设方案。

（十五）成都

成都半导体照明快速发展。产业布局上，成都高新区已形成一定的聚集规模。目前全市LED企业超过30家，其中外延芯片企业5家，封装剂应用企业20多家，还有10多家与LED相关的材料配套企业。2011年LED产业产值超过10亿元人民币，从业人员近8000人。

按照《成都市"十城万盏"半导体照明应用工程试点实施方案（2009—2011年）》，将根据LED产品的特性和有关场所的应用要求，选择道路、地铁和景观建筑分批开展示范工程。计划道路照明应用LED灯11 775盏，地铁照明应用LED灯3000盏，景观照明应用LED灯500盏，LED照明从道路照明进入工矿企业及室内照明。

在实施试点示范时，积极探索各种实施模式。一是"政府投入、企业承建、业主管理"模式，由财政资金资助科技型企业建设具体的科技示范工程，引导企业技术创新。二是"建设—移交"（BT）模式。三是"建设—经营—转让"（BOT）模式。四是探索合同能源管理、设备租赁、银行信贷等其他模式，拓展工矿企业、商场等场所的LED照明应用，以市场手段有效配置资源，促进产业良性健康发展。目前，已实施的试点示范工程中，安装或改造的LED照明灯具超过15 000盏，预算资金超过6000万元。

成都在实施试点示范时，将企业符合条件的LED产品列入成都市名优产品推荐目录，有照明需求的政府投资项目，应优先采购目录中的有关产品。

（十六）西安

西安市出台了《西安市推广高效节能半导体照明（LED）产品示范工

程实施方案》。在方案中确立了明确的总体目标，到2011年共推广和应用LED照明产品5.9万盏，计划总投资2亿元。同时通过示范工程的实施，进一步实现产业目标，到2011年，初步形成半导体照明产业集群。并且出台半导体照明专项资金补贴办法，规定西安市级财政每年安排不低于2500万元，作为半导体照明（LED）示范工程专项资金。其中专项资金的90%作为LED照明工程补贴资金，其余10%用于支持LED照明产品研发、产业化、技术标准研究推广等公共服务。此外还组织了西安市国家半导体照明试点工作示范工程企业备案评审工作，遴选出符合西安市试点工作示范工程灯具供应要求的灯具供应企业。

到2010年年末，总投资已经达到1.2亿元，应用数量已达4万盏，其中路灯照明灯具3570盏、室内照明灯具9759盏、景观照明灯具28 692盏。应用数量中本地灯具供应企业供应18 995盏，外地灯具供应企业供应23 026盏。示范项目竣工后，年节电561万度，节约电费449万元，同时，每年降低CO_2排放量5594吨，降低SO_2排放44吨。

（十七）常州

目前，半导体照明产业已经成为常州市的新兴产业，2010年，全市半导体照明龙头和骨干企业超过50家，销售收入超过85亿元，高新技术产业产值达到67亿元，产业链企业达到90家以上，已经集聚了中国台湾晶元光电、光宝科技、日本住友电工、江西晶能光电、金沙江等近 20 多家国内外知名的 LED 企业落户，培育引导了星宇车灯、汉莱科技、中晶光电、欧亚蓝宝、国星电器、欧密格光电等30余骨干本土 LED 企业，带动了本地传统照明企业向LED 产品方向转型。常州的半导体照明产业已经形成了从蓝宝石长晶——切磨抛外延片、芯片封装照明运用一整条完整产业链，呈现了强劲的后发优势。

常州把半导体照明产业作为市头号工程，重点培育发展。以创建"中国人居环境奖"、"全国生态文明市"和打造"魅力光城"为目标，以促进低碳经济和半导体照明产业发展为出发点。重点在实施一批起点高、见效快、节能效益明显，具有社会主义新农村建设特色、中心城区与小城镇美化联动、城乡协调发展的半导体照明产品应用示范工程。结合重点城建项目推广示范半导体照明在道路照明、景观照明、商业照明上的应用。

在半导体照明应用示范领域，启动了全市城区道路亮化半导体照明示范工程、城市高层建筑亮化半导体照明示范工程、沿街商铺商号亮化半导体照明示范工程及全市数十条主干道路LED路灯示范工程等180多个示范工程项目，累计安装和改造半导体照明灯具19余万盏，其中路灯近13 000盏。

（十八）湖州

目前全市已有30家左右企业涉足LED半导体照明灯具的生产，以浙江求是信息电子有限公司、吴兴浙江晶日照明科技有限公司、湖州海振电子科技有限公司、德清的浙江赛雷特照明电器有限公司等为代表，形成了LED节能灯产业。到2010年底全市新能源节能产业实现产值143.3亿元，LED相关企业产值已达31.3亿元。

2009年4月起，制订并完善了《湖州市半导体照明应用工程实施方案》，确定10条中心城市主干道为国家"十城万盏"半导体照明LED应用示范城市样板路。根据最新修订的实施方案，全市LED推广应用的目标为：到2015年，全市LED灯推广应用达90万盏；其中户外应用路灯1万盏；室内应用50万盏，景观灯应用39万盏。年可节电4927.5万度，年可减少1.97万吨煤；可减排CO_2 4.91万吨、SO_2 1478吨。

近年来，根据半导体LED照明特点和湖州市城市照明总体规划，凸显湖州滨湖、生态、现代山水园林城市融合LED照明"清丽亮点"，结合节能、环保、生态原则，湖州市进一步实施了亮灯、亮化工程。目前，全市已推广应用LED灯134 868盏，其中LED路灯2518盏；LED景观灯132 350盏，在中心城区的景观灯上应用达到95%以上。

（十九）青岛

目前青岛市半导体照明产业具备较好的产业基础。全市从事半导体照明及相关产业的企业和研发机构有60余家，覆盖了MOCVD和HVPE关键设备、氮化物衬底和外延材料生长及加工、器件设计及封装、LED背光模组及照明灯具开发生产等产业链的主要环节。在LED背光电视、室内室外通用照明、医疗设备应用等方面已有广泛基础，并逐步形成独具优势的特色产业。2010年，LED产值达到120亿元，预计2011年超过180亿元。

在实施"十城万盏"试点示范时，一方面选择标志性建筑、城市道路、高速公路、海底隧道、跨海大桥、地铁、广场、典型城区等分批开展示范工作，充分体现LED照明产品的节能优势和产品应用的多样性。青岛胶州湾隧道工程和胶州湾跨海大桥LED照明工程，结合国内LED照明参数，以及传统照明标准，设计出具有国际水准的灯具，同时也设计出该领域的行业标准。另一方面选择一批拥有自主知识产权、技术成熟、质量可靠、见效快的高效节能LED照明产品和企业，实施LED照明产品示范工程政府投资建设的LED照明产品示范工程，按照有关规定作为应急工程管理，纳入重大项目绿色通道。扩大政府绿色采购，将经过示范工程检验，节能效果显著的本地上游、中游、下游产业联合体的高效节能LED照明产品列入政府绿色采购目录。

（二十）广州

广州市的半导体照明产业近年来取得快速发展，目前，从中上游的外延芯片、外延生长设备、下游的封装应用都有企业分布，特别是在芯片、封装、应用方面形成了一定规模和特色。全市目前有半导体照明相关企业300余家，销售额过1亿元的企业有10余家，LED行业从业人员约27 140人，2011年全市半导体照明产业规模可达到120亿元左右。

以产业转型升级和建设低碳广州为目标，大力推动LED产品在中心城区道路灯照明、农村路灯照明、大型建筑物室内照明、城市轨道交通照明以及城市景观照明等领域的推广应用。

在"十城万盏"试点示范工程实施中，高度重视LED标准体系建设，加快成立广州市LED标准联盟，基本完成广州市LED标准体系规划指南，加快推进LED标准体系、示范工程验收规范及节能评价体系建设。在"合同能源管理"模式（EMC）的基础上，广州市创新采用"新合同能源管理"模式（N-EMC），即由广州市政府直接授权给广州市城投集团公司，由市城投集团公司成立专门的广州市城投环境能源投资管理有限公司，通过公开招标引入有实力的专业LED厂商合作进行灯具节能改造。在中心城区实施路灯节能改造工程中应用的LED路灯达到4.26万盏。已使用室内照明LED灯具约400套，改造后平均照度提升10%～30%，节能降耗达到50%以上。

基于广州市集中了华南地区绝大部分的科研力量和具有国家资质的半导体照明相关检测平台等公共平台资源，加快推进半导体照明产业公共服务平台建设，重点建设广州市半导体照明检测技术公共服务平台，同时建立广州市半导体照明设计中心、服务中心和交易中心，多渠道提供技术合作与孵化、融资、培训等服务。

（二十一）佛山

2011年全市上半年LED产业实现工业总产值约80亿元，较去年同期增长35%；涉及企业超过40家，从业人员约3万人，产业规模位居全省前列。目前形成了以佛山照明、雪莱特、国星光电三家上市公司为龙头，五区联动发展的格局。其中禅城区以LED封装、LED应用、照明灯具为主；南海区除灯具、LED封装与应用外，也正加快发展LED中上游产业，包括MOCVD、LED芯片制造等；顺德区以传统照明灯具、OLED产业为主；高明区依托佛山照明和LED材料的企业，具有后发优势；三水区正加快太阳能光伏产业与半导体照明产业的相互融合。

在"十城万盏"半导体照明应用工程试点示范工程的实施中，建立产业发展联席会议制度，并制订了《佛山市建设"十城万盏"半导体照明应用工程试点示范工作方案》等一系列政策措施。按照佛山市"十城万盏"半导体照明应用工程试点示范实施方案，计划在全市道路、隧道；主要公共场所和公共机关室内；旅游景区、标志性建筑物、城市绿道等室外景观；部分条件成熟的城乡居民家庭实施LED试点示范。目标是到2012年，全市五区及佛山新城分期分批完成镇街主干道、隧道LED照明改造工程，合计完成10万盏大功率LED路灯安装、建成总长超过1300千米LED路灯应用道路；主要公共场所使用LED照明产品超过17万盏、室内LED照明面积达79万平方米；市内LED景观亮化应用超过7万盏；每年节电超过5600万度。

到目前为止，在已实施的试点示范工程中已改造或新装LED隧道照明灯具700多盏，道路照明灯具超过16 000多盏，室内照明产品超过2万只（盏），景观照明灯具超过15 000多只（盏）。

（二十二）中山

通过"十城万盏"试点城市建设，大力培育LED产业，推动本市"灯饰之都"向"灯饰与光源之都"转变。2010年中山市LED产业产值达到150亿元，从业企业超过1120家，从业人员超过4.4万人。主导产品有直插式LED发光二极管、LED路灯、汽车照明设备、家居照明、商业照明、大型现代照明灯饰工程等照明灯饰产品，产业链覆盖LED封装、LED新材料、高端应用、现代服务等领域。目前，本市LED产业呈现"产品应用高端化、产业技术关键化、生产经营服务化"的发展态势。

中山市与广东省科技厅签署了共建绿色照明示范城市，获得省科技厅2000万元资助，运用"合同能源管理+供应链+金融"模式，该模式采用LED路灯产品标杆指标体系，可实现对项目实施进度、产品及工程质量、各方权益保障等进行全程跟踪管理，能够有效地控制运营成本，弥补了传统EMC模式下融资难的不足。

在实施"十城万盏"试点示范时，中山明确提出了安装LED灯具36 886盏，其中路灯18 711盏，到2011年实现产值翻一番（即新增产值50亿元）的发展目标。随着建设"十城万盏"试点城市的推进，2011年，中山市设立1000万LED产业专项发展资金，探索运用EMC管理模式在小榄、古镇、开发区、板芙、三角等镇区安装LED路灯10 000盏，发放补贴300多万元。力争到2012年安装LED路灯不少于50 000盏，LED照明产业产值达500亿元。

（二十三）宝鸡

自20世纪90年代初，陕西省宝鸡市相继出现了一批从事LED显示屏、LED灯饰和红外光电子等LED相关产品生产和技术研发的企业，经过多年的发展，宝鸡市积累了一定的产业基础。宝鸡市半导体照明产业相关企业有10余家，其中应用企业超过3家，规模的封装企业约5家，外延及芯片企业有2家。

将经过示范工程检验、节能效果明显、配光合理的企业生产的高效节能半导体照明产品列入市政府采购产品推荐目录。从2011年起，新建道路、公园、广场、改建的政府投资项目中涉及照明产品的，原则上应采用半导体照明灯具，否则政府相关部门不予立项。政府根据应用主体单位的安装数量，对纳入示范点的安装半导体灯的应用主体单位，给予补贴。目前，已实施试点示范工程20多项，累计应用各类LED灯具18 000多盏（只）。

第二节　国家工程技术研究中心

这十年，材料领域新建国家工程技术研究中心30家，其中企业类中心16家，公益类中心14家。作为材料领域研发条件能力建设的重要平台，相关中心在"创新、产业化"方针的指引下，开展了新材料、新技术研发、工程放大研究与产业化，推动集成、配套的工程化成果向相关行业、企业辐射、转移与扩散，促进了新兴产业的培育发展和传统产业的升级改造，培养了一流的工程技术人才，构筑起技术研究、人才培训、工程开发、标准检测、信息交流的行业技术创新平台。

一、国家氟材料工程技术研究中心

（一）中心定位

国家氟材料工程技术研究中心致力于氟材料领域新产品、新技术的研发和工程放大，主要包括：高端含氟聚合物新材料及其加工技术、含氟精细化学品、ODS替代品及其应用技术、PFOS/PFOA替代及检测技术、环保和三废处理技术等。中心的目标是以市场为导向，瞄准国际先进水平，集合国内外氟化工领域的群体优势，开发拥有自主知识产权的技术和产品，攻克氟材料产业共性和关键工程技术难题，建成具有国内领先、与国际先进水平接轨的新型氟材料科研开发基地。

（二）工作内容

利用依托单位的科研力量基础、工程放大设计能力及氟化工技术引进消化吸收和创新经验等优势条件，努力提高我国在氟材料领域的研究开发原创能力，形成拥有自主知识产权的研究成果，努力培养氟材料工程技术研究开发人才，增强氟材料技术成果的产业化能力，加快氟材料行业的发展步伐，提高我国氟材料产品的工业化水平和技术含量，逐步使我国的氟材料工业进入世界先进行列。

（三）主要成绩

中心组建以来，累计完成科研成果90余项，30余项实现了生产力转化。借助自身优势，中心联合国内相关院校和科研机构17家，成立了"浙江省氟材料产业技术创新战略联盟"。目前，中心已形成较为完整的技术人才队伍，积极参与国家和省部重大科技项目攻关，取得了显著的经济和社会效益，开发的工程技术具有较好的行业辐射、示范作用，为提升我国氟化工行业整体竞争力，特别是在高端含氟新材料及其加工技术领域的研发，促进我国氟材料产业结构调整、提高整体技术水平、市场竞争力方面做出了积极贡献。

（四）发展展望

中心致力于打造国内领先的氟精细化学品和高端氟聚合物研究开发中心，脂肪族特色含氟精细化学品科研孵化营销一体化，功能氟材料及其加工的研究开发形成特色，为氟化工行业的发展提供技术支撑。

二、国家涂料工程技术研究中心

（一）中心定位

国家涂料工程技术研究中心将具有市场价值的涂料制备技术成果开展工程化研究及集成，转化为适合规模生产的共性关键技术并向行业推广应用，通过技术服务、辐射提高行业产品科技水平和行业技术进步，增强产业持续发展所需的科技支撑能力。

（二）工作内容

根据我国涂料行业发展的技术要求，跟踪世界涂料技术的发展趋势，确定"高性能、高装饰性、高功能性及低污染化"为重点研发方向，针对涂料行业技术发展中的关键、基础性和共性技术问题，采用独立研发、合作开发、委托研究或共建等多种方式开展从实验室到工程化、产业化的系列化研究，通过技术辐射提高我国涂料产品的科技含量和应用水平，带动涂料行业及相关产业的发展。

（三）主要成绩

中心组建以来，先后承担40余项国家和省部级科技项目，申请国家发明专利96项，获得授权发明专利72项。形成了包括水性民用涂料、水性工业涂料、高性能彩板涂料、高性能腐蚀与防护涂料、航天航空及核电特种功能涂料等成套工程化技术成果和系列产品生产技术，以及一支经验丰富、年龄梯度合理的涂料技术研发队伍。中心牵头制、修订国家及行业标准190项，其中国家标准150项，行业标准40项，在推动我国涂料低污染化方面发挥了重要作用。此外，中心积极承担国家委托涂料质量专项抽检、重大工程涂料投标技术咨询评估等工作任务，并面向行业开展产学研合作、涂料开发及分析检测培训班、涂料专题技术研讨会等开放性科技服务和交流活动，全方位推动我国涂料企业技术进步。

（四）发展展望

中心将持续跟踪世界涂料前沿技术的发展方向，坚持以"关注环境、节省资源、提高功能"为主要目标的科研发展方针，致力于高新技术、共性技术的研究开发，保持良好的科研后劲和成果储备，致力于科研成果的快速转化，向行业辐射各类成熟技术，引导行业的技术发展方向，加快行业的产品更新步伐，提高行业的整体水平。创造更好的社会经济效益。

三、国家日用及建筑陶瓷工程技术研究中心

（一）中心定位

国家日用及建筑陶瓷工程技术研究中心根据国际陶瓷工业发展的趋势，结合我国日用与建筑陶瓷工业的现状，从振兴发展民族陶瓷工业出发，发挥中心综合优势，构筑起为中国陶瓷企业发展服务的科技开发、中试孵化、标准化、人才培训、质量检测、知识产权、信息交流等一流的技术创新平台。

（二）工作内容

针对行业基础性、关键共性问题进行系统研究，以品质高档化、烧成节能化、装饰绿色化、功能多样化等为目标，使我国日用及建筑陶瓷行业的节能降耗和工业废料资源化利用取得新突破，提高我国陶瓷行业核心竞争力。在日用陶瓷方面，开展中低温烧结高档细瓷、无公害熔剂及高档花纸、高压注浆成型技术与装备以及节能窑炉等研发；在建筑卫生陶瓷方面，着重在大规格超薄砖、新型装饰方法与设备、陶瓷墙地砖减薄技术、功能型陶瓷砖等方面开展工程化技术开发。

（三）主要成绩

中心组建以来，积极开展科研科研成果转移转化工作，"十一五"期间工程化技术成果转让与技术服务123项，一些先进水平成果的推广应用引领了行业的发展方向。如针对日用陶瓷能耗高的共性问题，研发、推广中低温高档日用陶瓷生产技术，高档日用瓷烧成温度从1350℃降低到1230℃，节约能源20%，实现中温条件烧成高档瓷；针对大规格墙地砖原料消耗大、节约能耗高的问题，开发出超薄陶瓷砖生产技术，原材料减少1/2~2/3，生产能耗降低1/3~1/2。

（四）发展展望

中心将着眼于国家及地方需求，凝练特色研究方向，整合研究队伍，强化面向企业开展技术合作和技术服务的意识，积极推进技术成果的产业化，以新成果的产业化推动行业的技术进步，不断增强科技创新和服务经济社会发展的能力。同时，以中心自主开发的新成果为基础，走技术转让和创办新企业相结合之路，为中心的良性发展打下坚实的基础。

四、国家钽铌特种金属材料工程技术研究中心

（一）中心定位

国家钽铌特种金属材料工程技术研究中心瞄准国际钽铌铍特种金属材料冶炼与深加工技术前沿，对核心技术进行深入研究，实现钽铌铍等特种金属材料的新技术和新设备的技术转化和工程开发。

（二）工作内容

以市场为导向，重点突破钽铌铍特种金属材料的冶炼与加工关键技术，不断进行工程化研究开发和成果转化，搭建行业创新平台，带动全行业的科技进步和新产品的开发，全面提高我国特种金属材料行业的技术水平。整合各种科技资源，成为行业和地区技术创新的公共研发与服务平台，逐步形成一个既具有行业自身特点又推动相关行业技术进步的机构，形成专业人才集中、技术装备先进、测试手段齐全，代表国家行业水平的技术和工程化开发实体。

（三）主要成绩

中心组建以来，立足自主开发和联合研究，独自或联合承担国家级项目6项、省级项目11项，自立课题近百项。研究内容涉及钽铌铍及其合金、氧化物粉体及其溅射靶材等新材料多个领域，带动了中心的产业开发能力、科技成果转化能力。中心先后申请专利51项，参与制定国家标准12项，科研成果先后获得省级科技进步奖一等奖，中国有色金属工业科学技术奖一等奖等。

（四）发展展望

中心将继续发挥技术孵化与新品研发平台、成果推广和对外合作平台、创新团队建设和高层次人才培养平台的作用，力争形成我国稀有金属

新材料产业科研开发、技术创新和产业化基地，进一步打造特种金属材料综合研发体系、成套规模化生产工艺流程体系、设备工程化体系集成，实现新产品、新技术、新工艺、新设备的工程化和产业化，为满足电子、冶金、石化、能源、宇航、国防等高新技术领域对特种金属材料的需求提供有力的技术支撑。

五、国家复合改性聚合物材料工程技术研究中心

（一）中心定位

国家复合改性聚合物材料工程技术研究中心旨在构建基础研究、中试、产业化的全过程创新链，加强复合改性聚合物材料高端研发平台的建设。

（二）工作内容

中心坚持服务工程化和产业化需求，以"开放、交流、竞争、联合"的运行机制聚集人才；以具备工程系统化研发能力，拥有一批关键核心技术和专利，形成技术研发与成果转化的创新链为着力点；以工程技术研发集成、成果转化应用和行业公共技术服务三大主体功能支撑产业发展。

（三）主要成绩

中心组建以来，面向国家和地方重大科技需求，形成了"项目-人才-基地-联盟"一体化的产业技术创新模式，带动了各类创新资源的聚集。在技术研发与成果转化方面，中心平台进行中试和产业化示范生产，企业加盟建立产业化生产基地，形成了从应用基础研究、工程化技术开发、中试试验、产业化示范到规模化生产的技术创新链，将技术创新成果向军工、汽车、家电、设施农业等行业辐射，形成了技术研发和成熟技术孵化、转化的模式。中心已成功实现20多项自主知识产权成果的产业化，多种高性能改性聚合物材料得到广泛应用。在社会服务能力方面，中心进一步强化行业服务能力，利用在检测手段和工程化开发能力方面的优势，为100余家企业提供长期研发和检测技术服务，促进缩短企业的新产品开发周期，行业竞争力显著提高。

（四）发展展望

中心将进一步强化行业关键共性技术突破，进一步提升对行业龙头企

业及中小型企业的服务能力，进一步加强自身改革与开放合作，加强科技攻关与成果转化。着力于关键共性技术研发与系统集成创新，研发为产业节能减排、绿色制造及升级换代提供支撑和服务的产业基础技术和共性技术，力争将中心建设成为先导产业和战略产业的培育中心、传统产业提升的服务中心。

六、国家光电子晶体材料工程技术研究中心

（一）中心定位

国家光电子晶体材料工程技术研究中心以光电子晶体材料自主创新为主导，以光电子晶体材料应用技术开发为核心，围绕光电子产业中的光电子晶体材料及器件、光学加工、光机电一体化进行研究开发，集中攻关满足国家重大需求的关键性和技术集成问题，形成具有自主知识产权的共性关键技术和成果，促进知识创新、技术创新、工程产业化体系的构筑，增强我国光电子行业核心竞争力，带动激光先进制造、激光医疗、激光显示和激光通信等产业的发展和壮大。

（二）工作内容

中心主要工作内容包括：晶体生长的工程化技术研发；新型光电子晶体材料的研发；晶体加工技术的建立；晶体的关键性能测试技术的建立；晶体材料的检测技术和评估体系的建设；晶体器件的标准和规模化生产技术研究；器件集成的标准和规模化生产技术研究等。

（三）主要成绩

中心组建以来，共承担国家和地方150多项科研项目，接受企业委托等项目59项；获得授权专利74件，其中发明专利65件；制定了多项国家和地方标准，建立了规模化生产的工艺操作规程。通过技术转移、成果转化和产业化，中心为相关企业创造显著效益，带动了光电子产业及其下游激光产业的迅速发展，取得了较好的社会经济效益。

（四）发展展望

中心将努力打造适合成果产业化、有利于成果扩散和转移的成果转移平台，建立有利于国内外光学人才积聚、交流、培训和人才培养基地；建成集光电子晶体材料产品测试、测试方法研究和光电子晶体材料标准制定

的光电性能检测中心。在此基础上，进一步推进光电子产业共性关键技术集中攻关和合作开发，促进行业技术进步和创新，催生更多具有自主知识产权的成果，成为光电子产业发展提供技术源泉的技术平台。

七、国家镍钴新材料工程技术研究中心

（一）中心定位

国家镍钴新材料工程技术研究中心围绕我国镍钴资源的特点，以促进我国镍钴工业企业技术进步、产业结构调整和产品质量档次升级为己任，加强镍钴新材料的工程技术研究，以创建国家级镍钴新材料学术研究交流中心及其技术开发、成果转化、工程化推广应用技术扩散源为目标，以开展镍钴新材料的研制开发与工程化应用研究为重点任务，提高行业在国际市场上的综合竞争能力。

（二）工作内容

通过镍钴新材料的气化冶金技术、化学合成技术、超细粉体材料制备及分级技术、压延加工技术、相关工程的环境保护和资源再生等系列工程化技术的开发和产业化，以新能源材料、电子信息材料、环保节能材料研发为主要特色，对镍钴新材料相关工程技术进行研发、孵化、集成和产业化，形成集技术开发与集成、新产品产业化及人才培养为一体的高水平工程技术研究中心，通过转化、辐射成熟的配套技术，推动行业的技术进步，增强我国镍钴工业的国际竞争力。

（三）主要成绩

中心组建以来，建立了一整套有利于发挥科技人员积极性的竞争机制和激励机制，培养了一支高水平的技术研发团队，与国内多所著名高校建立了长期稳定的合作关系，聚集了一批长期持续关注镍钴新材料发展的高水平研究人员。中心通过自身开发、合作开发、技术转让、技术引进等途径获得镍钴新材料的技术研究成果，进行后续的工程化研究和系统集成，形成了一批具有自主知识产权的关键技术，为生产企业提供成套的工程化技术成果。目前已开发15项全套工程化技术，13个新产品实现产业化，形成了羰化冶金产品等8条产业链。

（四）发展展望

中心将紧跟镍钴行业的发展趋势，继续遵循"专业化、系列化、配套化"的产品开发原则，构建有利于经济总量快速增长、技术含量高、盈利能力强的产品结构。重点实现已开发产品的工程化、产业化和市场化，实现现有产品品质提升及规格品种拓展。以"产、学、研、用"合作为基本模式，继续完善以人才激励为核心的技术创新体系，充分利用社会科技资源加快技术进步，实行开放的、多层次的科研合作，充分发挥企业在技术创新中的主导地位。

八、国家工业陶瓷工程技术研究中心

（一）中心定位

国家工业陶瓷工程技术研究中心集科学研究开发、工程技术集成、成果转化和孵化、质量监督和检测、标准化、行业信息、人才培养及学术交流为一体，努力打造工业陶瓷行业产学研合作的桥梁和科技创新的公共服务中心。

（二）工作内容

中心以工业陶瓷行业基础性、关键共性技术为主要研究开发方向，致力于新材料、新技术、新装备的研发，注重研究成果的产业化推广应用和标准化建设，支撑工业陶瓷行业技术进步和发展。

（三）主要成绩

中心组建以来，针对工业陶瓷行业的共性关键技术进行攻关，解决了超大尺寸制备技术、近净尺寸制备技术、原料串联高效研磨技术、喷雾干燥高效换热技术、氧化焰烧成技术、低温烧成技术、窑炉余热利用技术、致密化低温快速烧成技术等关键性技术，组建了技术力量雄厚的科研和工程技术开发团队，形成了装备先进、功能齐全的4个标准化实验室和6条产业化示范生产线，信息中心、检测中心和标准化中心等3个条件支持中心。

（四）发展展望

中心将进一步深化陶瓷工程化、产业化能力建设，提高工业陶瓷标准化程度，更好地与国际市场接轨，强化行业的国际市场竞争力。通过对中心管理运行机制的完善优化，努力为全国工业陶瓷行业建立集产品研发、标准化、检测论证、技术集成研究、人才培训、信息咨询的体系完整的综合集成机构与服务平台，推动我国工业陶瓷科技创新与进步。

九、国家毛纺新材料工程技术研究中心

（一）中心定位

国家毛纺新材料工程技术研究中心围绕人才战略、标准战略、专利战略，通过工程化技术创新、管理创新和机制创新，实现人才、技术、经济的良性循环，促进行业技术进步，提高我国毛纺行业的整体水平。

（二）工作内容

中心以新材料研究开发为主体，结合新技术、新工艺的应用，围绕新材料应用技术、多元化纱线结构工程技术、清洁生产工艺技术、精纺面料功能整理技术等，解决毛纺抗皱、抗静电、抗起球等行共性关键技术，缩小与国外差距。

（三）主要成绩

中心组建以来，在各类毛纺新材料的研发运用上已取得较好成果，通过工程化研究形成高新技术产品的规模化生产，促进了毛纺新材料科技成果的转化能力。中心在人才、技术和信息方面已具备了良好条件，在新材料的应用、高档纺织面料的整理技术、新型功能纺织面料的开发、环保面料的清洁生产工艺等技术领域具有较强的研究开发实力。中心已承担多项国家、省市科技计划项目，取得了一批高水平的科研成果，产业化成果比较显著，在国内同行中赢得了认可和信誉，成为国内一流的、具有良性自我发展能力的开放型科技开发型实体。

（四）发展展望

中心将充分利用依托单位的综合优势，建立国际先进的毛纺新材料技术开发、工程化研究和行业技术服务平台，聚集业内著名专家和学科带头人，围绕毛纺产业发展需求，参与制定完善我国的毛纺标准体系，不断解决行业共性、关键及工程化技术，持续地开发出高新技术产品。中心将成为培养一流毛纺技术人才的基地，引导我国毛纺技术的发展方向，实现人才、技术、经济的良性循环，促进行业技术进步，提高我国毛纺行业的整

体水平。

十、国家农药创制工程技术研究中心

（一） 中心定位

国家农药创制工程技术研究中心致力于农药产品与技术的自主创新，努力成为我国农药开发与工程化关键技术的研究开发基地、农药工程化研究人才培养基地和我国农药行业成果转化的中试孵化基地，进一步完善农药技术的集成配套，向企业的辐射、转移和扩散，造就具有国际竞争力的大型农药产业化示范基地。

（二）工作内容

通过完善科研技术平台建设、人才队伍建设、创新能力建设，在行业共性关键技术及节能减排、清洁生产等方面形成技术创新和攻坚能力，建立与国内外农药研究机构和企业的合作、信息交流与数据共享、工程化项目分工合作、工程化试验条件开放的运行机制和农药成果转化的中试孵化基地，为企业提供国内领先的新技术、新产品、新方法，解决制约农药企业发展的产品结构以及工程化等技术难题。建立国内外人才积聚、交流、培养的产学研一体化平台，成为国内一流的农药研究、工程技术开发、产品质量安全评价和标准制修订的研发中心。

（三）主要成绩

中心组建以来，加强引领农药行业高效、安全、绿色的技术发展方向，促进我国农药行业整体技术水平的提高，带动了20余家国内重点农药骨干企业开展技术改造、新产品研发、规模化和清洁化工程研究开发，促进了农药行业技术进步，增强了企业市场竞争力。中心共承担省级以上项目113项，完成成果转让服务258项，获得省部级以上科技奖励19项；申请国内专利84件，其中发明专利81件，获授权发明专利40件，申请PCT专利17件。

（四）发展展望

中心将加强技术创新，重点开展农药新品种创制和创新方法研究，农药品种和关键中间体生产工艺开发，"三废"处理核心技术等行业关键技术的研发。同时，中心将加强工程化研究，将新技术推广应用到农药行业，推进农药行业的技术进步；将持续地加强机制建设、人才队伍建设、条件平台建设，为技术创新，工程化研究，成果的转化和推广提供保障，力争建成农药共性关键技术集中攻关和合作开发的技术研发平台，成为适合于成果产业化、有利于成果扩散和转移以及国内外人才积聚、交流、培训和培养的产学研一体化平台。

十一、国家镁合金材料工程技术研究中心

（一）中心定位

国家镁合金材料工程技术研究中心通过研究开发、成果工程化、技术服务、人员培训、信息交流等方式，为我国镁产业提供成熟技术、搭建资源共享和信息交流平台、开展技术培训与咨询服务、制定各类标准和规范提供支撑。

（二）工作内容

中心以镁合金新材料、新工艺和新装备为重点，建设一流的镁合金应用技术研究开发平台、镁合金成果转化平台、镁合金信息与技术交流平台及镁合金人才培养基地，为把我国建设成为世界最大的镁产业深加工基地、促进我国从镁资源大国转化为镁技术和产品强国做出贡献。

（三）主要成绩

中心组建以来，联合国内镁生产与应用企业和相关科研单位，承担了一批国家科技支撑计划项目。通过广泛的国内外合作与交流，开展了镁合金新材料、凝固与铸造、塑性成形与加工、腐蚀与防护等多方面的共性技术研究和专项技术开发，促进了镁合金在汽车、摩托车、3C电子、手持工具、通用机械等领域的规模化应用，取得了100多项专利技术成果，参与制定国家或行业标准10项，技术服务与合作的单位100多家，多项成果成功实现大规模产业化应用，在国内建成了6个大型镁合金产业化基地。中心研制的镁合金中空薄壁大型材和宽幅板材、超高强镁合金和高强度、低成本镁合金新材料达到国际先进水平，所开发的镁合金压铸熔炼装备国内市场占有率第一。

（四）发展展望

中心将继续加强和完善基地建设，充实研发队伍，加强国际合作与交

流，重点针对高性能镁合金材料、镁冶炼新技术、镁合金先进加工技术，以及镁合金在交通、3C电子、能源、国防等领域的规模应用，进一步开展研发和产业化推进工作，力争建成具有较强综合实力、在某些研究方向处于世界领先水平的国际镁合金研究开发基地。

十二、国家绝缘材料工程技术研究中心

（一）中心定位

国家绝缘材料工程技术研究中心以建成具有国际影响力的绝缘材料工程化技术创新基地为目标，推进电机、电器及电子等领域产品升级换代，引导核电、大型发电机组、军用特种电机、集成电路等领域绝缘材料行业技术进步，为国家电机、电器、航空、航天、国防装备等行业提供关键绝缘材料技术与产品。

（二）工作内容

中心重点开展绝缘材料中有害物质的替代物技术及应用研究、节能变频电机专用耐电晕绝缘材料及应用技术研究、低成本高性能树脂合成及应用技术研究，积极开展绝缘材料技术标准和信息化建设，建立有中国特色的绝缘材料技术标准和信息化交流平台。同时，广泛开展绝缘材料领域的工程化技术开发、推广应用、技术服务等工作，在推广服务的基础上对应用单位的技术人员开展技术培训和咨询服务工作，确保成果的成功转化，逐步开展国际国内合作研究的技术与学术的交流，拓展研究领域和视野，提高工程化技术研究水平。

（三）主要成绩

中心组建以来，立足于发挥我国绝缘材料技术研发的优势和特色，通过承担国家、省市科技项目并与相关领域的高校、科研院所、行业企业及下游企业开放合作，超额完成了三大核心工程技术的考核任务，技术总体上处于国际先进水平，部分技术还处国际领先水平；形成了省部级成果8项，申请或授权国家发明专利31项，完成开发工程化新技术15项。

（四）发展展望

中心将重点开展绝缘材料相关技术经济政策研究，建立相关技术规范体系，引导绝缘材料行业技术进步与健康快速发展，推进电机、电器及电

子等领域产品升级换代。同时，跟踪国际绝缘材料领域发展，进一步缩小与发达国家在工程研发和工程化上的差距，保持中心在国内的行业领先地位。

十三、国家钨材料工程技术研究中心

（一）中心定位

国家钨材料工程技术研究中心拟建设成为专业配套、装备齐全、控制和检测仪器先进、工程化能力强、具有国内领先、国际先进水平的钨材料研发基地和新技术、新工艺、新材料、新设备、新产品的聚集点和扩散源，推动我国钨材料及钨资源综合利用技术达到国际先进水平。

（二）工作内容

开发高效利用钨资源和钨工业循环经济相关技术，重点突破钨加工高端领域关键技术和装备，掌握自主知识产权，积极推进工程化转化，发挥行业平台作用，集成、辐射创新成果，为我国钨材料产业技术进步、最终实现全面赶超国际先进水平提供技术支撑。

（三）主要成绩

中心组建以来，开展了选矿后废弃尾砂钨资源回收利用的工程化、高性能硬质合金材料关键技术及设备开发等各类科研与产业化项目92项，承担国家级项目和课题8项，申请专利108项（发明专利86项），获得授权专利39项（发明专利18项），获得国家级和省部级科技奖励7项。中心通过承担科研项目、技术转让、技术服务和中试产品销售，发挥了行业平台作用，促进了我国钨材料产业整体技术进步。

（四）发展展望

中心将充分发挥行业公共平台作用，通过技术研发和成果转化，发挥行业平台作用；在超细晶合金及深加工精密刀具、金属陶瓷刀具、超硬材料刀具等方面，有针对性地确立研发课题，集合优势资源，实现重点突破。未来，中心将重点在金属陶瓷刀具、超硬材料刀具等方面实现工程化，建立精密刀具测试中心，对外提供技术支持和技术服务，使中心步入更好的良性发展道路。

十四、国家橡胶助剂工程技术研究中心

（一）中心定位

国家橡胶助剂工程技术研究中心坚持集聚优势资源、共铸创新平台、服务助剂行业的宗旨，着力推动橡胶助剂领域的技术进步。

（二）工作内容

中心根据国内外橡胶工业发展需要，系统开展橡胶助剂新工艺、新技术、新产品、新装备及成套工程化技术的研究开发，重点解决橡胶助剂工程化共性关键技术，促进科技成果的工程化和产业化。通过新产品、新技术的推广应用，不断建立有市场前景的新产品示范生产线和中试生产线，掌握工程化生产的成套技术，成立技术推广部门，形成完善的推广、辐射机制，推动集成、配套的工程化成果向相关行业辐射、转移和扩散。加快行业标准体系的形成，提升整个行业的技术水平。

（三）主要成绩

中心组建以来，建立了上下游结合、产学研结合的创新机制，加大高端人才的引进力度，使中心得以快速健康发展。中心组织国家和地方项目26项、自主研发项目17项、委托开发项目35项；主持参与国家、行业、地方和企业标准制修订18项；先后向31家生产企业开展新型助剂产品的化验分析与应用评价服务。通过技术转移、成果转化和产业化，十余家橡胶助剂及原材料生产企业创造了显著的经济效益，累计为企业新增销售收入83 714.1万元，实现利税7534.3万元，为促进橡胶助剂行业技术进步和增强行业竞争力奠定了坚实基础。

（四）发展展望

中心将重点围绕节能减排、绿色环保型助剂新产品、清洁生产工艺、特种功能性橡胶助剂产品等，开展相关产品和技术的研究开发,加大人才培养、引进力度，提升中心研发能力。同时，加强科技成果转化与推广，引领行业橡胶助剂的发展方向，使中心成为我国重要的橡胶助剂工程研究开发平台。

十五、国家金属材料近净成形工程技术研究中心

（一）中心定位

国家金属材料近净成形工程技术研究中心以金属材料近净成形技术为核心，致力于解决金属材料高效利用及其零件短流程制造中的瓶颈问题，不断推出具有自主知识产权的近净成形新材料、新工艺和新装备，推进科技成果的工程化和产业化，努力将中心建设成为具有国际先进水平的技术创新基地。

（二）研究内容

针对金属新材料近净成形领域的前沿问题和国家经济建设中金属材料近净成形技术的应用基础问题，研究开发节能、节材、清洁、高效的金属关键零部件成形技术、产品及装备。研究方向涉及高效近净成形铸造技术、粉体材料高效近净成形技术、高效精密塑性成形技术、金属材料近净成形技术装备。

（三）主要成绩

中心组建以来，共承担各类科研项目199项，获得部省级以上奖励11项，包括国家科技进步奖二等奖2项；申请专利102项，其中已获授权60项，取得计算机软件著作权登记3项。在粉体材料高效近净成形技术方面，着重发展了粉末温压成形技术，发明了温压工艺通用方法和装置，攻克了温压成形各类齿轮、凸轮、发动机连杆等精密复杂零件的关键技术，从而形成以温压技术为核心的新材料、新技术、新产品、新装备的成果、专利群，并在民品和军品中实现了推广应用及产业化；在高效近净成形铸造技术及塑性成形技术方面，研发了多项铜合金、铝合金、镁合金、锌合金制备与成形新技术，满足了我国民用关键零件和军工重大工程的急需。

（四）发展展望

中心将进一步引进国内外优秀人才，打造高水平团队。在金属制备与成形领域开展基础与应用基础研究的同时，把握金属材料科技发展趋势，加快科技成果转化的步伐，加强对国家和地区经济的支撑和引领作用，努力将中心建设成为国内外具有重要影响的金属材料近净成形技术的科技创新平台和成果孵化基地。

十六、国家聚氨酯工程技术研究中心

（一）中心定位

国家聚氨酯工程技术研究中心以市场为导向，全面系统开展聚氨酯行业新工艺、新技术、新产品、新装备及成套工程化技术的研究开发，集聚氨酯原料、聚氨酯中间体、聚氨酯材料和聚氨酯制成品于一体的研究开发和工程化平台。

（二）工作内容

中心以建立技术平台为基础，带动聚氨酯主要原料产业的技术升级，解决制约聚氨酯行业绿色化、高性能化和可持续发展的重大技术问题，促进聚氨酯下游相关行业节能减排和循环经济的发展，实现科技成果的工程化和产业化，并形成完善的推广、辐射机制，使集成、配套的工程化成果向相关行业辐射、转移和扩散，从而加快国家和行业标准体系的形成。

（三）主要成绩

中心组建以来，申请110项发明专利，获得授权发明专利53项，参与制定国家技术标准7项，突破了7项千吨级中试技术成果和8项成套工业化技术成果，并开发出70余款绿色环保型聚氨酯材料。中心开发的新一代MDI制造技术，实现了我国MDI制造技术的升级换代并全球首家实现废盐水循环利用，保持了我国MDI制造技术的国际领先水平；开发的H12MDI、HDI、IPDI等高性能聚氨酯材料关键单体制造技术，以及水性聚氨酯材料和高性能聚氨酯弹性体制造技术。同时，中心开发形成了反应器模拟设计技术、化工过程模拟与优化设计技术、反应精馏技术、催化加氢技术等石化行业的共性技术，技术成果推广应用可带动相关石油化工和精细化工行业的技术进步。

（四）发展展望

中心将继续实施新产品新技术研发和成果转化，不断推动聚氨酯主要原料、材料制造技术升级，促进聚氨酯行业绿色化、高性能化和可持续发展，发展建设具有世界一流水平的聚氨酯工程技术研究中心，推动我国聚氨酯行业及相关行业的技术进步。

十七、国家铜冶炼及加工工程技术研究中心

（一）中心定位

国家铜冶炼及加工工程技术研究中心坚持"开放、流动、协作、竞争"的原则，深化产学研合作关系，促进我国铜产业的科技进步，为我国铜产业的可持续发展提供支撑和引领。

（二）工作内容

中心以研究开发铜冶炼及加工领域的基础性、关键性及共性技术为重点，依托产学研强强结合，以市场为导向，以项目、技术和人才为纽带，以技术研究和孵化、产业化和开放服务为工作内容，促进我国铜产业的科技进步。

（三）主要成绩

中心组建以来，承担了国家、地方和企业委托的多项科研任务，NGL炉精炼废杂铜生产阳极铜工艺技术研究、铜冶炼过程杂质综合处理技术研究等多项成果达国际先进水平。中心荣获国家级奖励6项，获省部级奖励10项；获发明专利10项，实用新型专利64项；主持编写了"铜冶炼厂工艺设计规范"等国家标准6项，"铜精矿生产能源消耗限额"等行业标准16项。多年来，中心开设铜冶炼及加工专业培训班7期，培养企业技术与管理人员439人次，为同行企业提供岗位技能实地培训400多人次，促进了我国铜冶炼及加工领域的学术交流与合作，有力地推动了行业技术进步。

（四）发展展望

中心将紧密结合世界铜冶炼与加工前沿技术，充分发挥引进、消化、吸引世界前沿技术并进行再创新的能力；进一步提升铜冶炼及加工全流程中试孵化能力，逐步打造成国际化中试孵化与工程技术开发基地，为我国由铜产业大国转变成铜产业强国提供坚实的技术支撑。

十八、国家造纸化学品工程技术研究中心

（一）中心定位

国家造纸化学品工程技术研究中心通过集聚高层次专业技术人才组织工程技术研发和集成创新，促进成果转化和产业化，并为行业提供公共技术服务，是国内造纸化学品行业集科研、成果转化、产业化示范、人才培

养、技术咨询和服务等于一体的国家级造纸化学品研发平台。

（二）工作内容

中心面向造纸化学品行业及相关领域发展中的重大关键性、基础性和共性技术问题，以造纸用变性淀粉、聚丙烯酰胺、乳液松香胶、造纸废水处理化学品、特种纸专用化学品等为主要研究方向，形成造纸化学品的高性能化、专用化、低碳化，使造纸制浆、漂白、打浆、抄造、成纸后加工等过程优化、提高纸张质量、节能降耗、减轻环境污染。中心以造纸化学品在造纸生产中应用工程化研究开发、成果转化促进产业化为主要任务，面向造纸企业的实际需要，提高科技成果的成熟性、配套性和工程化水平，加速企业生产技术改造，促进产品更新换代，为企业引进、消化和吸收国外先进技术提供技术支撑。

（三）主要成绩

中心建立淀粉衍生物研究室、水溶性高分子研究室、水处理研究室、特种造纸化学品研究室、分析检测室，以及为工程化技术开发和产业化示范综合配套研究的开发平台。多年来，中心充分发挥依托单位优势，大力推进成果转化，在浙江、吉林、山东、河南、广东等地创建了十多个科技成果产业化基地，造纸化学品成果转化能力30万吨/年。近十年成果产业化收入累计37亿元，实现利税6亿多元，为造纸行业提升改造、减轻环境污染做出了重要贡献。

（四）发展展望

中心将瞄准国内一流、国际先进的目标，开发一批有自主知识产权、国际先进的造纸化学品，通过引进消化吸收研制一批具有国际先进水平的功能性造纸化学品，通过集成、优化、组装推出一批成套工程化技术向全国辐射，形成高水平产品性能应用评价体系，具备工程技术试验条件。

十九、国家金属线材制品工程技术研究中心

（一）中心定位

形成一流的金属线材制品行业研发平台、成果转化平台和服务平台，推动行业的整体技术进步和综合实力提升，实现我国由金属线材制品大国向金属线材制品转变。

（二）工作内容

国家金属线材制品工程技术研究中心工程技术研究开发内容包括：行业关键共性技术开发、系列新产品开发和新装备研制；开放服务内容包括：进行成果转让、提供技术支持、通过装备销售提高行业技术与装备水平、进行发展战略研究、提供检测服务、编制和修订标准、进行人才培养和知识产权服务等。

（三）主要成绩

中心组建以来，先后承担国家科技支撑计划课题5项，开发出超高强度耐久型桥梁缆索制造技术，产品应用于全球第一大和第二大斜拉桥，创造该领域世界纪录并获国家科技进步二等奖；开发出超高强度金属线材制品生产技术等行业共性技术，生产出全球最强的输送带用钢丝绳等产品；承担国际标准化组织钢丝绳技术委员会秘书处，下属检测中心通过省出口商品一级实验室认证。

（四）发展展望

对金属线材制品生产工艺流程进行流程再造，消化吸收发达国家先进生产工艺，替代现有工艺流程，淘汰高污染、高能耗落后工艺，研究开发有关润滑剂无公害处理技术，逐步实现零排放，在行业内推广相关成果；探索碳纤维、芳纶等先进材料在金属线材制品领域的应用；开发系列高性能金属线材产品满足航空航天、国防军工、港口码头、高速电梯和特种设备等相关产业高端需求。通过建设，中心整体研发与工程化水平达到国际先进水平，桥梁缆索、中细规格金属线材制品、橡胶骨架材料等达到国际领先水平，制订相关国际标准。

二十、 国家炭黑材料工程技术研究中心

（一）中心定位

国家炭黑材料工程技术研究中心对炭黑、白炭黑生产中具有发展方向的高新技术进行研究开发和工程化研究，承担行业共性、关键性和前瞻性的重大研究项目，形成我国炭黑行业技术创新体系的核心，为行业的发展提供技术支持，不断推动全行业的技术进步。

（二）工作内容

中心跟踪行业发展动向，研究开发关系行业发展和技术进步的关键和共性技术，研究开发市场急需的新技术、新工艺、新产品、新材料、新设备，为我国炭黑行业技术、装置、产品更新换代和形成新的经济增长点提供技术支持。重点针对目前我国炭黑行业与国外先进水平的差距，尤其是装置规模小、节能环保水平低、高性能产品缺乏等制约行业发展的关键和共性技术问题，进行系统化、配套化和工程化研究开发，为炭黑行业提供成熟、配套的技术工艺和技术装备。

（三）主要成绩

中心组建以来，开展技术开发和工程技术研究项目34项，属于行业共性关键技术的4万吨/年新工艺炭黑生产技术、万吨级油-焦炉煤气新工艺炭黑生产技术开发、富氧空气在炭黑生产中的应用技术开发、炭黑生产装置节能技术开发及应用、900℃级新型高温空气预热器开发、YC-216废液焚烧技术和设备开发等重点项目中已有9项新技术成果完成产业化转化，向20多家企业推广应用。

（四）发展展望

中心拟建设成为我国炭黑行业高水平的研究与开发基地、成果转化与产业化示范基地和技术与管理人才培训基地。通过建立技术服务公共平台，进一步增强中心的技术创新、工程化、产业化能力和开放服务能力，使中心成为国际化的炭黑技术开发、应用、成果转化基地；通过建立炭黑工程技术服务机构，为行业广大中小企业提供技术服务平台；通过产业化示范工程、技术成果产业化及技术转让、辐射，技术交流和培训，使中心成为炭黑行业技术和产业化的孵化器，进一步提升我国技术和产品在国际市场的竞争力，加快我国炭黑工业的发展。

二十一、国家硅基LED工程技术研究中心

（一）中心定位

国家硅基LED工程技术研究中心重点发展具有自主知识产权的、低成本、高光效LED照明外延材料生长技术、芯片制造技术和高端装备MOCVD制造技术，实现规模化生产，形成我国自成体系的LED照明技术与产业发展路线。

（二）工作内容

中心主要工作内容包括：硅衬底LED照明外延生长技术研发、硅衬底LED照明芯片制造技术研发、LED照明高端装备MOCVD制造技术研发、LED照明材料芯片与器件表征技术等。

（三）主要成绩

中心组建以来，已建成齐全配套的硅衬底LED外延生长、芯片制造、分析检测和装备研发和中试平台。在国际上率先研制成功硅衬底LED，其冷白光效率达到120 lm/W($35A/cm^2$)，并成为到目前为止国际上唯一一家实现硅衬底LED规模化生产的单位，产品成功在路灯、球泡灯、矿灯、射灯、手电筒、彩屏等方面应用。此外，中心研制成功的第一代生产型MOCVD系统，总体性能接近进口设备，部分性能超过进口设备，正在实施高端装备的产业化。

（四）发展展望

通过中心建设和发展，使我国硅基半导体照明照明技术达到世界先进水平，有力提升我国LED战略性新兴产业参与国际竞争的能力。

二十二、国家胶体材料工程技术研究中心

（一）中心定位

国家胶体材料工程技术研究中心针对胶体材料行业及相关领域发展的重大关键、基础性和共性技术问题，充分依托合作单位及国内外行业领域的现有资源和条件，实行优势互补、互惠互利、共同发展，努力建成胶体材料行业技术创新、科技成果转化的主要基地，完成培养人才、技术创新、引领产业发展的重要使命。

（二）工作内容

针对胶体材料行业的重大关键性、基础性和共性技术问题，进行系统化、配套化和工程化研究开发；健全中试基地、产业化基地建设，为适合企业规模生产提供成熟配套的技术工艺和技术装备；完善胶体材料学科的本科生、硕士生、博士生、博士后及行业所需工程技术与管理人员的人才培养体系；接受国家、行业部门、地方以及企业、科研机构等单位委托的工程技术研究，设计和试验任务；积极开展国外引进技术的消化、吸收与

创新，搭建国内外胶体材料工程技术人员合作、交流的平台；积极创造条件吸收和接纳国内外相关研究人员来实现成果转化，进行工程化研究开发和试验。

（三）主要成绩

中心组建以来，健全制度建设，加强中心内部管理工作的规范化、制度化，充分调动工作人员的积极性和创造性。在中试基地方面，完成基地4000m²中试车间建设，筛选中试项目22项并积极做好中试准备。中心采取企业化运行机制，针对胶体材料行业发展中的重大关键性、基础性和共性技术问题，加强产业化基地建设。

（四）发展展望

中心力争建成为具有国际领先水平的胶体材料科研创新、工程化技术集成中心，新技术、新成果的辐射源，产学研高效紧密结合的实体，世界一流的胶体材料学科创建平台。

二十三、国家半导体照明应用系统工程技术研究中心

（一）中心定位

国家半导体照明应用系统工程技术研究中心以服务产业为宗旨，通过关键共性技术研发、人才团队与公共服务平台建设等，建成具有国际一流科研设施和人才的半导体照明应用系统研发及试验基地，为产业发展提供应用支撑，推动我国半导体照明产业迅速发展。

（二）工作内容

从半导体照明设计系统、控制系统、检测与评估系统等入手，围绕半导体照明产品研发、中试化、工程应用、开放服务以及产学研合作能力等，成为全国性的半导体照明应用系统领域技术创新辐射中心、科技成果转化基地、研发测试服务平台、行业工程技术人才培养高地、知识产权研究和保障服务机构。面向国家重大需求和重要领域，开展太阳能一体化应用、轨道交通照明、道路隧桥照明、景观装饰照明、农业大棚照明、植物照明、医用设备照明、光疗照明、印刷紫外照射等研发关键技术，在工程示范和行业中得到应用推广。

（三）主要成绩

中心组建以来，初步形成了工程设计、控制系统开发、光学设计与照明系统仿真、智能控制与驱动电路设计、LED光源与模块的应用、产品性能检测与评估等方面的能力，组建了学科交叉的科研团队。通过整合现有优质资源，初步具备了半导体照明产品和系统专业试制能力，研发和试制了一批高端应用和通用照明产品，部分产品经过与企业合作进行产业化，在上海世博会等重大工程中示范应用，研制的SJ-8高等植物培养装置的LED照明系统已成功应用。

（四）发展展望

中心将为我国半导体产品应用中需解决的可靠性问题提出解决方案，为重大工程应用项目提供技术支撑和保障服务，促进我国国产化芯片及器件的广泛使用。中心将对促进我国半导体照明应用技术提升，推动产业健康、快速、持续发展，起到重要作用。

二十四、国家石油天然气管材工程技术研究中心

（一）中心定位

国家石油天然气管材工程技术研究中心针对我国石油天然气勘探开发和管道建设，拟建成具有国际先进水平的石油天然气管材研发机构，建设科技创新、成果转化和工程化的研究平台，开展影响油井管、连续管、输送管等管材领域技术进步的材料技术、制造技术、检测评价技术和标准研究工作，提升我国管材领域学术地位和技术水平，提高国际竞争力。

（二）工作内容

完成创新能力建设，建成管材高频焊接模拟试验、油井管热处理试验、多功能数字化焊接试验和油井管研发试验等4个研发试验平台，面向行业积极开展检测评价技术服务工作，提升研发能力和技术水平；针对我国石油天然气管材领域存在的关键共性技术问题，开展基础理论研究，突破高强韧性匹配的油气管材料技术、大线能量高速焊接技术、耐蚀管材料及制造技术、连续管材料及制造技术、抗大变形油气输送管材料及制造技术等5项石油天然气管材核心技术，形成具有自主知识产权的技术成果；面向国家陆上和海上油气开发需求，研发高压大流量油气输送的超高强度管线钢管、用于地震带和滑坡带的抗大变形钢管、用于腐蚀环境的耐蚀钢

管、新型油气开发用高性能连续管、具有抗海水腐蚀、抗挤压和低周疲劳的海底管线管、高抗挤高频油井管等6种新产品；面向行业需求，开展标准情报研究，提供技术人才培养和培训服务。

（三）主要成绩

中心组建以来，进行了输送管材、连续管材和油井管材等相关标准的研究工作，制、修订了9项行业标准和企业标准，翻译和转化国外标准1项；面向国内油气开发和管道建设，研发成功了HO70连续速度管柱、中缅油气管道基于应变设计地区用X70 φ1016 mm×17.5 mm 直缝埋弧焊管共2项新产品，进行了X80壁厚输送管、CT90钻井用连续管和J55、N80、P110油井管等的试制工作；开展了高强螺旋埋弧焊管高效焊接技术、直缝电阻焊油井管技术等研究工作，解决了影响高强度管线钢高效焊接和高频焊接钢管等技术问题。研发成果获得省级科学技术一等奖1项，中国石油天然气集团公司科技进步二等奖1项，市科学技术特等奖1项，申请发明专利6项，有力地推动了行业科技进步。

（四）发展展望

中心将以输送管、连续管、油井管、深海管材等制约我国石油天然气管材技术进步的高端管材研发为主要目标，建设创新基地，培养领军人才，开展科研和成果工程化研究，建成国际一流的石油天然气管材研发机构。

二十五、国家半导体泵浦激光工程技术研究中心

（一）中心定位

国家半导体泵浦激光工程技术研究中心面向我国科技发展重大需求和激光加工、科学仪器迅速发展需求，开展全固态激光器设计、制造、检测等技术的创新和工程化研究，开展应用技术研发、推广和成果转化工作，对提升我国半导体泵浦激光产业的国际竞争力，引导行业健康持续发展，完善我国科研布局，加快产业化进程，打破国外技术垄断，保障国家战略顺利实施具有重要作用。

（二）工作内容

在激光器研发方面，开展大型激光放大器和大能量皮秒激光器工程化

关键技术研究；针对先进仪器需求，开展大气雷达探测用激光器和激光光谱测量用激光器工程化关键技术研究；针对先进制造需求，开展全固态紫外激光器和光纤激光器工程化关键技术研究。在工艺工装方面，研制全固态激光器设计仿真平台和全固态激光器调试专用设备。在行业服务方面，建立相关激光器标准，培养高质量工程技术研发人才，组织相关技术交流，参与行业国际合作。

（三）主要成绩

中心组建以来，开展了皮秒激光器工程化关键技术优化，进一步完善了模块耦合技术、激光介质热管理技术、激光光束整形技术等激光器共性技术；依托飞秒激光眼科手术成套机械和控制系统项目开展了超短脉冲半导体泵浦激光工程化关键技术和工艺方法研发，着手筹备全固态激光器产业化推广工作。

（四）发展展望

中心将通过加大半导体泵浦激光技术的研发力度和深度，升级优化半导体泵浦激光工程化关键技术，实现科研优势向产业优势的转化，将中心建设成为国内水平最高、具有国际影响力的工程技术研发基地、半导体泵浦激光产品质量监督检测中心、半导体泵浦激光工程技术人才培训中心和半导体泵浦激光工程化技术和应用交流中心。

二十六、国家特种分离膜工程技术研究中心

（一）中心定位

国家特种分离膜工程技术研究中心面向国家节能减排和过程工业高效分离的需求，建立国内一流、国际先进的特种分离膜材料与膜过程工程化创新平台，形成具有行业领先水平、结构合理的工程化创新团队，构建长效的产学研合作机制和成果转化新机制。通过中心建设，开发重大集成应用技术和成套装备，促进膜技术在重点耗能和污染行业的推广应用；重点服务膜行业龙头企业，孵化高新技术企业，保障中心的可持续发展；实现项目研究、人才培养、工程化服务和成果转化的联动，为膜产业的快速发展提供技术支撑和工程化服务。

（二）工作内容

在工程技术研究开发方面，围绕特种分离膜材料制备，重点开发陶瓷纳滤膜材料、分子筛渗透汽化膜材料规模化制备技术，开发出高性能硅橡胶膜材料、复合钯膜材料的制备放大技术；围绕过程工业的能源与环境问题，以膜工程为核心，开发溶剂脱水膜成套装备技术、废油回收集成应用技术、膜反应器技术、高温气体除尘技术等工程化应用技术并进行工程应用推广。在开放服务方面，加强产学研合作，通过中心的工程化推进技术产业化，实现成果应用和推广；创新体制，吸引并服务海内外领军人才创新创业；建立子服务网络，为中小企业的科技创新提供支持和服务以及人才培训；开展广泛国际交流与合作，引进、吸收和消化国外先进技术成果和管理经验。

（三）主要成绩

中心组建以来，围绕特种分离膜材料规模化制备与应用技术的研究，开发出的陶瓷膜生产技术填补了国内陶瓷膜产品的空白，产品性能处于国际同类产品的先进水平；开发出的特种分离膜工程应用技术，在溶媒脱水、中药提取、粉体生产、发酵液净化等方面具有国内领先水平；研制的膜反应器技术，是全球范围内首次实现在石油化工主流程中的工业应用；承担了多项国家科技计划项目。中心在多年发展过程中，获国家科技进步奖和国家技术发明奖4项，省部级科技进步奖15项；获得授权专利80余项，荣获国家优秀专利奖；与中石化、中石油、BP等近千家国内外企业开展了多种形式的技术合作与交流。

（四）发展展望

中心将建设具有国际先进水平的公共仪器平台和研发平台，培养一支多学科结合的高素质工程科技队伍；发展重要膜材料的规模化制备技术，提升我国膜材料产业的国际竞争力；开展膜过程与膜分离集成应用技术的研究，提升膜技术在节约、环境友好社会中的贡献率；加强国际合作与交流，引导我国特种分离膜的有序发展，推动我国膜材料技术标准的国际化。

二十七、国家电子电路基材研究开发中心

（一）中心定位

国家电子电路基材研究开发中心立足地方，辐射全国，走向世界，通过推进行业产业化关键共性技术创新和突破，加强科技成果向生产力转化。

（二）工作内容

中心围绕高频高速基材的工程技术，为不同信号传输速度的电子电路提供不同性价比的系列产品，彻底改变此类材料90%依赖进口的状况，形成新的制造能力和完整的工程技术和标准。此外，围绕两层法挠性基材的工程技术开发，填补国内技术空白和产品空白，尽快加入不断发展的挠性基材的主流市场，参与市场竞争。

（三）主要成绩

中心组建以来，完善了各项管理规章制度和营运机制，继续导入集成产品开发（IPD）管理模式和科学的创新方法；完成新建技术大楼的初步规划和设计；完成实验室以及中试线新增仪器设备的前期调研，对拟解决的行业共性关键工程化技术研究项目进行了立项。

（四）发展展望

中心将建立行业一流技术开放服务平台、人才培养、技术研发、成果转化、产学研合作基地；进一步提高成果转化率、产业化率，实现推广应用并辐射本行业；在主要研究方向上形成具有国际竞争力的产品，拥有基础专利和提升国际标准话语权，保障中心的良性循环发展。

二十八、国家高压超高压电缆工程技术研究中心

（一）中心定位

国家高压超高压电缆工程技术研究中心围绕高压超高压电缆技术加强产学研交流合作，开展重大关键、基础、共性技术攻关，形成面向行业的开放服务和工程化人才培养平台；探索行业合作的新模式、新机制，推动行业的技术进步，力争建成国内一流、在国际上有一定影响力的工程技术研究平台。

（二）工作内容

中心针对高压超高电缆领域开展高压超高压电缆、电缆材料及电缆附件设计、关键生产工艺、测试技术、工程应用技术等研发工作，开展行业技术标准制定、工程化转化、国内外技术合作和交流、技术咨询和服务、行业人才培训等一系列开发服务。通过发挥自身技术优势，整合全社会的技术资源，利用已取得的科研成果，对促进高压超高压电缆领域发展的新技术、新工艺、新装备进行工程化转化和再创新，转化成果面向行业进行技术服务和推广应用，提升行业的整体技术水平，满足行业持续发展的需要。

（三）主要成绩

中心组建以来，完成了高压超高压电缆产业基地、电缆材料研发中试基地、电缆附件研发中试基地、海洋工程电缆研发中试基地、辐照系列特种电缆研发中试基地建设，开展了110kV超净绝缘材料、220kV超高压电缆附件、220kV超高压海底电缆、直流电缆、特种导线等相关项目研究，其中绝缘材料、附件、导线等成功进行了工程化生产，带动了企业发展，促进了行业技术进步。

（四）发展展望

中心将通过搭建高压超高压电缆技术研发和孵化平台、实验监测和标准化平台、产学研合作基地、人才与技术交流的平台、技术咨询和人员培训的服务平台，形成良好的技术循环、人才循环和经济循环，带动行业技术进步，推动行业整体水平的提高，为我国电缆行业创新发展做出贡献。

大 事 记

2002年1月　863计划启动500MPa超级钢项目，到2005年宝钢、鞍钢、本钢等十多家大型钢铁企业年产量超过千万吨级，年创造经济效益超过百亿元，获得2004年度国家科技进步一等奖，2007年国家技术发明二等奖。

2002年3月　开发出具有自主知识产权的粉末注射成形技术的新配方、新工艺，2005实现稳定生产，产品质量可控；2009年建设了粉末注射成形相关数据库、技术标准和技术规范。

2002年12月　攻克50MGOe高性能稀土永磁体制备工艺及产业化关键技术，推动了行业整体技术水平和产品档次的提高，获2008年度国家科技进步二等奖；2005年突破高性能钕铁硼速凝铸片产业化制备技术，获2009年度国家技术发明二等奖。

攻克批量化制备高可靠性陶瓷部件多项关键技术，2003年建成年产5000吨的陶瓷微珠生产线，截至2011年底销售额超过10亿元。

2003年1月　渣油加氢脱硫技术取得突破，200万吨／年渣油加氢脱硫工程技术在中国石油化工集团公司茂名石化分公司建成投产，填补了我国渣油加氢技术领域的空白。获2003年国家科技进步一等奖。

磷酸铁锂和三元材料实验室技术取得突破，改性锰酸锂中试线投产，为我国动力电池10年发展奠定了材料技术基础。

我国第一条自主研制的1700mm中薄板坯连铸连轧生产线实现自主化。全线国产化设备达99.5%，在国内自主集成了全线三级计算机控制系统。2006年1月，自主研制、开发和集成建设并成功投入运行的1780mm大型冷轧生产线。

2003年5月　完成铜铝两种金属立式连铸直接成形制造铜包铝复合材料技术研究，2006年攻克水平连铸直接成形制造铜包铝复合材料技术，2011年建成千吨级铜包铝电力扁排中试生产线，实现节铜70%以上，成本降低30%～50%。

2003年10月 国家科技支撑计划和863计划支持下开发了变速器箱体、座椅骨架、油底壳等15种大型复杂镁合金零部件，镁及镁合金关键技术开发与应用达到国际领先水平。2009年蓄热式燃烧炼镁还原工艺技术在50%以上原镁企业得到推广应用，SO_2、NO_x等有害有毒气体排放减少50%以上。

2003年11月 高性能聚偏氟乙烯中空纤维膜材料开发成功，实现了规模化制备，开发出了膜生物反应器成套应用技术，实现了该技术的大规模工程应用。获得2008年度国家技术发明二等奖和2009年国家科技进步二等奖。

2004年2月 高支精纺羊绒纱及特高支精纺丝绒混纺纱研制成功，该技术成果获得国家科学技术进步二等奖。

含氮不锈钢生产工艺及品种开发获国家科技进步二等奖，形成了11项高质量不锈钢开发的关键技术。2006年2月"以铁水为主原料生产不锈钢新技术开发与创新"获国家科技进步二等奖，该技术可用廉价而丰富的铁水替代资源短缺的不锈钢废钢，大幅度降低了冶炼成本。

2004年3月 高频声表面波叉指换能器材料、高性能压电晶体基片、350nm密集叉指线条反应离子束刻蚀技术等取得突破，1～2GHz滤波器实现了批量制备。获得2007年度国家技术发明二等奖和2009年度国家科技进步二等奖，2010年5月器件频率突破4.2GHz。

2004年4月 我国第一组、世界第三组超导电缆并网运行。电缆采用国产铋系超导线材制备，目前供电已逾8亿千瓦时，成为世界上并网运行时间最长、输送电量最多的超导电缆。

2004年8月 成功合成了制备全氟离子膜材料，离子膜制备和应用关键技术获得突破，在万吨氯碱装置上得到应用，使我国成为第三个拥有氯碱离子膜核心技术和生产能力的国家。获得2011年度国家技术发明二等奖。

2004年10月 X80管线钢板卷、X80管线钢宽厚板通过了中国石油天然气集团公司和中国钢铁工业协会组织的新产品鉴定，标志着我国管线钢开发水平迈上新的台阶。

2005年2月 高等级汽车板品种、生产及使用技术的研究方面历经十几年，形成了一批具有自主知识产权的技术，实现了高等级汽车板的大批量稳定生产，并替代进口。该成果获2005年国家科技进步一等奖。

铝加工技术取得突破，开发了板带热连轧、100MN油压双动铝挤压、高强大型铸锭和大型预拉伸板等关键制造技术，满足了国家重点工程对铝材的需求，解决了高端铝材全部依靠进口局面，获得3项国家科技进步一等奖。

2005年3月 陶瓷微滤膜、超滤膜的规模化制备技术获得突破，实现了陶瓷微滤膜、超滤膜规模化生产，膜反应器耦合技术实现了工业化应用。获得2005年度国家技术发明二等奖和2011年度国家科技进步二等奖。

2005年5月 京东方5G TFT-LCD生产线正式量产，打破了TFT-LCD技术国外垄断，在此基础上，通过自主研发，形成了拥有自主知识产权的ADSDS（高级超维场开关）技术，并导入5G/6G/8.5G量产，形成年专利申请超过1000件的创新能力。

2005年12月 碳纤维专项从2002年启动，历经5年的艰苦技术攻关，在CCF-1级百吨级碳纤维制备、CCF-3级碳纤维关键技术取得突破性进展，建立了共享检测平台和高效运行体系。

镁冶炼取得新进展，开发了新型竖罐还原工艺、双蓄热高温燃烧与余热集成利用等关键技术，还原周期<9小时，吨镁冶炼能耗由8吨标煤降到4吨以下，明显降低了能耗，取得显著经济社会效益。

2006年1月 化纤长丝纺丝机机电一体化关键装置取得突破，单机多头纺技术居国际领先。该成果获得国家科学技术进步二等奖。

2006年2月 铝电解节能新技术取得重大突破，攻克了低温低电压、不停电稳定运行等技术难题，形成系列专有技术并集成应用，吨铝直流电耗低于12 000kWh，取得显著节能减排效果，获得4项国家科技进步二等奖。

2006年3月 新农药创制研究与产业化关键技术取得重大进展，21个自主研发的农药品种取得登记，17个品种完成了产业化，推广使用达5060多万亩（1亩=667平方米），实现了我国具有自主知识产权的农药品种"零"的突破。

2006年5月 突破耐海洋大气腐蚀高强度海洋工程用特厚钢板连铸−控轧控

冷生产技术，开发的80mm厚 420、460、500、550（兆帕）超高强度级别系列船板用钢在国内外率先通过九国船级社认证，形成批量化生产能力，已应用于近20个海洋平台建设，并满足了造船行业对特厚、超高强度造船用钢的需求。

研制出3kW全固态激光器。2008年7月研制出5kW全固态激光器，2011年5月，建成3kW全固态激光器生产线，实现小批量生产。

激光陶瓷实现毫瓦级激光输出，2009年3月实现百瓦级激光输出，2011年3月实现千瓦级激光输出，2012年3月实现3千瓦级激光输出，是继日本之后第二个陶瓷材料达到千瓦级的国家。

2006年7月 突破了二苯基甲烷二异氰酸酯（MDI）大规模制造技术，发明了旋转填充床反应器缩合反应强化新技术与新型光气化反应技术，应用于原工业装置改造，产能提升了75%，能耗同比下降约30%，总产能达到100万吨／年，使我国MDI产能位居世界第二。

2006年8月 万吨级甲醇制取低碳烯烃技术工业试验取得突破。2010年8月煤制烯烃技术全球首次实现了工业化，甲醇制烯烃装置在内蒙古包头市投料一次成功，生产出合格的乙烯和丙烯产品。

2006年9月 30万吨合成氨、60万吨尿素大型化肥核心技术与关键成套设备取得突破，首套以煤为原料的年产30万吨合成氨装置研制成功，改写了大化肥装置依靠引进的历史。

2006年10月 国家科技支撑计划"新一代可循环钢铁流程工艺"项目启动，项目研究内容涉及了炼铁系统工艺技术、轧钢系统工艺技术、节能环保技术以及汽车钢等重点品种生产技术。

国家科技支撑计划"新一代可循环钢铁流程工艺"项目启动，项目研究内容涉及了炼铁系统工艺技术、轧钢系统工艺技术、节能环保技术以及汽车钢等重点品种生产技术。

2006年12月 串级萃取理论及应用取得系列突破，改变了旧的稀土分离工艺，提升了我国在国际稀土分离科技和产业竞争中的地位，使我国稀土产品市场占有率大于90%，并于2008年获得国家最高科学技术奖。

2007年2月 镁材料开发应用取得创新成果，开发出系列耐热和高强韧镁合金，研制出宽幅板材铸轧、大型中空薄壁型材挤压、超真空压铸、表面处理与连接等成套工艺技术，50多种零部件实现装车，获得3项国家科技进步二等奖。

超薄浮法玻璃成套技术与设备获得2006年国家科技进步一等奖。2004年生产出19mm超厚玻璃、600吨级浮法成套技术跨国输出；500吨／天浮法玻璃全氧燃烧2011年投产； 9000kW玻璃余热发电2009年投产。我国首条超白超薄玻璃生产线于2011年投产。

国家科技攻关项目45 000吨／年粘胶短纤维工程系统集成技术，成果获得国家科学技术进步一等奖。20万吨／年聚酯四釜流程工艺和装备取得突破，实现国产聚酯装置大型化、系列化、柔性化，获得国家科学技术进步二等奖。

2007年4月 首次生长出公斤级大尺寸LBO晶体；2009年7月，生长出大于2kg的大尺寸LBO晶体；2010年6月，LBO晶体三倍频器件口径达到100mm×100mm。

2007年7月 解决了基膜与分离膜牢固结合关键问题，聚乙烯醇渗透汽化透水膜规模化制备技术开发成功，建成了规模化膜生产线，成功应用于异丙醇等溶剂脱水过程，推广应用20多套工业装置。获得2009年度国家技术发明二等奖。

2007年8月 突破了低镍铁素体不锈钢板带材、超超临界火电机组用关键锅炉管材、节能微合金非调质钢棒材、高品质模具钢锻材等品种及生产工艺成套关键技术，建立了高品质特殊钢管材、板带材、中板、棒材、锻材、复杂型材和钢丝制品等专业化示范生产基地9个，生产线19条。

具有自主知识产权的煤化工核心技术"多喷嘴对置式水煤浆气化技术"实现了工业化，主要技术指标优于引进装置技术水平，工业化装置运行良好，至今已在全国推广应用10套工业装置。

2007年12月 35kV／90MVA超导限流器挂网运行，成为世界上电压等级最高，容量最大的并网超导限流器。经短路试验，验证了超导限流器良好的限流效果和安全稳定性，标志着超导限流器技术已接近实用水平。

2008年1月 纺织品数码喷印系统及其应用技术取得突破，打样成功率达80%以上，数码印花实现批量化生产，成果获得国家技术发明二等奖。

自主创新的巨型工程子午胎成套生产与设备技术获得突破，打破了国外多年技术的垄断，具有强的国际竞争力，技术获得2007年度国家科学技术进步一等奖。

2008年2月 取向硅钢制造技术取得突破性进展，武钢自主集成建设了配套的二硅钢工程、四炼钢工程、三热轧工程，装备国产化率均达到90%以上，实现了取向硅钢装备技术和生产能力的跨越式发展。

2008年4月 自主研发的国内规模最大、5000吨/年可降解聚乳酸树脂的工业示范线建成，实现了批量生产。该生产技术为打破发达国家的贸易壁垒、推动我国农产品深加工和减轻对石油的依赖，提供了材料支撑。

2008年6月 我国第一根MgB_2千米长线制备成功，使我国成为继意大利、美国后第三个具备千米量级MgB_2线材生产能力的国家，为MgB_2线材的应用奠定了良好的材料基础。

2008年7月 我国首条具有自主知识产权的年产万台等离子体模组、电视机中试生产线的建设完成，首批产品下线，其中20台拥有自主知识产权的42英寸（106.68cm）荫罩式PDP高清电视机正式捐赠给北京奥运会。

2008年8月 50辆锂离子电池纯电动公交车和20辆燃料电池/锂离子电池混合动力轿车服务于奥运，成功地实现了锂离子电池新能源汽车的批量示范运行，标志着我国车用锂离子电池及其系统技术开始向产品化发展。

2008年9月 OLED显示屏成功应用于"神舟七号"舱外航天服，开创国际先例。标志我国 OLED材料和显示屏制备技术取得突破，OLED可靠性和应用潜力得到确认。

2008年10月 开发出可见光激发、快速响应、大驱动力的光致形变液晶聚合物及其复合材料，2009年3月组装出具有多关节、多自由度的柔性微机器人，2010年构建出光驱动微阀、微泵、微马达等样机。

2008年12月 利用稀土在机动车尾气净化中的作用，自主设计、制造出高性能机动车尾气净化器，"稀土催化材料及在机动车尾气净化中应用"项目获得了2009年度国家科技进步二等奖。

2009年1月 突破百万千瓦级核电站一回路主管道国产化关键技术，形成了批量化生产能力，产品通过了国家核安全局的考核认定。国内新建二代改进型百万千瓦核电机组将全部使用国产主管道，打破了依赖进口的局面。2010年已为红岩河和方家山核电站提供了第一批正式产品供货。

国产碳纤维复合芯导线首次应用于500kV超高压输电线路，实现了稳定生产和规模应用，形成年产高性能碳纤维复合芯50 000km生产能力，可在现有基础上提高输电线路10%以上节能效果。

2009年1月 为了落实"项目、人才、基地"统筹发展，科技部在2009年开展了创新团队的试点工作，在项目与人才结合方面进行了机制上的探索，建设了11个创新团队，包括6所大学、3个研究所、2个企业团队。

2009年2月 超高支纯棉面料加工关键技术及其产业化取得突破，开发最高细度达到300英支的系列超高支纯棉纱及其面料，成果获得国家科学技术进步二等奖。

采用KBBF晶体首次实现了钛宝石激光的四倍频激光输出，2009年8月，实现193nm的瓦级激光输出，2010年4月，实现钕离子激光皮秒脉宽80MHz的177.3nm的41mW激光输出。

2009年9月 "大型激光放大系统"通过了由中国工程物理研究院激光聚变中心组织的设计评审，批量采购48台用于我国重大激光工程，合同金额超过1亿元。

2009年10月 攻克了φ2600mm大型无筛板氯化炉和12吨倒U型还原蒸馏联合炉等海绵钛生产关键技术装备；研制出质量稳定、性能良好的宽幅板材、棒材、管材和复合板等，突破了型材挤压关键技术，填补国内空白，满足了国防军工和民用等需求。

2009年12月 中国跃升成为全球最大的光纤制造和消费国，到2011年底，我国连续3年产销量世界第一，十年合计生产4.5亿千米光纤。2012年4月，科技部批复"光纤材料产业技术创新战略联盟"

等39个联盟开展试点工作。

2010年1月 高效短流程嵌入式复合纺纱技术，突破了传统纺纱技术对纤维长度和细度的限制，整体技术达到国际领先水平，获得国家科学技术进步一等奖。

新材料领域进行了产学研结合的产业技术创新战略联盟的建设试点工作，截止2012年4月，已建立了半导体照明、多晶硅、生物医用材料等十余个创新联盟，推动了材料产业的创新与发展。

凝胶纺高强高模聚乙烯纤维及其连续无纬布的制备技术取得突破，2002年500吨超高分子量聚乙烯纤维实现了自主产业化；2008年实现年产3000吨HSHMPE纤维和1000吨防弹片材生产能力。该技术获得国家科学技术进步二等奖。

具有自主知识产权的PDP8面取生产线实现量产，形成年产108万片的生产能力；结束了我国彩电业"缺屏少芯"的历史，为等离子显示技术创新和产业发展发挥了重要作用。

2010年2月 突破了高温钢轨在快速运行中进行矫直、高温钢轨在快速运行中的精确导向和约束、高温钢轨在输送辊道上翻钢、在中部为步进冷床上料等技术难题，研制成功能够实现连续式喷风强制冷却工艺的100m长尺钢轨在线热处理生产线。获2010年底国家科技进步二等奖。

硫铝酸钡(锶)钙基特种水泥、钢管高强混凝土等特种功能水泥基材料制备及应用技术获得2009年度国家技术发明二等奖和国家科技进步二等奖。建成亚洲单线规模最大的年产40万吨熟料新型干法白水泥生产线。

2010年6月 饮用水膜材料选择取得了突破，聚氯乙烯合金超滤膜制备技术开发成功，用于上海世博会园区全部直饮水设施，为来自全球的7000多万名游客提供了高标准的饮用水。

2010年10月 发展了基于配位化学作用准确控制功能稀土纳米晶结构、性质和组装的方法，对稀土功能纳米和有序介孔材料的制备及探索有创造性贡献，获得2011年度国家自然科学二等奖。

2010年12月 低温超导线材通过国际热核聚变反应堆（ITER）组织的认证，将为ITER计划提供30吨Nb_3Sn超导线材和150吨NbTi超导线材。我国成为ITER计划的主要线材供应国之一。

在宏力8英寸（20.32厘米）生产线成功实现Si纳米晶生长技术开发，自主开发设计8M纳米晶存储验证芯片；在中芯国际生产线上制造出国际上第一颗基于标准逻辑工艺的阻变存储器芯片；研制出我国第一块自主的8MbPCRAM试验芯片。

关键材料技术包括正极材料、负极材料、电解液产能和电池总产能均与日韩相当，锂离子动力在建产能达到50亿Ah／年，六氟磷酸锂和单层隔膜实现量产，合浆、涂布等主要生产设备不仅满足了国内多数企业的要求，部分也实现了出口。

50万吨多金属复杂矿氧气底吹铜冶炼示范工程顺利投产并稳定运行，铜金银主金属回收率98.5%以上。形成了具有完全自主知识产权的系列工程化技术，并在国内外推广应用，经济和社会效益显著。

2011年1月　研制成功制备出我国第一根100m长、能传输近200A电流的第二代稀土氧化物高温超导带材。标志着我国高温超导二代带材研究步入国际先进行列。

聚间苯二甲酰间苯二胺纤维与耐高温绝缘纸制备关键技术取得突破，实现产业化生产，技术达到国际先进水平，成果获得国家科学技术进步二等奖。2010年突破了芳纶1414生产的三大关键技术，500吨／年级芳纶1414纺丝试验线建成并投入运行；2011年千吨级对位芳纶生产线建成投产。

突破了新型干法水泥生产线装备大型化关键技术，获得国家科技进步二等奖。继2002年建成国内首条5000吨／天水泥熟料国产化示范线以来，我国已建成了世界上单体规模最大的日产12 000吨新型干法水泥熟料生产线。

太阳能电池用微铁高透过率玻璃产业化关键技术获2010年度国家科技进步二等奖。2003年LOW—E、SUN—E玻璃工业化生产；2008年浮法微晶玻璃投产；2009年制造出晶法彩玉装饰材料；2010年5万个／年免抛高强浮法微晶锅生产线投产。

2011年6月　难冶钨资源深度开发应用关键技术突破了国内外长期认为白钨矿不能碱分解的理论禁锢，发明了从资源利用到高端产品生产的整套关键技术，成果获得2011年国家科技进步一等奖。

2011年7月　"50W级全固态激光器及其关键部件产业化关键技术"获国家科学技术进步奖二等奖。

2011年11月　自主创新的我国首台单机功率最大的风机叶片6MW风力发电机组顺利安装。2006年国产单机功率最大（1.5MW）、单片最长（37.5m）变速变桨风力机叶片下线，是我国第一只通过欧洲船级社（GL）设计认证的国产1.5 MW叶片。

2011年12月　8Ah锰酸锂高功率锂离子电池通过了所有规定项目的安全测试，这是我国研究的车用动力电池首次全面通过安全测试，锂离子动力电池安全性技术的突破为其应用于新能源汽车扫清了障碍。

　　　开发出热压纳米晶磁体的产业化技术，磁体性能达到53MGOe，居世界领先。多种规格耐高温磁体已成功应用于"神舟"系列飞船、嫦娥1号、卫星、电推进舰船等高端产品的关键部件。

　　　脉宽小于20皮秒、重复频率1千赫兹、单脉冲能量1.5毫焦耳的皮秒激光器在长春人造卫星观测站用于卫星测距。稳定运行3个月，共获得观测数据3000余圈，单次测距精度为10mm左右。

　　　OLED发光和电极界面材料取得突破，成功应用OLED规模量产，带动了我国OLED产业的发展。有机发光显示材料、器件与工艺集成技术和应用"项目荣获2011年度国家技术发明奖一等奖。

　　　为落实《国家中长期人才发展规划纲要（2010—2020年）》，科技部会同人力资源和社会保障部、教育部、中国科学院、中国工程院、国家自然科学基金委员会、中国科协，编制并发布了《国家中长期新材料人才发展规划（2010—2020年）》。

　　　实现了多种光通信集成器件，1550nmGaAs-DBRs/InP-PD单片集成可调谐光探测完成研制；完成了宽带可调谐激光器和半导体光放大器的单片集成；研制出具有波长处理功能的单片集成光探测器阵列和用于ROADM技术的集成解复用接收器件；可变衰减器和光开关年产达5万只，并成功实现工程示范应用。

2012年2月　CCF-1级和CCF-3级碳纤维实现千吨级批量生产规模和复合材料的重点应用；CCF-4级高强中模碳纤维工程化技术获得突破；已有30余家重点企业从事碳纤维生产，产能超过1万吨，已形成碳纤维产业群。

高品质熔体直纺超细旦涤纶长丝关键技术开发成功，20万吨熔体直纺装置成功实现了超细旦长丝规模生产，成果获得国家科学技术进步二等奖。

2012年3月　科学技术部高新技术发展及产业化司接受记者"全力培养造就新材料人才队伍"主题访谈，解读了《国家中长期新材料人才发展规划（2010—2020年）》，这是我国当前及今后一段时期新材料人才发展的纲领性文件。